架构师书库

Analysis and Design
of Next-Generation Software Architectures

数字化时代的软件架构

设计与分析

[美] 阿瑟·M. 兰格（Arthur M. Langer）◎著

刘爱娣 谭梦迪 刘诚智 黄凯 徐鑫 ◎译

U0191183

机械工业出版社
CHINA MACHINE PRESS

First published in English under the title

Analysis and Design of Next-Generation Software Architectures

by Arthur M. Langer

Copyright © Springer Nature Switzerland AG, 2020

This edition has been translated and published under license from

Springer Nature Switzerland AG.

本书中文简体字版由 Springer 授权机械工业出版社独家出版。未经出版者书面许可，不得以任何方式复制或抄袭本书内容。

北京市版权局著作权合同登记　图字：01-2021-3031 号。

图书在版编目（CIP）数据

数字化时代的软件架构：设计与分析 /（美）阿瑟
· M. 兰格（Arthur M. Langer）著；刘爱娣等译.
北京：机械工业出版社，2024. 8. --（架构师书库）.
ISBN 978-7-111-76374-1

Ⅰ. TP311.1

中国国家版本馆 CIP 数据核字第 2024CN3484 号

机械工业出版社（北京市百万庄大街 22 号　邮政编码 100037）
策划编辑：刘　锋　　　　责任编辑：刘　锋　王华庆
责任校对：丁梦卓　梁　静　责任印制：张　博
北京建宏印刷有限公司印刷
2024 年 9 月第 1 版第 1 次印刷
186mm×240mm · 15 印张 · 332 千字
标准书号：ISBN 978-7-111-76374-1
定价：89.00 元

电话服务　　　　　　　网络服务

客服电话：010-88361066　机　工　官　网：www.cmpbook.com
　　　　　010-88379833　机　工　官　博：weibo.com/cmp1952
　　　　　010-68326294　金　书　　网：www.golden-book.com

封底无防伪标均为盗版　机工教育服务网：www.cmpedu.com

Foreword 序

为什么我们需要新一代软件架构的分析和设计方法

早期架构的分析和设计方法

第一个软件架构的分析和设计方法是 20 世纪 80 年代由美国的 SA/SD、英国的 SSADM 和法国的 Merise 发明的，分析和设计的目的是支持业务应用程序的构建，并用最低的成本来进行长期维护。设计需要满足系统功能性和非功能性的需求，并让系统尽可能地保持稳定。数据将根据合理定义的数据模型进行组织并输出所需要的信息，这些数据模型优化了数据访问方式并降低了存储占用量。著名的关系数据模型具有永久性的完整性约束，在这个模型里，事务能被精准地控制，以避免在遇到硬件故障或性能瓶颈时出现数据不一致的情况。

分析和设计可以交付健壮且可维护的应用程序，应用程序的一致性和性能是围绕分析师识别和定义的不变量构建的。分析师花费了大量的时间和精力来构建能够适应变更的信息系统，并通过其生命周期的长短、是否符合需求以及是否按时和按预算交付来衡量成功与否。

分析师正在按照建造桥梁、汽车或飞机的传统方式来创建数据模型。在工程师的世界里，时间上的投入需要产出长期的价值。这种思维方式也在企业管理上得到了体现。在企业管理上，业务流程是相对稳定的，企业追求的是通过信息系统来进行长期的有效管理。

数字化时代的分析和设计方法

随着互联网的出现而开始的数字化时代给 IT 应用的发展、使用和演变带来了完全不同的视角。

21世纪初个人计算机上出现了以公司为单位开发的供用户使用的应用程序，在21世纪10年代该类应用程序出现在了智能手机上。该类应用程序与商业系统不同，商业系统以一系列明确的目标来指导建设，而新类型的应用程序在用户愿意接受产品的前提下为用户展现了一系列持续的创新体验。

数字化的世界是达尔文式的，你需要从小的需求做起，在被用户接受的基础上，快速成长；如果用户不接受你的产品，你就很难发展起来。GAFA（谷歌、苹果、Facebook、亚马逊）的迅速发展是最典型的代表，它们的发展都是以大数据平台为基础的。平台体现了数字化时代最重要的商业模式颠覆之一。

为什么平台会带来变化

谷歌、亚马逊、优步和爱彼迎都采用平台来支撑其颠覆性的商业模式，这种商业模式催生了一种与刷卡支付有相同核心特征的新型市场。

刷卡支付的出现带来了一种新的市场类型，经济学家称之为"多边市场"。在使用支付卡的场景中，存在两种参与者：一是作为持卡人的消费者，二是通过读卡并获取交易详细信息的销售点终端提供支付服务的商户。

这种经济模式是由法国经济学家让·蒂罗尔（Jean Tirole）提出的，他也因此获得了诺贝尔经济学奖。

简单来说，只有每一方参与者的数量都达到一定规模，多边市场才能获得长足的发展。以刷卡支付为例，如果某一种支付卡不被广泛接受，那么就没有人想携带它，因此商户也不会购买支持该种支付卡的终端设备。

如果一个市场参与者能够为其他参与者提供一个平台，并且承诺在达到一定规模之前，使用平台的参与者只需要支付很少的费用，那么就可以打破市场发展的僵局，因此平台是一种能有效促进多边市场发展的工具。

以亚马逊为例，该平台为消费者提供了方便，消费者可以通过简单的途径找到几乎所有需要的商品；该平台也为商家提供了方便，因为商家可以接触到更多的潜在客户，而商家不通过亚马逊平台是很难接触到那些用户的。对爱彼迎平台来说，参与双方分别是住客和酒店；对优步平台来说，参与双方分别是乘客和司机。

平台的每一方都很难达到一定的规模，但是一旦实现，多边市场自然会产生垄断，因此需要对平台进行监管以维持竞争。

在系统分析和设计方面，我们需要区分搭建平台和为平台搭建应用程序。

搭建平台

在搭建平台的过程中，会遇到一个前所未有的挑战，就是当平台每一方的用户数量很小、交易量也很低时，也需要平台提供有效的服务。在平台发展初期，需要让用户能通过使用该平台来减少成本，这样才能吸引客户，这就意味着平台运营商可能会一直处于亏损状态，直到用户收益增加。除此之外，对平台运营方而言更具挑战的是，当双方用户数量从零逐渐增长到一定规模时，平台需要一直保持稳定。

对工程师来说，这就像是建造一座桥梁，在最初的时候，只需要承载几辆卡车的重量，因此建造成本很低，随着承载量的逐渐加大，需要对桥梁不断进行加固以适应需求。这并不是一件简单的任务。

为平台搭建应用程序

因为搭建平台存在很大的风险，所以很少有公司愿意冒险从零开始搭建一个新的平台，只有那些希望做大做强或者想要快速发展的公司才愿意这么做。在这种情况下，很多公司会寻求加入已经搭建好的多边市场，并尝试在支持平台上进行应用程序的设计和构建，通过提供增值服务来盈利。

平台在可扩展性、性能、安全性和保密性方面的特性意味着平台的体系框架比较严格，所有应用程序的设计和开发都必须遵循一定的原则。应用程序通过分析平台提供的数据、参与方本身的数据以及目标商业模式对消费者提供新的服务，从而实现增值服务。

数字时刻的重要性

在传统方式上，我们将业务型应用程序与技术型应用程序区分开来，前者可以接受几秒或者更长时间的延迟，而后者对实时性要求较高，一般要求延迟为毫秒级。为了保证低延迟，技术型应用程序要求我们仔细检查代码并优化循环，以确保它们在任何情况下都能够提供低延迟响应。在业务型应用程序中，事务的响应时间是关注的焦点，在一定的并发量和一定的带宽下，需要保证事务的响应时间在合理范围内。

数字化时代带来了一个新环境，无论在什么情况下，消费者都变得缺乏耐心，他们并不关心程序能够同时连接多少用户、需要访问多大的数据量以及存在网络延迟（大部分的网络延迟其实是由互联网导致的）。数字应用唯一需要遵循的就是提供一定的服务质量、用户体验或"数字时刻"。一个非常明显的例子就是当流媒体播放音乐或视频时，由网络延迟导致持续缓冲或中断，这是用户不能接受的。在订购汽车或预订酒店房间等情境中理解"数字时刻"需要更高的水平，而在汽车导航操作方面，"数字时刻"则更加难懂。"数字时刻"的本质与消费者的注意力范围以及他们需要做出的决定直接相关。不重视"数字时刻"是用户拒绝接受服务的根本原因，因此，这一问题应该成为分析师和设计师最关注的问题。

分布式数据

互联网性能的限制、海量数据、网络延迟以及安全性等因素迫使分析师和开发者重新审视数据本地化这一方向。数据库领域有一个不可违背的原则——无冗余，但是现在这个原则受到了严峻的挑战。从内容分发网络使用简单缓存机制（如阿卡迈科技将数据的副本存储在访问频率较高的缓存中）开始，到现在已经发展到设计冗余的阶段了。为了避免将数据发送至处理程序带来的延迟，我们开始将处理程序发送至数据源（数据生成的位置）。我们正在尝试将边缘计算与物联网相结合，以稳定地创造一个将大部分数据存储在边缘位置而非集中存储的体系。

随着"无冗余"原则的放宽，存储在不同位置的相同数据集的数据一致性将面临挑战。要求完全一致性会导致效率特别低，因为它要求在进行下一次更新之前，在给定位置的每个更新都要在其他位置复制。

最后，由于操作原因，需要以出现故障时可以恢复的方式备份数据。一份数据可能会被复制三次：一是被复制到缓存中以只读的方式被读取；二是考虑到网络延迟，将数据复制到边缘端进行应用；三是出于数据备份的原因进行复制。所以存储的数据量每 18 个月翻一倍也就不足为奇了。如何管理这样增长的数据还需要继续研究。

消费型电子产品的发展方向和周期性的增量开发

消费型电子产品激发了人们对新产品的渴望，即使旧产品还没有过时。每年更换一次智能手机，每两个月升级一次操作系统，这几乎成了一种常态。这种逐渐程序化的淘汰过程，是企业对消费者市场产生作用的一部分表象。

平台服务的持续使用对成功而言至关重要，这促使设计师迫切关注用户的相关性、价值和购买情况。持续创新的需求推动了平台功能的逐步完善，在每次迭代（称为敏捷开发）中会添加新特性并纠正错误。最先进的平台每天都有增量开发，新特性发布的问题就像坐公交车一样，如果你没有坐上这辆公交车，在接下来的 5min 内还会有另一辆公交车。以这种方式能够增量式地逐步完善平台的功能，并且在出现问题的时候，能够快速地回退到上一个历史版本。

应用程序的用户体验

用户体验设计已经成为数字化时代的一个重要课题。它的目的是通过改进应用程序的可用性、可访问性和与需求的契合程度来提高用户的满意度。因为应用程序的使用是衡量应用程序是否成功以及它能否继续生存的最终标准，所以需要对用户界面给予足够的关注。

在过去，用户界面的设计往往是在定义了业务流程之后进行的。用户界面被视为一种收集必要数据，然后向用户提供输出数据以供决策的方法。

现在，这个顺序发生了翻天覆地的变化，变成了先进行用户界面的设计，然后逐步扩展以纳入业务逻辑的处理。包括语音、虚拟现实和触觉在内的多种界面是应用程序的主要驱动因素，业务逻辑处理在某种程度上被视为应用程序的隐藏要素。

遵循明确的 API

依托现有平台提供服务的应用程序必须遵循平台的架构，通过一组明确的 API（应用程序接口）提供服务（例如，亚马逊云科技提供了 20 多个 API）。这些 API 可以确保当应用程序集成到平台中时，不会对平台的性能、安全性、多租户技术产生影响。平台运营商会拒绝不遵循 API 协议的应用程序被集成到平台中。

API 的存在对于访问平台其他参与方收集的数据也至关重要。API 正在成为一种通用语言，例如，允许金融科技公司访问银行现有的客户数据，或者复用由联网汽车收集的汽车数据。安全性和隐私性问题的存在要求整个平台体系内的所有参与方接受负责执行数据监管合规性的独立第三方制定的规则和条例。

"我们知道的比我们能够表达的要多"

著名的英国籍匈牙利学者迈克尔·波兰尼（Michael Polanyi）用这句话表达了一个重要的事实：没有一个分析师能够完全了解某一特定过程或决策中所蕴含的知识。除了从业务逻辑算法中获取的内容，还存在一些规则和模型只能通过深度学习才能发现。人工智能不可能像手工编码那样高效和具有高性能，但是对于简单决策，它可以替代人工编写的程序，对于意外或者不可预测的情况，它可以很好地进行输出，替换原有输出错误信息的处理方式。特别是在分析师无法分析的复杂情况下，人工智能可以提供较为合理的建议，使其符合事务的基本哲学规律。

下一个范式

本书将详细阐述为了解决上述问题所采用的适当方法。

我们将介绍一些新的范式，这些范式在数字化消费者市场中已经司空见惯，并且逐渐渗透到企业应用环境中。

大规模网络计算（Webscale computing）封装了一种硬件架构，在这种架构体系下，可以在持续运行的情况下提高计算性能和存储容量。多租户技术是指同一平台能够托管多个租户及其用户，并且其性能、安全性和运营连续性方面不出现问题的一种技术。

大规模网络计算和多租户技术是云计算的两个重要组成部分。

为了保证性能，必须实现数据分发，与此同时也带来了一个新的问题，那就是更新一个数据时需要同时更新同一数据的多个实例。在数字化时代所采取的方法是放弃永久的数据完整性，只保证数据的最终一致性。平台运营商将接受和处理不一致的数据，并承诺在合理的时间范围内重新建立数据一致性。数据仅保证最终一致性可能不足以用于某些应用场景，例如预订飞机座位，但是在其他很多场景下是可以接受的。

敏捷开发是指在接收到应用程序的修改需求后快速实现，这为灵活分析和设计奠定了基础。敏捷开发需要依赖可靠的架构原则来迭代地构建应用程序，而不会影响性能和可维护性。使用敏捷方法开发的应用程序需要作为下一阶段增量开发任务的一部分内容进入运营阶段。这需要一种持续开发的态度，即运营部门能够接受周期性（例如每周）的变化，即使这种变化可能会导致运营中断。

许多公司已经进入了数字化分析和设计的阶段，这需要一种与传统模式不同的组织架构，这两种模式被证明很难共存。本书将详细介绍下一代分析和设计的内容和方法。

Hubert Tardieu

于法国巴黎 Atos 公司

Preface 前　　言

　　本书的目标是为管理者和从业者提供一个建立新架构的方向，以充分利用 5G 移动通信的能力。事实上，5G 将凸显无线通信的能力，使物联网（Internet of Things，IoT）成为海量信息的"数据聚合器"，这些信息将由互联网驱动的分布式网络进行收集。不幸的是，5G 的高速通信和物联网的普及对安全性提出了更高的要求。也就是说，收集大量有价值的信息是有代价的。简而言之，我们现有的架构无法提供必要的安全性来保护有价值的数据，而我们需要利用这些数据来探索人工智能（Artifical Intelligence，AI）和机器学习（Machine Learning，ML）的新方法。因此，必须使用基于分类账方法的区块链设计来开发新的架构。此外，这些新架构还需要一种新的方法在复杂移动网络上存储数据，这种需求催生了云计算的高级功能。

　　为了在供应链遍布世界各地的全球化环境中参与竞争，企业需要对其遗留系统进行重新设计。要想使在一个特定理念下开发了 50 年的产品和服务在短时间内发生变化，这几乎是不可能实现的。然而，针对这一点我有一个非常基本的认识，企业要么重做系统，要么消亡。虽然这听起来有些苛刻和片面，但我相信，不迅速行动将会极大地影响企业在数字化时代的竞争能力。本书从技术角度和管理方法两方面提供了指导。我的理念和其他人的一样，在大多数企业中，不可能重做所有的遗留系统。因此，本书提供了一种"免费方法"，即企业继续使用其遗留产品提供后端服务，但需要构建新的后端服务，以提供在消费驱动的环境下所需的新服务，现在的环境我认为是一个"技术消费化"的环境。我们不能指望企业在一夜之间完善持续了 50 年的糟糕架构，我们经历了使用企业资源计划（Enterprise Resource Planning，ERP）产品集成系统的挑战并为之承担了相应的成本，这些产品花了 20 年时间才完成。我相信，新的迁移将花费更长的时间，并且会付出更高的成本。因此，我们必须在改造旧系统的同时建设新系统，同时确保它们之间的连通性，这就是本书的目标。

　　从管理的角度来看，公司高管们需要推动一种新的文化。根据 Gupta（2018）的研究，成功的数字化战略强调与商业方法互补，而不是试图建立独立的单位或实验室。从历史上来看，这些独立发展的举措并未收到良好的效果。Gupta 的框架虽然并不独特，但是提出了有效的文化迁移需要具备的四个要素：

（1）重新规划业务。

（2）重新评估价值链。

（3）重新梳理客户。

（4）重新建立组织。

虽然我认同所有这些步骤，但高管们仍然需要重建他们的架构。毫无疑问，这个数字化时代提供了对用户更友好、更直观的应用程序，但与此同时，技术也更加复杂和先进。因此，我们需要技术合格的领导者，他们了解如何构建这些新系统来支持数字化战略。虽然文化转型是必要的，但是我们必须承认，成功的数字化公司已经建立起了协同合作的后端和前端系统。那么，在企业中谁是最有价值的成员呢？在本书中，我投票给分析师，他能给公司带来最大的投资回报。分析师通常了解企业的遗留系统，可以提供技术架构设计，并且可以进行必要的项目管理。所有这些功能都可以推动新系统的发展，并有助于发展基于数字化的新文化。虽然我们需要高管、用户和消费者从根本上参与到转型的各个方面，但分析师所代表的角色可能是转型成功的主要指导者。因此，技术主管需要强化分析师的作用，并了解该职位的重要性。

但是，本书也承认，"免费方法"只能提供短期的解决方案。我没有冒险永久依赖于旧的系统，而是一直在经济学中的"S 曲线"的指导下运作，"S 曲线"巧妙地定义了产品或服务的生命周期。成功的公司需要按照曲线在系统过时之前开始更换系统。本书将"S 曲线"和 SDLC（Software Development Life Cycle，系统开发生命周期）相结合，为计算机架构的不断发展提供了一种新的方法。最重要的是，我预测"S 曲线"将持续收缩，开发有竞争力的系统的时间越短，具备竞争优势的时间也越短。

今天的企业在制定竞争战略时需要以技术为中心，这应该不是秘密。本书还阐述了整合多代管理层和员工（特别是千禧一代）的必要性。我们预测，千禧一代将比他们的前辈更快地进入管理职位。为了在数字化时代更具竞争力，企业必须更好地理解和吸收他们的才能。这些同化需要婴儿潮一代的融合，他们通常是 X 世代的高管和主管经理。

本书也承认消费者的作用。我预测这个时代将被称为"消费者革命时代"，因为消费者了解数字技术如何为他们提供价值。这些消费者的价值通常表现为他们对产品和服务的需求，而这些需求是建立在替代选择和个性化需求的基础上的。企业需要认识到，它们必须为多样化市场提供更多的产品和服务选择，这样才能在数字化时代生存下去。

Arthur M. Langer

2020 年于美国纽约

Acknowledgements 致　　谢

　　我要感谢我逐渐壮大的家庭：DeDe、Michael、Dina、Lauren、Anthony 和 Lauren P。当然，还有我的两个孙子 Cali 和 Shane Caprio，他们的成长给我带来了非常多的快乐。

　　特别感谢技术管理硕士课程的校友，他们的伟大成就让我们所有人都感到骄傲。

Arthur M. Langer

2020 年 1 月于美国纽约

目　录 *Contents*

第 1 章　*Chapter 1*

概　　述

1.1　传统分析和设计的局限性

　　自开始进行系统开发以来，分析师和设计师基本上都坚持一种方法，即需要与用户面谈、创建逻辑模型、跨网络设计模型和开发产品。随着不同时代的演变，特别是随着客户端 / 服务器系统的到来，我们首先需要确定哪些软件将部署在服务器，哪些软件更适合部署在客户端。很多决策都与系统性能有关。自从互联网成为应用程序通信和功能的基础，服务器技术因其叠加新设备间的版本控制和分布式部署，就成为设计系统的首选方法。不幸的是，这几代的发展让我们创造了一个网络科学怪兽。尽管在大型机系统中安全性仍然较高，但是互联网上的分布式产品在设计时并没有提供足够的安全性。事实上，对安全的忽视已经导致在全球范围内出现了网络曝光危机。我们的网络科学怪兽制造了超出我们想象的问题，不仅影响了我们的系统，还影响了我们的道德结构、法律、战争策略，最重要的是影响了我们的隐私。就像科学怪人小说一样，这个怪兽不可能轻易被摧毁，如果有的话——这就是我们面临的挑战。归根结底，我们现有的基于中央数据库和客户端 / 服务器的系统无法永远保护我们。

　　因此，本书是关于下一代系统架构的，这首先需要解决掉这个怪兽。这意味着，所有现有的系统都必须被新的架构所取代，该架构不再仅仅依赖于用户输入，而且设计时必须考虑到用户将来可能需要什么，并始终考虑对外暴露的安全性。本书承担了重建遗留应用程序、整合新数字技术，以及确保网络能够最大限度地保护使用它们的人的安全这一看似艰巨的任务。好的消息是，我们即将获得完成这一任务所需的新工具和能力，尽管这可能需要很长时间。这些能力源于 2019 年到来的 5G 技术，5G 技术将使网络以前所未有的速度运行。

这种性能提升将显著推动物联网的发展，而这种发展又会推动大规模的网络建设。这些网络将需要最大限度地保证安全性。为了最大限度地提高安全性，系统需要从中央数据库客户端／服务器范式转向基于分类账和面向对象的分布式网络，而这种分布式网络也基于区块链架构和云接口。为了解决区块链架构的延迟暴露问题，需要某种形式的量子计算。本书将提供一个方法或路线图来完成这个转换，特别是现有遗留系统的重新设计。

1.2 数字化时代的技术消费化

当互联网作为一种改变游戏规则的技术出现时，许多人认为这将被称为互联网革命。随着数字化开始成为一种常见的行业词汇，人们似乎更确定"互联网"可能被"数字化"所取代。然而，经过进一步分析，我相信这场革命在历史上将被称为"消费者"革命。问题是为什么？在我看来，互联网的真实影响和数字技术的到来创造了一批聪明的消费者。也就是说，这些消费者明白技术如何让他们在供需关系中拥有更大的控制权。事实上，是消费者在控制。结果应该是显而易见的，消费者的偏好正在加速变化，导致供应商不断提供更多的选择和更复杂的产品与服务。因此，企业必须更加敏捷和"随需应变"，以应对 Langer（2018）所称的响应性组织动态（Responsive Organizational Dynamism，ROD），即衡量组织对变革的响应程度。

数字化时代的消费化意味着分析和设计需要更多地从消费者的角度出发。这意味着分析师必须将他们的需求收集扩展到内部用户群体之外，并根据消费者需求和更重要的购买习惯寻求更大的市场份额。让我们进一步研究一下这一点。在创建新的软件应用程序方面，最重要的是将不仅基于当前的用户需求，而且基于未来的消费趋势，这代表了消费市场新的需求周期。新的需求基于消费者的商业需求与家庭使用数字产品和服务之间的密切关系。从设计的角度来看，商业和家庭需求必须无缝地融合在一起，这成了 21 世纪数字化生活的终极表现！

但是，技术消费化要求在设计上取得更大的突破，例如由人工智能（AI）和机器学习（ML）驱动的预测分析。人工智能和机器学习将让我们能够使用更强大和更自动化的范式来预测未来消费者的行为，因此系统必须被设计成像生命一样可以进化的形式。换句话说，应用程序的架构必须包含我所说的敏捷性。实现架构敏捷性的第一步是应用数字化重构。应用程序开发的世界只能通过创建包含函数原语操作的巨大对象库来实现（Langer，1997）。函数原语对象是执行基本操作的程序，也就是提供简单操作的程序。基本的函数操作程序可以在执行时被组装在一起，以提供更灵活的应用程序。通过在执行时将这些基本对象链接在一起，还可以更方便地更新特性和功能。这些执行时动态链接提供了可进化且更加敏捷的系统。对象范式并不新鲜，架构敏捷性的区别在于，这些对象必须分解为最简单的函数。以前限制原语创建的是执行延迟或性能问题，而性能限制与网络和操作系统动态链接原语（以满足性能要求）的能力有关。

以前阻碍函数原语对象设计的因素是硬件和软件环境之间的不兼容性，为了解决这个问题硬件和软件环境正在不断地发展。我想我们都认同，架构之间的失调仍然存在。只要问问那些还在经历微软和苹果系统之间挑战的人就知道了。当然，史蒂夫·乔布斯设计了一套基于 iPod 和手机的全新的苹果架构，彻底改变了消费者界面。这种设计描绘了执行非特定的应用程序，但服务于未来基于无线架构的设备，可以执行更多的按需操作，以满足消费者的需求。最终，技术消费化将业务应用、个人需求和日常生活视为一组集成的操作。那时，苹果的架构已经走在了进化平台的前沿，可以比以前的计算机系统更快、更有效地适配新的硬件和软件。为了跟上快速发展的消费者的步伐，企业最要关注如何使遗留系统向敏捷数字框架转换。

1.3　不断发展的分析师角色

在上一节的基础上，数字化重构代表着要转换遗留架构以满足消费者更多的需求，这种转换充满了挑战。因此，通常来说，重构的过程不再局限于与传统的内部用户合作，而是要兼顾多个需求方。此外，分析必须不仅包括现有的消费者需求，还包括那些可能成为未来趋势的需求！以下是我在早前的出版物（Langer，2016）中提出的六种方法：

（1）销售/市场营销：这些人将产品销售给客户。因此，他们能很好地了解客户在寻找什么，喜欢什么，不喜欢什么。销售和市场营销团队的力量在于他们能够推动直接影响收入机会的现实需求。这种方法的局限性在于它仍然依赖于消费者的内部视角。

（2）第三方数据库：有一些外部资源可以检查和报告各个行业的市场趋势。这类组织通常拥有含大量信息的数据库，可以使用各种搜索和分析方法提供客户群的各种视图和行为模式。他们还可以提供公司的竞争力分析，以及买家可能选择替代解决方案的原因。这种方法的不足之处在于，数据往往不够具体，无法满足业务具备竞争优势时应用系统需要满足的需求。

（3）预测分析：这是当今企业竞争环境中的一个热门话题。预测分析是指获取大数据集并预测未来行为模式的过程。预测分析方法通常在第三方产品或咨询服务的协助下进行内部处理。预测分析的价值在于利用数据来设计能够满足未来消费者需求的系统。这个方法的局限性正是预测分析的一种风险，即未来并未按照预测的那样发生。

（4）消费者支持部门：由于客户服务的内部团队和外部（外包管理服务）供应商会与客户保持沟通，因此能够很好地把握客户的偏好。更具体地说，他们会回答问题，处理问题，并就可行的方案获得反馈，而这些服务部门通常依靠应用程序来帮助客户。因此，它们是一个很好的信息源，可以提供最新的需求，而这些东西是系统没有提供而消费者想要的服务。然而，消费者支持组织常常根据已有的经验限制需求，而不是去拓展可能具有竞争力的未来需求。

（5）调查问卷：分析师可以设计调查问卷，并将其发送给消费者以获得反馈。调查问卷具有重要的价值，因为问题可以针对特定的应用需求。调查问卷的设计和管理可以由第三方公司处理，这可能有一个优势，因为问题是由独立的组织转发的，而这个组织可能不会指明该公司。另外，这也可能被认为是一种负面的影响，这完全取决于分析师希望从消费者那里获得什么。

（6）焦点小组：这种方法类似于使用调查问卷。焦点小组方法通常用于了解消费者的行为模式和偏好。它们通常由外部公司执行。焦点小组方法和调查问卷方法的区别在于：调查问卷是量化的，使用评分机制来评估结果，有时候，消费者可能不理解问题，进而可能会提供扭曲的信息；焦点小组是定性的，允许分析师与消费者进行双向对话。

图 1.1 描述了消费者分析数据的来源。表 1.1 进一步阐明了分析师在制定规范时应考虑的分析方法和可交付的成果。

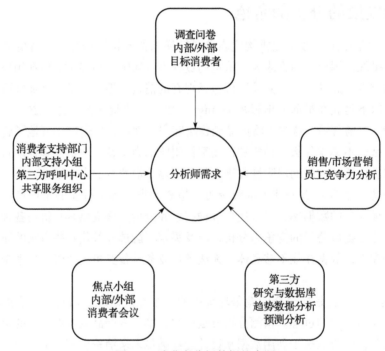

图 1.1 消费者分析数据的来源

表 1.1 评估消费者需求的分析方法和可交付成果

分析数据的来源	方法	可交付成果
销售 / 市场营销	访谈	应该以类似于典型最终用户访谈的方式进行，与高级销售人员紧密合作，与主要利益相关者进行面谈
	销售盈亏审查	审查销售成果。许多公司可能会举行正式的盈亏评审会议，传达当前应用程序和系统功能的局限性
第三方数据库	文档评审报告	获取消费者行为趋势的摘要，准确指出当前应用和系统中可能存在的不足
	数据分析	对数据库进行有针对性的分析，以发现现有报告中不容易表现的趋势

（续）

分析数据的来源	方法	可交付成果
第三方数据库	预测分析	通过分析模型查询数据，以预测消费者的行为趋势
消费者支持部门	访谈	与主要支持部门人员（内部和第三方）面谈，以确定可能存在的应用程序不足
	数据/报告	查看消费者和服务人员之间的通话日志和记录，以发现可能的系统缺陷
调查问卷	内部和外部调查问卷	与内部部门合作，确定消费者面对的应用程序问题。对选定的客户群体进行类似调查，以验证和调整内部调查结果
		针对非当前客户使用类似的调查，并比较结果。现有客户和非当前客户之间的差异可能会暴露出消费者需求的新趋势
焦点小组	举行内部和外部消费者会议	分析师可协助组建内部焦点小组。选择具有意外结果或混合反馈的特定调查结果，并与焦点小组参与者一起审查这些结果。内部与会者应来自运营管理和销售人员。外部焦点小组由第三方供应商协助并在独立地点举行。与客户的讨论结果应与内部焦点小组的结果进行比较。消费者焦点小组应由专业的第三方公司协助组建

来源：Guide to Software Development：Designing and Managing the Life Cycle，2016 年。

1.4 为未来消费者的需要开发需求

也许 5G 对物联网演进的最大挑战将是确定未来消费者想要什么，问题是如何完成这一挑战。数字发明带来的变化将在前所未有的短时间内被大量消费者所了解。让我们从历史的角度看看，我们需要花费多长时间才能拥有 5000 万用户，如图 1.2 所示。

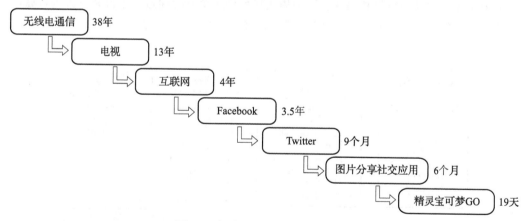

图 1.2 拥有 5000 万用户所花时间

从 38 年到 19 天，数字技术创造了令人难以置信的加速度。因此，消费者很快就会意识到这一点，而且他们对新产品的反应是难以确定的。例如，当 Mac 被设计并首次引入消费者市场时，史蒂夫·乔布斯真的知道它将主要被用作计算机操作系统吗？我们知道 iPad 会对高管如此有吸引力吗？答案当然是否定的，记住在这个例子中"几乎不"等同于"否定"。最终，分析和设计将演变为更具前瞻性的需求，并存在一定的失败率。第 2 章将进一步讨论风险分析的概念。最终，分析和设计已经转变为更多地收集数据，而不是独立的应用程序系统。这种转变推动了对这种新构建的系统架构的需求。

1.5 新范式：5G、物联网、云、区块链、网络安全和量子计算

本节将概述系统架构变更的组件，并简要描述每个组件如何与新的分布式的硬件和软件组件网络相关联。

1.5.1 5G

5G 移动网络和相关系统显然是全球化电信下一步的发展方向，更重要的是，它代表了家庭通信、机器间通信以及产业化通信能力的深刻演变。这些新的特性及能力将使我们可以利用机器学习来驱动人工智能，并使我们在生活各方面的学习和互动方式中获得重大进步。因此，5G 是下一代系统架构的发起者。这种新的架构将基于通过分布式网络增强的无线连接。

今天，全球大约有 48 亿人在使用移动服务，这几乎占世界人口的三分之二[⊖]。鉴于世界许多地区的物理网络基础设施有限，增强的移动通信是连接数据和应用网络的唯一可行方法。因此，5G 是推动未来新经济的动力，这将由复杂的移动通信驱动。这必然会创造一个由无线移动驱动的全球经济。综上所述，5G 是一个推动者，它将允许专门的网络参与我所说的无缝组件的"全球系统集成"。它还表示网络具有可扩展性，可以在消费者、社区、公司和政府实体之间动态链接和集成。这种集成将允许多个系统通过一个公共平台进行通信，为个人生活的各个方面提供服务。图 1.3 描述了 5G 性能改进的实现。

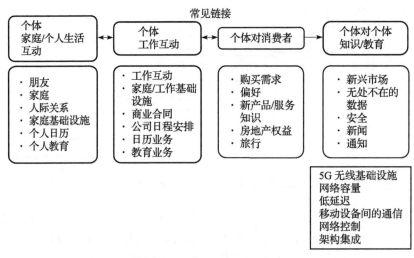

图 1.3 移动 5G 生态系统

⊖ 2020 年的数据。——编辑注

图 1.3 对分析和设计有非常重要的影响，因为它拓宽了消费者需求的范围，提高了它的复杂性，并将其与生活的各个方面相结合。表 1.2 展示了为实现产品的最大要求的覆盖范围。

表 1.2　5G 下的分析和设计要求范围

用户 / 消费者覆盖范围	A&S 响应	备注
企业对企业（B to B）	内部用户和安全人员	目前缺乏安全机制
企业对消费者（B to C）	内部用户、外部用户和安全人员	目前在大多数企业中没有很好地整合
消费者对消费者（C to C）	在特定的交易平台之外很少存在	需要支持移动端到移动端的更新的平台
企业对政府	除了信息、文件提交和付款外，很少存在	政商体制改革
个体对政府	除了信息、文件提交和付款外，很少存在	智慧城市和合规性驱动
个体对消费者（I to C）	与会员门户相关的	主要局限于 Facebook/Linkedin
个体对个体（I to I）	基于知识的门户网站	实践社区和知识门户

最终，5G 在无线网络中提供了更好的性能，而这需要更复杂的系统设计。更好的性能支持在多种类型的系统之间使用更加复杂的数据集进行通信。最重要的是，移动设备能够跨无线设备利用这些复杂数据集。这将反过来推动基于移动性的全新经济。如图 1.4 所示，移动性将加速创新需求。

图 1.4 展示了一个有趣的创新周期，涉及新产品和服务的创造。该图反映出 5G 性能创新一方面能够开创类似于移动应用的新市场。另一方面，无线市场反过来也会对更多的技术特性和功能提出需求，例如消费者希望在他们的应用程序中看到的新特性和功能。因此，5G 将在无线运营的前沿推动新的、更先进的需求。

图 1.4　技术与市场需求相结合的创新

5G 创新所面临的一个挑战将是它对移动和链接遗留应用程序的重要程度。也就是说，企业将如何转换现有系统，以与更复杂的"天生数字化"的产品竞争？此外，5G 性能的提高使应用程序开发人员能够更好地集成多种类型的数据集，包括大量图片、视频和流音频服务。我们估计，从 2015 年到 2020 年，非文本数据的数据量将增加 45%，这可能会导致移动流量从 55% 增长到 72%！

随着行业迅速向增强自动驾驶方向发展，联网汽车是另一个巨大的增长市场。爱立信移动报告（2016）的结果表明，消费者希望在他们的设备上的反应时间低于 6 s，这是良好消费者体验的关键性能指标（Key Performance Indicator，KPI）的一部分。接下来的内容将概述如何将分析和设计领域的扩展与下一代架构的创建相集成，以支持 5G 为个人生活的各个方面提供服务。

1.5.2　物联网

为了更好地理解物联网，最好将其定义为基于数据提供结果的推动者。物联网可以被认为是一种更快地完善产品的方法。这意味着供应商 / 企业可以获得关于新发布产品更为直接的反馈，然后进行调整。这也意味着它创造了一个全天候的分析和设计范式。由于数据更新更接近实时，因此产品可以更好地满足消费者的偏好，对消费者行为和需求的变化也能够在应用程序中进行检测和修改。物联网在很多方面创造了一个超级智能的监控系统——一个结合了行为活动的数据聚合器。

物联网是由多层交互组件组成的网络堆栈。从商业角度看，物联网有六个基本的分析和设计问题：

（1）哪些软件应用将保留在设备上？

（2）哪些硬件最适合跨网络使用？

（3）哪些数据将被更新并保存在设备上？

（4）外部系统接口是什么？

（5）安全需要考虑哪些因素？

（6）性能要求是什么？

图 1.5 提供了回答这六个问题的另一个角度。

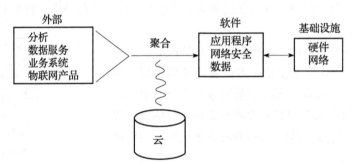

组件：物理设备、传感器、数据提取组件、安全通信组件、网关、云、服务器、分析组件、仪表板

图 1.5　物联网交互组件

物联网建立在允许应用程序跨多个网络分布的架构之上。确定这些应用程序的确切位置是分析师面临的挑战之一。具体来说，由于 5G 技术提供的性能提升，物联网设备将能够支持应用程序在设备本身上运行。这被称为边缘计算，即设备将包含更多可以提高性能的软件应用程序和数据。显然，与从远程服务器下载程序和数据相比，本地运行的程序在效果上更好。程序和数据集可以被分解成更小的单元，这些单元可以用来在独立且更自主的设备上执行特定的功能。这表明，更大更复杂的遗留应用程序需要被重新设计成更小的组件程序，这些程序可以在众多设备上运行，如图 1.6 所示。

从图 1.6 中我们可以看到，原始遗留程序 A 应用模块的一个特定子功能现在被分解为三个子功能，以最大限度地利用物联网设备的性能。我必须强调，以这种方式设计应用程序的关键是 5G 技术提供在节点间更高效地来回传输本地数据的能力。它还提高了在"边缘"上修改和更新程序的速度。微软 Word 产品的子集或更轻量级的版本可能就是物联网分解应用程序的一个例子。考虑一个设备上可能提供的子集版本，它只允许查看 Word 文档，但不允许使用全部的功能。iPad 和 iPhone 产品上已经有了这样的子集版本！支持 5G 技术的物联网将进一步增加这些类型的子版本，因为它能够在相关设备之间更快地传输数据。

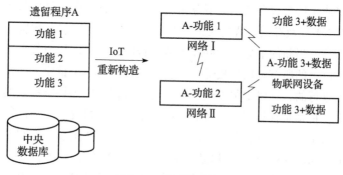

图 1.6　物联网分解

1.5.3　云

云计算和物联网将形成另一个有趣的性能更高的组合，这个组合会替代数据保存和应用程序。显然，云计算提供了更多的操作性能和存储能力。云已经成为存储本地应用程序和数据的非常经济的替代方案；更重要的是，它提供了让人们从任何地方访问的能力，这在移动性方面具有重要意义。关于云存储应该是公有的还是私有的，或者两者兼有，目前存在着许多争论，网络安全和控制问题是公司如何利用这项技术的核心话题。由亚马逊（AWS）、微软（Microsoft）、IBM 沃森（Watson）、谷歌云计算（Google Cloud）、思科（Cisco）和甲骨文（Oracle）等第三方托管公司支持的公有云似乎将是这项技术的主要供应商。事实上，云正迅速被称为"云平台即服务"。鉴于分布式网络的复杂性，必须依赖产品和广泛的数据存储来支持人工智能（AI）和机器学习（ML）处理，5G 技术将进一步增强将服务迁移到云的倾向。

建立内部的数据中心以支持临时处理和数据操作对于任何企业来说都是一个巨大的挑战。这一挑战主要在于成本和全球运营能力，它们用于支持更复杂的供应链，以交付和更新产品性能。也许，自动驾驶汽车就是最好的例子，它展示了 5G 技术、物联网和云计算必须覆盖几乎所有可以想到的远程位置，以最大限度地满足消费者需求并为之提供服务。当然，卫星技术的使用使这一切成为可能，但由于无法增强实时性能和基于消费者的行为修改数据，节点的连通性对节点操作就没什么吸引力了。

从分析和设计的角度来看，云服务就是设计函数原语应用程序。这些原始应用程序本质上被称为应用程序接口（API），它们可以动态链接，将独立灵活的应用程序拼凑在一起。当然，云供应商的竞争将基于价格，但也基于他们提供的 API，这些 API 可以轻松地提供开发工具，帮助实现快速的程序开发。因此，所有这些云供应商都提供了自己的工具包，以说明如何连接和构建这些 API 产品。分析师和设计师面临的挑战是如何使用可移植性最大的工具包，因为大型企业可能会选择拥有多个外部云供应商。

1.5.4 区块链

区块链代表了下一代主要的系统架构。实际上，区块链是一种基于链表连接概念的数据结构。每个链接或区块都包含相同的事务历史记录。因此，区块可以包含诸如触发器、条件、业务逻辑（规则）以及存储过程之类的元数据。区块还可以包含数据的不同方面。区块链背后的设计理念是，当新的事务进行并作为数据包时，所有区块或节点都会得到更新，且这些数据包必须被链上的所有区块所接受。区块链设计的另一个重要方面是，访问是基于密钥加密和数字签名进行的，这将增强安全性。因此，人们希望区块链提供的架构能够最大限度地提高网络安全，特别是在物联网设备和无线通信激增的情况下。当前区块链架构面临的挑战是如果更新需求（尤其是与金融机构相关的需求）对时间敏感，那么需要考虑延迟。

区块链通过向链结构添加新的"区块"来运作。当数据成为新事务的一部分时，它就变得不可更改和不可否认，也就是说，所有有效的事务都会在实时更新中添加。区块链有 5 个属性：

（1）不可变性：对象的事件不能更改，因此事务的审查路径是可追踪的。

（2）不可否认性：区块链的所有成员都对事务发起人的身份进行担保。

（3）数据完整性：由于前两个属性，数据输入、操作和非法修改显著减少。

（4）透明度：区块链的所有成员都会察觉到变更。

（5）平等权限：区块链中的所有成员具有相同权限。

从安全性角度来看，区块链架构提供了以下特性：

（1）因为在区块链上设置了用户或矿工权限，所以可以控制授权。区块链是分布式的，任何变化都会动态地通知所有成员。

（2）任何新成员的验证都必须有效并且独立进行，因此入侵不会来自外界或外部系统。验证器作为智能承包商在区块链内部运行，消除了通常与去中心化网络系统相关的所谓的"单点故障"。可在集成分布式网络和仲裁软件之间制定多个验证器。

目前有三种区块链架构：公共的、联盟/社区的和私有的。公共区块链本质上是开放系统，任何人都可以通过互联网连接。大多数数字金融货币都使用公共区块链，因为它提供了更好的信息透明度和可监听性。不幸的是，公共区块链的设计牺牲了性能，因为它严重依赖于更多的加密算法。私有区块链是为处理特定业务需求的特定参与者群体建立访问权限的内部设计。联盟/社区区块链是一种混合型区块链或"半私有"区块链。它类似于私有区块链，但在更广泛的独立组成成员或组织中运行。在许多方面，联盟区块链允许不同的实体共享共同的产品和服务。换句话说，它是一个处理独立群体之间共同需求的共享利益实体。

区块链的重要之处在于它是一个分类账系统。这意味着它保留了有关交易的信息，理论上你可以重放区块链中的所有交易，并应获得相同的净结果或数据及其相关活动的处理。区块存储交易日期、时间及金额等信息。此外，区块链还存储了参与交易的人的信息，因此个人或实体的身份被记录下来，并且必须已知。从安全性角度来看，区块还存储唯一的"哈希"代码，这些代码充当访问特定类型信息和执行特定类型事务的密钥。

从分析和设计的角度来看，首先选择企业将使用的第三方区块链产品非常重要。一旦评估完毕，就有无数关于区块链如何管理和配置（数据和计算）方面的决策。具体来说，需要做出许多数据和计算决策，比如哪些数据将存储在区块中、哪些管理权限将被赋予不同的组，以及需要哪些通用接口来访问各种类型的云存储数据。大部分内容将在后面的章节中介绍。区块链代表了一种新型分布式应用程序架构——一种新型客户端/服务器模型，这种模型更加符合点对点的特征，更适合嵌入式数据和开发应用程序。分析师需要了解网络中的流量挑战，避免单点故障，并确定 API 等设计问题。

1.5.5　网络安全

网络（cyber）安全在分析和设计中可能是作为硬件和软件架构设计的关键因素来考虑的。网络是数字化时代产品的每个阶段不可或缺的唯一组成部分，是每个分析和设计决策的一部分。阐明这一点的另一种方式是，网络安全现在必须成为分析和设计过程的一部分！我们必须进行安全性设计，以避免创造出另一头"怪兽"。整合网络分析和设计的第一步是承认并意识到其重要性。分析师必须了解新一代架构的每个组件，并了解系统中存在哪些风险。与其说网络保护是设计决定，不如说是一项商业决策，因此确定系统风险是分析中最重要的部分。事实上，大多数网络安全专业人士都会说，几乎所有系统都可以具备极高的安全性。不幸的是，安全性的最大化会限制系统的性能，从而影响满足许多用户的需求。因此，网络规划行业的存在离不开风险的存在。大多数安全架构必须是应对风险方式的一部分。这将导致分析师需要与企业中的业务和风险专业人员进行交互。由于监管和法律限制（如欧洲GDPR 法等），一些风险决策受到了限制。但是，在架构设计过程中，许多决策必须公开，有人会根据架构展现出来的能力做出决定。因此，网络安全是系统开发生命周期（SDLC）的一个新组成部分。

网络设计还包括许多存在于组织内部社区的素养因素——Gurak（2001）将网络素养定义为一种新的互联网意识。网络素养实际上关乎组织的文化，分析师必须衡量一个群体的网络成熟度。事实上，我们如今知道，许多违规行为都是由公司员工的粗心造成的。因此，分析时必须采用一种方法来衡量组织的网络成熟度，然后将风险因素考虑在内，作为设计新架构和应用程序的一个基本部分。

1.5.6　量子计算

未来量子计算是否能取代硅芯片还存在争议和不确定性。大多数量子现实和应用仍然是理论上的。量子计算机的功能部件称为量子位元（qubit）。量子位元是一种复杂的二进制计算，当然，它只基于 0 和 1，一次仅执行一个计算。在一个量子位元中，有多个 0 和 1 可以同时执行计算，并使用多个可用资源来实现输出。事实上，即使重复相同的计算，量子位元也可能以不同的方式利用原子、离子、光子或电子。实际上，量子位元就像动态处理中心，每次使用多个可用部件以不同的方式完成一项任务。虽然可以在每次执行时唯一地确定资源，但可以在请求发出时的特定情况或状态下预测数学概率。很明显，量子计算机的算力可以比现在的计算机强大 100 万倍。

到目前为止讨论的问题的许多细节将在后面几章中详细介绍。以下是对每一章的简要描述。

第 2 章 在传统意义上，分析师关注的是内部用户的需求。这些内部用户负责了解业务需要什么来支持他们的客户。根据业务的不同，客户可以是另一个公司（B to B）或消费者（B to C）。该章阐述了分析师评估业务需求的必要性，方法是超越内部组织的界限，学习如何直接与外部客户和消费者合作。下一代分析师必须通过提供反映其业务环境不确定性的持续和动态的需求来迎接新的挑战。因此，分析师必须根据市场趋势创造更多的投机需求。该章还将讨论在分析过程中集成人工智能和机器学习的必要性。

第 3 章 很多物联网应用的开发需要大量基于对象的可重用应用，这些应用将在复杂的网络中复制，并在移动环境中运行。该章将介绍面向对象的工作原理，将当前较大产品分解为函数原语的方法，以及确定应用程序需要驻留在何处的方法。该章还将概述分析师必须使用的工具或核心概念（以创建规范），或系统需要做什么来为用户提供答案。内容包括完成系统的逻辑架构，无论是需要一个套装软件系统，还是要在内部开发系统，企业必须先创建逻辑分析，然后才能真正了解业务及其消费者的需求。该章旨在为分析师提供一条将遗留系统转换为新的基于移动设备的分析和设计范式的途径。

第 4 章 该章介绍如何设计后端数据库引擎，介绍逻辑数据建模以生成完整的实体关系图的过程和将数据传输到多个数据存储设备的方法，讨论数据仓库的创建。该章将介绍如何高效地完成需求文档的数据部分，此外，还讨论范式化和去范式化的实践，以及确定跨移动系统复制数据的方法。

第 5 章 了解 5G 无线技术如何影响应用程序分析和设计很重要。为了评估这种影响，有必要回顾 5G 技术对性能的影响。该章将讨论市场如何应对无线性能的提高，以及应用程序软件开发者如何利用 5G 技术。该章将展示无线革命如何在移动环境中提高性能和安全性，降低延迟，还将介绍分析师在涉及 5G 架构时不断演变的职责。

第 6 章 物联网代表为人工智能和机器学习收集数据的物理设备。该章将展示物联网如何代表物理组件，通过在全球任何可以想象到的地方放置中间智能硬件来实现这一技术。该章讨论物联网将如何增加正常运行时间和实时处理，以及它减少计划外网络故障的能力。该章为分析师提供了有关安全暴露和与第三方供应商合作的指导。

第 7 章 该章将概述区块链架构，以及它在未来移动网络中的作用，定义区块链的每种类型，以及如何基于分类账设计实现安全性最大化。该章还将指出区块链的优缺点，以及应该如何进行分析和设计。最后，该章将展示区块链是如何用于扩展物联网和云计算接口的。

第 8 章 该章将定义量子计算如何有潜力地改变计算的处理能力，特别是对于机器学习和人工智能的处理。量子计算的优点是它可以同时进行许多计算，明显降低延迟。因此，量子计算的作用是用来处理大量的数据，以获得有价值的信息，从而做出预测。该章将阐述预测分析如何通过高级人工智能 API 迅速实现自动化。这些 API 还将用于支持更多的机器学习功能，因为数据量远远超过人工分析的处理能力。该章还将介绍机器学习的不同方法，并总结它们的优点和缺点。当然，云处理已经成为更好地跨大型分布式网络分布和处理数据的重要组成部分，分布式网络通过移动物联网设备捕获数据。

第 9 章　该章展示网络安全架构如何与公司的系统开发生命周期（SDLC）集成，特别是在分布式移动环境中的战略分析和设计、工程及运营等步骤中。移动应用程序需要符合通用标准才能发挥作用，特别是当它们与遗留应用程序集成或使用云进行完全重新设计时。在这个转变中，采用 ISO 9000 作为国际质量标准化概念是必要的。该章涵盖许多有关网络风险的问题，并将介绍目前用于打击网络相关犯罪的最佳实践，还将讨论欧盟的通用数据保护条例（General Data Protection Regulation，GDPR），并就分析师如何提供最佳实践提出建议。

第 10 章　该章将概述将新的移动系统与先前的应用程序（称为"遗留应用程序"）连接的过程，涵盖产品实现、遗留数据库和过程的连接以及多系统架构的集成等问题。该章将前几章中介绍的许多关于用户界面和应用程序规范开发的方法结合了起来。该章的目的也是提供一个详细的途径，以最终转换遗留系统。

第 11 章　商业组织面临的一个经典问题是，在内部构建应用程序还是将它们作为套装软件来进行购买。该章将针对如何进行选择正确提供指导。显然，决策可能会很复杂，并且会因应用程序、应用程序本身的通用性质以及拥有满足业务需求的功能应用程序所需时间不同而有所不同。构建决策更为复杂，因为它们可以由内部开发，也可以由外包供应商开发。购买也可能伴随着定制修改数量的选择，一般规则是，超过 20% 的修改则不建议选择购买。云计算是支持物联网和区块链技术的最终基于服务器的范式，我们预测大多数公司将同时从事开发和采购第三方产品。

第 12 章　该章为下一代系统的项目管理提供了系统开发生命周期方法和最佳实践的指导。项目组织包括角色和职责管理。尽管下一代技术（如 5G、物联网、区块链）具有许多共同点，但在管理这些移动系统时，肯定存在许多独特的方面。该章将解释这些独特挑战在系统开发生命周期中所处的位置。该章还着重于必须解决的持续进行的支持问题，以实现最佳实践。该章重点建议分析师除了在系统的分析和设计中承担责任外，还要参与项目管理。该章还提供支持更高项目成功率的必要流程、推荐程序和报告技巧。此外，由于管理部门不能适当地管理与供应商的合作，因此许多项目受到影响。组织必须明白，第三方供应商并不是保持安逸的万能药，必须制定严格的管理流程才能确保项目成功。

第 13 章　该章将简述本书的目标。该章将首先总结成功转型为数字化组织所需的技术和社会架构。作为分析和设计职能的一部分，分析师必须感知机会并做出反应，理解风险因素。该章还将定义组织中不同类型的世代，以及整合婴儿潮一代、X 一代和千禧一代（Y 世代）人群的重要性。最后，该章试图强调分析师角色的重要性，以及可以承担的各种角色和责任，以提高移动环境中由消费者驱动的组织转型的可能性。

1.6 问题和练习

1. 传统的分析和设计有哪些局限性？

2. 什么是"技术消费化"？

3. 数字化时代分析师的角色是如何扩展的？举一些例子。

4. 定义并描述"新范式"的组件。这些组件如何创造更多复杂性的级别？

5. 讨论什么是 5G 移动架构。常见的链接是什么？

6. 解释市场与技术进步之间的关系。

7. 分析和设计的六个基本问题是什么？

8. 解释物联网分解。

9. 区块链在安全性上的优势是什么？

10. 量子计算将如何改变世界？

第 2 章 | *Chapter 2*

整合内部用户和消费者需求

本章旨在为分析师提供一条将遗留系统转换为基于移动设备的分析和设计范式的新途径。为了更好地理解这个过程，我必须首先明确过去所取得的成就，这样做可以让当今的分析师更好地理解为什么应用程序的执行是按照这样的方式设计的，以及在基于移动的全球经济中，我们选择使用先进技术的新范式而不沿用历史设计方式的原因。回顾这些方法，还提供了另外两个价值：①它允许分析师继续支持遗留应用程序并对其进行升级，直至它们完成重新构建（这可能需要几十年的时间）；②并非所有传统分析和设计技术都应该淘汰，而是应该扩展以满足新的基于数字技术的需求。

因此，本章的第一部分将回顾现有的方法，并将它们扩展到更新一代的系统。理解业务需求的第一个方面是软件开发的层次结构。

2.1　软件开发的层次结构

如上所述，软件开发正在不断演进，尤其是在基于互联网的无线软件产品逐渐普及的情况下。改变了开发生命周期必然也会改变分析和设计的方式。不幸的是，许多软件产品都是在没有进行彻底的分析和设计的情况下开发出来的，因为创建一个"应用程序"，然后发布给消费者评估更加容易。虽然这是一个重要的发展，但是这些软件开发的进步却使得创造一个并行的分析和设计范式的重要性逐渐被忽视。

随着软件行业注重通过整合强大的基于移动化的能力来形成解决方案，使用适当的层次序列来满足用户和消费者的需求，对于分析师来说是非常重要的。开发人员不能指望通过走捷径获得好的结果，尽管这种做法很有诱惑力。以下是推荐的层次结构。

2.1.1 用户 / 消费者界面

在开发任何软件应用程序时都不能忽视用户 / 消费者界面，不然应用程序就无法进行有效的设计。用户 / 消费者界面层作为任何应用程序的基础层，驱动着产品的需求。不幸的是，由于迫切需要快速发布产品的压力，用户 / 消费者界面往往被忽略。传统的系统开发生命周期（SDLC）通常在三个基本阶段中最为有效且经常被使用：

（1）需求分析。

（2）数据建模。

（3）范式化。

在需求分析阶段，开发人员和设计团队进行访谈，以便获取与所提议的系统相关的所有业务需求。数据建模涉及逻辑数据模型的设计，该模型最终将被转换为物理数据库。范式化是为了减少冗余数据的存在。下面是系统开发生命周期（SDLC）在开发、测试和生产阶段更具体的描述。

1. 开发

开发生命周期包括完成应用程序创建的所有必要步骤。这四个组成部分分别是可行性、分析、设计和实际编码。可行性过程有助于确定应用程序是否真实可行，是否具有可接受的投资回报率（ROI）。投资回报率通常有复杂的金融模型，以计算投资是否会为企业提供一个可接受的回报率。在评估 ROI 时，不应仅仅基于货币回报，因为公司开发软件解决方案的原因有很多，并不都是基于货币回报（Langer，2011a，2011b）。可行性报告通常包含最佳和最坏情况的范围。可行性还涉及企业是否能够按时、按预算交付产品的问题。

分析是开发过程中提供逻辑需求文档的阶段。实际上，分析师为程序员和数据库开发人员创建了一个蓝图。分析作为一种架构责任，很大程度上基于可预测步骤的数学进程。这些步骤在本质上是迭代的，这需要从业者理解在开发中完成这一重要步骤的渐进性。数学分析的另一个方面是分解的过程。正如我们将看到的，分解创造了更小的组件，而这些组件可用于组成整体。它就像人体的组成部分，当放在一起时，就构成了我们实际看到的人。一旦系统被分解，分析师就可以确信组成整体的“部分”已经被识别，并且可以在必要时在整个系统中重用。这些被分解的部分称为“对象”，包含了面向对象分析和设计的研究与应用。这种传统方法实际上是提供可重用移动应用程序的关键。因此，有效路径的基础是，遗留系统是否已经被分解到对象级。可是，大多数主要的遗留系统还没有处于这种状态。所以转型的第一步是把它们变成可重复使用的部件，就像汽车轮胎一样，可以适合许多不同的车辆。

设计步骤虽然缺乏逻辑性，但却是一个更具创造性的阶段。设计要求分析师做出关于系统的物理决策，包括从使用什么编程语言，选择哪个供应商数据库（例如 Oracle、Sybase、DB2），到如何定义展示方式和报表。设计阶段还可以包括关于硬件和网络通信或拓扑结构的决策。与分析不同，设计对数学和工程的关注更少，它实际上服务于用户或消费者的需求。设计通常是迭代的，可能需要与用户和消费者进行多次会话，使用反复试验的方法，直到完成正确的用户界面和产品选择。我们将看到，新的范式需要更多的设计和物理试验，而不仅仅是在分析中获得正确的结果。虽然这听起来有点奇怪，但我们会看到，许多应用程序都得到了尽可能多的开发、测试，但是，一旦上线后供消费者使用，它们通常还需要进行大量更改。这就是消费者界面显著改变了我们在系统开发生命周期上工作方式的地方。

实际编码代表了另一种框架和数学方法。然而，虽然早期的编程语言与机器非常接近，但它们现在已经落后了几个层次，或者我们称之为机器能够理解的实际代码的抽象。也就是说，软件是允许我们与硬件机器对话的物理抽象。因此，编码是实际开发程序结构的最佳方法。关于编码风格和格式已经写了很多，最著名的被称为"结构化"编程。结构化编程最初是为了让程序员能够创建具有内聚性的代码，也就是说，是独立编码。独立编码意味着程序是内聚的，因为与它的任务相关的所有逻辑都在程序中。与内聚相反的是耦合。耦合是相互依赖的程序的逻辑，这意味着更改一个程序需要对另一个程序进行更改。从维护和质量的角度来看，耦合被认为是危险的，因为更改会导致其他依赖的或耦合的系统出现问题。从编码到分析的关系是非常重要的，因为决定组成模块的代码是在分析期间而不是在编码期间决定的。今天，软件编程语言允许受过较少"技术"培训的人员使用它们，这使得越来越多的专业人员参与到产品开发过程中。

2. 测试

测试可以有许多形式。其中一种测试形式称为程序调试。调试是程序员确保应用程序能够正常执行的过程。出于这个原因，我们认为调试是程序员的责任之一。这与正式的测试或质量保证小组工作人员的责任不同。挑战总是在于谁在做什么以及何时为质量保证小组准备好程序以确保程序交付，并且能够满足需求文档的行为要求和输出。程序员不应该把不能执行的程序交给质量保证部门，程序至少应在具备所有条件的情况下能正常运行。

正式的过程应该是将一个"调试过"的程序提交给一个正式的质量保证小组进行验证。大多数 IT 组织都开设了由非程序员组成的正式质量保证（QA）部门。这些质量保证小组专注于测试程序的正确性和准确性。质量保证小组通常通过设计验收测试计划来实现这一点。验收测试计划是根据原始需求设计的，它允许质量保证人员根据用户的原始需求来开发保证测试，而不是可能已经经过解释的需求。因此，验收测试计划通常在生命周期的分析和设计阶段实施，但是在测试阶段执行。验收测试计划还包括系统类型测试的活动，如压力和负载检查，以确保应用程序可以支持大量的用户同时访问系统，以及满足大量数据访问的需求。它还涉及兼容性测试，例如确保应用程序在不同类型的浏览器或计算机系统上运行。当然，质量保证是一个迭代过程，通常可以创建迭代的重新设计和编程。验收测试有两个不同的组成部分：①测试计划的设计；②验收计划的执行。在软件开发的"移动时代"，编程和测试过程必须更加同步。之所以会出现这种情况，是因为需要更快地进行更改，并通过分解成较小的程序的方法来识别问题。

3. 生产

生产实际上是"上线"阶段，需要确保系统的各个方面最终都成功执行。在生产过程中，需要确定问题将如何解决，有哪些支持人员，何时以及如何回应询问，并安排进行修复。由于重新设计的需要（或者误解了用户需求），生产过程中可能会启动新的开发和测试周期。这意味着原始需求没有被正确地转换为系统现实。然而，今天的系统更像是不断进化的生命体，总是提供新的功能，总是在测试中，总是进入生产上线。

作为生命周期的一部分，生产上线环节还有其他方面没有改变：

❑ 备份、恢复和归档。
❑ 变更控制。
❑ 性能微调和统计。
❑ 审核及新的需求。

2.1.2 工具

软件系统要求分析师有适当的工具来辅助完成他们的工作，就像架构师一样。无论是短期还是长期，分析师的职业都需要许多新技术。此外，一个更重要的挑战是理解在给定点上使用哪些可用工具。分析工具通常是为专门用途而不是为一般应用而设计的，使用错误的工具可能会造成严重的损失。最后，每个专用工具的使用顺序也是成功的关键。为了确保成功，必须掌握操作的顺序以及专业分析工具之间的关系。这里介绍的较新的工具显然需要针对消费者无线和移动方面的需求。

2.1.3 通过自动化提高生产率

拥有合适的工具，知道如何以及何时使用它们只是成功的一部分。分析师还必须具有生产力，而生产力只能通过自动化来实现。自动化是通过集成各种自动化产品或曾经的计算机辅助软件工程（Computer Aided Software Engineering，CASE）来实现的。这些产品为分析师提供了自动化和集成的工具集，这些工具集通过核心自动化系统和数据定义存储库进行集中，并供企业信息系统中的所有产品使用。

2.1.4 面向对象

对于无线时代的软件产品来说，最重要的工具也许是面向对象（OO）的概念。无论软件系统是否符合面向对象标准，使用面向对象的构建方法去分析系统，对于创建跨物联网设备进行交互的函数原语对象是必要的。基于面向对象开发的软件创建了更好的系统，它们更具内聚性、可重用性和可维护性。这样的代码更易于维护，并且是可重用组件开发的基础，这些组件可以跨架构集成并动态地组合到更大的应用程序中。如果没有面向对象的设计理念，系统往往会在许多应用程序中包含重复编码的部分，而这些部分几乎不可能维护。欢迎参加遗留软件挑战赛！随着移动架构的出现，将所有遗留软件转换为对象仓库至关重要。本书提出的问题是：你如何做到这一点？

2.1.5　客户端 / 服务器

在许多方面，很大一部分遗留软件仍然受客户端 / 服务器处理概念影响。客户端 / 服务器架构设计源于主 / 从理念，其中服务器包含主要代码和数据库，客户端有本地需求，主要是为了提高性能。客户端 / 服务器架构现在已经过时，必须替换为链接组件的网络策略，这些组件可能需要主服务器，也可能不需要主服务器，而是更扁平的链接。因此，最初设计客户端 / 服务器软件开发是为了解决网络性能问题，但 5G 和未来量子类型的网络硬件策略，将逐渐淘汰该架构。虽然客户端 / 服务器架构的硬件拓扑本身是一个重要的问题，但它与决定软件模块应该如何跨网络交互，以及这些模块应该放在哪里的过程几乎没有关系。这些决策必须由分析过程中出现的问题进行驱动。客户端 / 服务器软件在真正实现的时候，涉及了对象的交互，以及定义它们通过物联网设备相互通信的方式，网络只是作为连接点。因此，分析师如果要理解如何设计基于移动的物联网解决方案，就必须首先精通面向对象的规则。

2.1.6　互联网 / 内部网络到移动性的转变

跨互联网的网络通信最初被称为互联网 / 内部网络处理，如今借助基于 Web 的技术引入了新一代软件应用程序。这些新的应用无疑给分析师和设计者带来了新的挑战。分析师本身越来越需要与商业广告商和营销部门直接合作，创造一种新的"外观和感觉"，以满足使用互联网访问产品的消费者的需求。这些基于 Web 的系统将分析师带入开发过程，而不再局限于收集需求。在无线物联网时代，分析师是系统转型的关键集成商。随着云公司的到来，我们看到开发团队越来越少发布模块，因为云公司可以更轻松地开发对象模块，并将其存储到为物联网设备提供支持的复杂网络中。也就是说，企业将通过越来越多的外包解决方案来满足它们的需求。因此，采用"互联网 / 内部网络"这个术语不那么合适了——现在更宜用"移动性"！

基于移动的处理要求分析师更多地掌握客户端 / 服务器的范式，将其作为一个分布式网络的组成部分。事实上，许多专业人士将移动性开发称为"客户端 / 服务器架构升级版"。这可能不是架构敏捷性的最佳定义，但它在功能上支持动态连接部件。

所以我在 2011 年定义的新的软件开发层就是现在的移动物联网。我将每个阶段称为"层"，因为它们依赖于前一阶段的构建块，并且它们不可避免地会相互依赖。我坚持认为，良好的分析师必须掌握这些层，以确保下一阶段的成功。我在表 2.1 中展示了这些层。

表 2.1 分析和软件应用开发的层次

层	分析应用程序
6	移动性和物联网
5	分布式网络——分解应用程序
4	面向对象——选择对象和类
3	CASE——第 2 层的自动化和生产力
2	结构化工具——用例、DFD、PFD、ERD、STD、过程规范、数据存储库
1	用户/消费者界面——访谈技巧、市场营销、风险分析

表 2.1 直观地显示了每一层之间的依赖关系。这个图形传达了一个重要的信息，即没有前一层的支持，后续的层就无法进行开发或存在。为了确保项目成功，参与应用软件设计和开发的每个人都必须充分理解这些层之间的相互依赖关系。分析师需要能够向他们的同事传达这个信息：要实现移动性和物联网，首先必须拥有优秀的用户/消费者界面，掌握结构化工具集，实现自动化（使流程高效），并理解对象的概念，以及在分布式外包和云环境中部署这些对象的方法。

以下各节提供了一个逐步收集创建传统需求文档所需数据的过程。

2.2 建立内部用户界面

成功的分析从第一天的建立界面开始。这是什么意思呢？意思是，分析师必须与组织中合适的人会面才能开始这个过程。一个最佳项目的流程是这样的：

（1）高管界面：需要有一个高管级别的项目支持者。如果没有这样的支持者，你将面临无法保证项目按时完成的风险。此外，这个支持者（稍后详细介绍）还可以帮助解决可能出现的人际关系问题。高管支持者在某种情况下也会担任发起人的角色，他应该提供一个初步的时间表，建议组织项目的预期目标。高管支持者应该在初步时间表上附一封信，并将其发给项目团队成员。这封信必须充分说明这个项目的重要性。因此，强烈建议由分析师自己起草此信，或至少对其内容加以干预，因为这样做可以确保适当地传递信息。高管支持者还应与分析师和用户建立定期审查机制，以确保目标得到实现。

（2）部门负责人或主管经理界面：如果合适的话，部门负责人应该就哪些人应代表部门的需要提供指导。如果涉及几个人，分析师应该考虑一种类似联合应用开发（JAD）的方法。根据组织的规模，部门负责人还可能设立审查会议，以确保合规性。

（3）功能用户界面：也许关键的参与者是能够逐步提供系统需求的人员。图 2.1 展示了一个典型的组织界面结构。

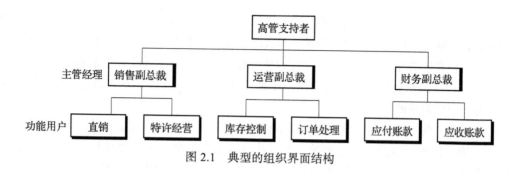

图 2.1 典型的组织界面结构

2.3 形成访谈方法

分析师或系统设计者的主要任务是提取用户的物理需求，并将每个需求转换为等价的逻辑模型。真实的访谈是一个关键的步骤，通过与用户建立良好的关系，可以获取所需的信息。你的方法将会根据被访谈者的级别和类别发生巨大的变化。因此，在与任何用户会面之前，了解公司的文化、过去的自动化经验以及组织结构（最重要）是尤为关键的。

以下五个步骤将帮助你更顺利地完成访谈。

步骤 1：获取组织结构图

在理解指挥链和责任领域方面，很少有比这更有用的东西。根据企业的规模和项目的范围，组织结构图应该从领导层开始，然后向下延伸到基层。

步骤 2：了解每个人在组织结构中的角色

如果有任何个人没有参与到该项目（考虑到他们在组织中的职位，他们应该参与的情况下），首先询问原因，然后为自己做一个标记，表明他们不包括在内。管理层可能认为不应包括某个个人或角色，并且可能经常忽视其重要性，此时不要害怕询问为什么他不被认为是系统分析所必需的，并确定排除他的原因是否合理。请记住，此时你仍然可以控制和更改方法，并且管理层多半会尊重你的做法。

步骤 3：假设情况是具有人际关系复杂性的

确保你了解你将要访谈的人员的性格。在几乎所有的项目推进过程中，人与人之间的人际关系都要加以考虑，忽视它的存在以及它可能施加的限制，只会招致失败。因此，问题是如何获得有关内部人际关系的信息。最好的方法是从组织中尽可能高的层次（通常是从领导层）开始，你可能会对他们掌握的信息量感到惊讶。当然，你不应该直截了当地问人际关系的问题，而应该这样问："对于访谈过程中可能发生的部门和人员冲突，我应该注意的问题，你能给我一些建议吗？"你可能不会得到你想要的答案，但是如果你在每次访谈中都问这个问题的话，你会发现很多关于公司运作方式的信息。记住，只有人，才会让项目变得更复杂！

步骤 4：获取有关用户能力的信息

在不了解用户的技术能力的情况下开始访谈，会使分析师处于一个非常不利的位置。

而一旦有了这些信息，你就能制定出一套问题计划，并确定最佳的访谈方法。如果用户不具备相关知识，那么应该对问题进行调整，最大限度减少技术内容的比重。下面的访谈准备指南展示了一种常规的方法，然而令人惊讶的是，有许多分析师甚至没有考虑到这种策略！

（1）在访谈前收集信息，让用户和自己都做好准备，并让你们双方对访谈中将要涉及的内容有一个更清楚的了解。

（2）编制一份调查问卷。根据用户所掌握的知识水平，技术问题的措辞应该有所不同。

（3）确定访谈是否会提供足够的信息来获得必要的信息。实际情况并不总是如此，甚至这种情况发生的频率比你想象的要高。在访谈之前了解用户的能力，不仅可以改变问题的范围，而且还可以建议，除了用户之外，哪些人可能需要参加访谈。

步骤 5：安排与用户的预备会议

预备会议可能并不总是可行的，因为大多数情况下，预备会议必须是一个很短的会议，也许只有半个小时，而且会议应设计为高层次的，并提供在实际的访谈中将要涉及内容的大致想法。更重要的是，它将允许你对用户有一个整体的了解。你可能会说，正在为该用户获得一个"舒适水平"（或"不适水平"），这样的会议可以帮助你对预期的内容和方法有一个初步的了解。还在寻找什么？来看以下这些方向：

（1）预备会议应该给你足够的反馈来确定用户的技术水平。

（2）查看用户办公室或其环境中的所有内容，是杂乱不堪还是整洁有序？用户环境的状态通常与他们提供信息的方式一致。你从观察环境中洞察的信息，应该能指导你确定向这个人提问的问题类型。

（3）寻找态度的迹象。用户的兴趣程度应该很明显。他们认为即将到来的访谈是浪费时间，还是对会议感到兴奋？

（4）在预备会议收集的信息可以为你提供有用的提示，帮助你从访谈和用户那里了解其期望是什么。

2.4　与不同关系的群体打交道

决不能低估用户端人际关系的重要性。也许专业人士和分析师最常提出的问题是：当存在人际关系的阻碍时，如何提供高质量的分析？以下是一些指导方针：

（1）评估你是否处于不可实现的情况。我们中的许多人不愿意承认，在许多环境中确实存在着不可实现的情况，但你应该注意这些迹象。如果有以下情况——你的经理不支持你，公司给你的工资太低，用户讨厌你，没有自动化的工具来做分析，上级管理层不关心，那么你的处境就非常困难。如果你无法改变这种情况，那你必须通知管理人员，你的分析结果将由于缺少支持和工具而受到严重影响，从而无法正确地完成项目。本书中提供的技术前提是，所有各方都有兴趣提供最佳的解决方案，而不是仅仅提供一个勉强合格的系统。

（2）也不要急于认为自己处于一个必然失败的局面。大多数存在人际关系问题的项目都需要一些策略来使它们走上正轨，如果你知道如何处理它们，大多数问题都可以克服。下面是一个典型的例子，你可以应用一些思路来解决这个问题。

问题：

目前操作系统的用户不愿与我交谈。他们担心新系统可能会取代他们，或者他们的工作会发生重大变化。简而言之，他们害怕改变。

建议解决方案：

大多数实际操作的用户由主管或"负责人"管理。有时甚至一个生产线经理也可以直接对生产工人负责。无论怎样，你都必须确定谁是负责人并会见那个人。会见的目的是获得他们的支持。这种支持是非常重要的，因为你可能会发现主管曾经参与过运营，并且能够理解你可能遇到的问题。如果会见成功，主管可能会提出一个处理问题的策略。这种策略可以从与用户的一般性会议，到个人纪律，再升级到高层管理。无论你做什么，不要让找不到主管的情况继续下去，不要忍受这种情况。这样做最终会影响到你和你能力的施展。

如果与主管的交流也存在问题，那么你别无选择，只能去找上级管理层。然而，从分析师的角度来看，这个选项并不是一个理想的选择。上级管理人员的反应可能没有帮助，反而可能是破坏性的。例如，他们可能对你的问题漠不关心，并让你自己处理它，或者可能只是发给主管一封信。在某些情况下，你可能很幸运，主管将有关该系统的责任交给另一个经理。不过，想想看，如果你求助于上级管理层却得不到任何支持，后果会是多么令人失望，这个后果就是你需要继续和一个已经毫无帮助的主管一起工作，而且你的反馈使得情况更加恶劣。重要的是要记住，一旦你反馈到了上级管理层，界限就已经划定。主管通常负责日常运作，他们通常比其他人更了解整个活动，因此你最好想办法让他们站在你这边。只要你勇于提出有利于用户的方法，主管的支持可以帮助你克服问题。

2.5　内部用户的类别和级别

建立用户界面是制定大部分访谈方法的工具。这是必要的，但要深入研究用户的特点，特别是他们在组织中的类别和级别。图 2.1 确定了三个类别，分别是高管支持者或主管经理、功能用户。了解这些类别的特点非常重要。为了更好地理解每个类别，我一直在探究以下问题：他们对成功项目的哪些方面感兴趣？也就是说，他们对新系统的哪些方面满意？让我们将这个问题应用于每个用户类别。

（1）高管支持者类用户：这一级别的人对投资回报率（ROI）的概念最感兴趣。投资回报率主要关注的是一项投资是否会带来财务回报，从而使该项努力对组织有价值。尽管有许多综合公式经常应用于投资回报率的研究，但我们的背景涉及构建新软件的短期和长期收益。高管们通常有五个主要原因来资助软件开发，这些原因按照对投资者的重要性排列。

①经济回报：简单地说，这意味着该软件将产生经济收入。一个例子可能是支持在线订购系统的互联网软件，比如亚马逊的图书发货系统。他们的系统不仅提供了处理发货的功

能，还提供了一个 Web 界面，可以通过互联网与图书订单提供的收入直接关联。

②提高生产力：许多软件系统无法直接与经济利益挂钩，但是有许多系统都是为了提高生产率而开发的。这意味着该系统将允许组织实现更多的产能和可交付的产品。因此，该系统允许组织通过提高其资源的生产力来获得更高的收入。

③降低成本：批准软件项目是使组织能够减少其现有的间接成本。这通常涉及用计算机代替人工活动。虽然降低成本在本质上似乎与提高生产率相似，但它们的实施往往出于不同的原因。生产力的提高通常与那些正在增长的组织有关，因为需求非常多，他们正在寻找提高产出的方法。另外，降低成本是一种防御性措施，正如市场萎缩，企业正在寻求降低成本的方法。

④竞争：软件系统是由于竞争而产生的。因此，开发软件是一种防御措施，用来与那些已经证明其价值的竞争对手进行竞争。银行业就是一个例子。花旗银行是最早推出自动柜员机（ATM）的银行之一。由于花旗银行在纽约州的自动取款机服务上取得了成功，其他银行很快也纷纷效仿。但这并不意味着系统的开发始终是一种防御机制，事实上，许多商业网站的引入仅仅是基于对其业务潜力的市场预测。

⑤为了技术的发展：虽然不是最受欢迎的，但一些组织会对新系统进行投资，因为他们认为现在是时候这样做了，或者他们担心他们的技术正在过时。这种支持新系统开发的方式是很少见的，因为它意味着在没有了解其优势的情况下投入成本。

因此，管理类用户是对投资价值感兴趣的用户。这些用户对需求有全局的看法，而不是纠结于细节。事实上，他们可能对事情到底是怎么做的知之甚少。管理界面的价值是提供项目的范围和目标，而不是他们打算从软件中获得的实际价值。另一个常用的说法是系统领域。领域通常指的是边界。最终，一个承诺或预期有一定投资回报率的系统才是让他们开心的本源。

（2）部门负责人或主管经理类用户：这些用户代表用户的两个主要方面。一方面，他们负责各自部门的日常生产。因此，他们理解实现管理层所提出的组织目标的重要性。事实上，他们经常要向高管做汇报。另一方面，部门主管和主管经理对他们的员工负责。他们必须与实际操作的用户打交道，并制定提高他们的产出和工作满意度的方法。这些用户可能提供了我所说的性价比最高的东西，这句话通常意味着，在这段时间里，你将获得最多的信息。可以看出，部门主管和主管经理负责组织中每天发生的大部分事情。另一个可以用来描述他们的短语是你的最有价值的人（MVP）。请注意，最有价值的人（MVP）是访谈中最难找到和获得的。让部门负责人和主管经理高兴的是最复杂的事情。他们需要一个能产生预期产出的系统，他们需要一个能让员工保持快乐和高效的系统。

（3）功能用户：也称为基层用户，这些人负责主要的业务活动。虽然他们对自己的工作流程了解很多，但是他们通常很少关心生产力和预期的投资回报率。我经常把这些用户看作那些不愿意让工作变得复杂的人，只想在他们必要的时间里工作。因此，他们对那些徒有其表的系统兴趣不大，除非它们可减少困难——而减少困难的情况，通常产生于让他们的工作变得更容易的系统。

了解用户的下一个领域是他们的级别。我指的是他们对计算机的理解。有三个级别的用户：

（1）知识渊博的：仅基于某人的观点对其知识水平进行判断可能很困难。我根据经验来定义知识。有经验的用户可以定义为"有过经历的人"。因此，在这个语境中，一个经历过新系统开发的用户可以被定义为"知识渊博"。

（2）业余的：业余的定义不是基于经验，而是基于用户拥有的经验类型。业余可以被认为是喜欢在家里使用计算机，但在组织中没有开发软件的专业经验。从这个角度来看，我认为业余人员的定义是指没有从开发工作中得到回报的人。

（3）新手：这些用户没有使用计算机的经验。虽然这类用户比 10 年前少了，但他们仍然存在。了解新手用户的更好方法是参照我对"知识渊博"的定义。在这种情况下，新手用户是一个从来没有参与过专业环境中新系统的用户。

也许在上述层次中最成问题的是业余人员。我发现知识渊博的用户会为项目带来好处。在许多方面，它们充当了分析师的检查点，因为它们可以提出好的问题，特别是能够帮助开发过程的历史问题。新手用户没有什么价值，也没有什么问题。他们倾向于按你的要求去做。另外，业余人员往往知道足够多的风险。他们也对这个话题有着浓厚的兴趣，但他们经常会偏离技术的方向，并专注于项目的细节。

最重要的是这些类别和级别的映射。分析师可能会采访一位知识渊博的高管，或者一位新手用户。每一种排列都会影响访谈进行的方式。例如，对一组业余人士进行访谈时，分析师应当主动专注于确定的议题，否则，讨论很容易偏离正轨。因此，对用户级别和类别的了解有助于制定有效的访谈方法。

2.6　无用户、无输入的需求

是否有可能在没有用户输入甚至没有消费者意见的情况下开发系统需求？这能做到吗？

也许我们需要回顾历史，思考改变竞争格局的趋势。数字化转型可能确实是商业史上最强大的变革因素。

我们看到大公司失去了优势。20 世纪 90 年代作为领先科技公司的 IBM 的衰落是一个很好的例子，之后微软取代了它的地位。然而，谷歌能够在消费者计算领域领先于微软。那么，苹果凭借其新产品系列的回归又如何呢？问题是：为什么以及怎么会如此迅速地发生这种情况？

技术不断带来变革，或者现在被称为"颠覆"。事实上，预测消费者的需求变得越来越困难，即使对消费者自己来说也是如此！那么，我们面临的挑战是如何预测技术颠覆带来的变化？所以数字化转型更多的是预测消费者行为并提供新的产品和服务，我们希望消费者会使用这些产品和服务。当然，这对分析师来说是一个重大挑战，因为分析师的工作是准确描述用户需求。Langer（1997）最初将其定义为"逻辑等价概念"。因此，我们可能创造了一个矛盾的说法，我们如何开发用户无法指定的系统？此外，随着业务的全球化，描述消费者行为的规范变得更加复杂。我们试图满足哪些消费者行为，跨越哪些文化规范？

因此，现实情况是，新的应用程序将需要更加通用，并且在构建时会有一定的风险和不确定性。也就是说，业务规则可能更有问题，需要评估风险并与组织实践的风险保持一致。

让我举一个例子来证明我为不确定性和变化而设计系统的论点。

如果我们看看 20 世纪 80 年代随着个人计算机的出现而成功的应用，其中一个突出的例子就是电子表格。电子表格首先由一家名为 Visicorp 的公司推出，并将产品命名为 VisiCalc。它是为 Apple II 以及最终的 IBM 微型计算机设计的。电子表格并非基于消费者需求，而是基于感知需求。电子表格被设计为通用计算器和数学工作表。Visicorp 冒着风险向市场提供产品，并希望市场会发现它有用。当然，历史表明这是一个非常好的尝试。现在以 Microsoft Excel 产品为主的电子表格已经经历了多代。发明者有一个远见，然后市场成就了它的许多用途。因此，Visicorp 在这件事上是正确的，但对于消费者想要和持续需要的东西而言，这种做法并不是百分之百可行。例如，数据库接口的附加功能，支持预算编制的三维电子表格和前向引用都是消费者响应的示例。

另一个处理消费者偏好的有用方法是波特框架。波特框架由以下五个组件组成：

（1）行业竞争对手：市场上有多少竞争对手？组织在市场中的地位如何？

（2）新进入者：哪些公司可以进入组织的空间并提供竞争？

（3）替代品：什么产品或服务可以替代你所做的？

（4）买家：买家有哪些选择？买卖双方的关系有多密切？

（5）供应商：有多少供应商可以影响与买方的关系并决定价格水平？

波特框架如图 2.2（和表 2.2）所示。

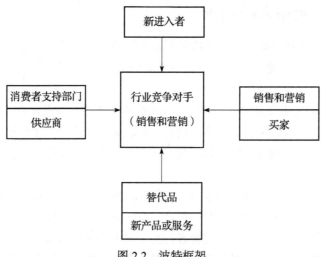

图 2.2　波特框架

表 2.2　Langer 分析消费者方法

波特框架	Cadel 等人的方法	Langer 的输入源
行业竞争对手	你的市场份额有多强	第三方市场研究
新进入者	新威胁	第三方市场研究
		调查和焦点小组
供应商	价格敏感度和关系密切度	消费者支持和最终用户部门
买家	另类选择和品牌资产	销售 / 市场营销团队
替代品	消费者替代品	调查和焦点小组
		销售和营销团队
		第三方研究

2.7　S 曲线与数字化转型分析和设计

数字化转型也将与 S 曲线的行为相关联。S 曲线是一个长期存在的经济图表，描绘了产品或服务的生命周期。S 曲线如图 2.3 所示。

S 曲线的左下部分代表了一个不断增长的市场机会，该机会可能会波动并且需求超过供应。因此，市场机会大，产品价格高。所以，企业此时试图占领尽可能多的市场，这反过来又需要承担风险并获得相关回报，尤其是在增加市场份额方面。S 曲线的形状暗示了机会的存在。

随着市场接近 S 曲线的中部，需求开始等于供应，价格开始下降，总体而言，市场变得不那么波动且更可预测。价格下降反映了更多竞争对手的存在。

随着产品或服务接近 S 曲线的顶部，供应开始超过需求，价格开始下跌，说明市场已经成熟。产品或服务的独特性逐渐减弱，趋向于成为普通商品。通常供应商会尝试生产新版本以延长曲线的寿命，如图 2.4 所示。

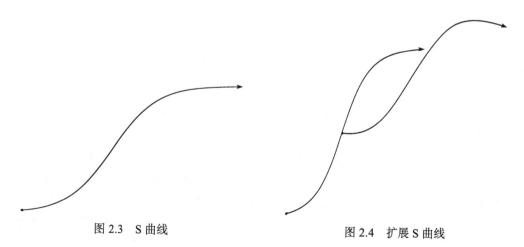

图 2.3　S 曲线　　　　　　　　　　图 2.4　扩展 S 曲线

建立新的 S 曲线可以延长产品或服务的竞争寿命。一旦达到 S 曲线的顶部，产品或服务就达到了商品水平，供应远远大于需求。在这里，产品或服务可能已达到其有效竞争寿命的终点，应该用新的解决方案替换或考虑外包给第三方。

Langer 的驱动 / 支持描述了任何应用产品的生命周期，如图 2.5 所示。

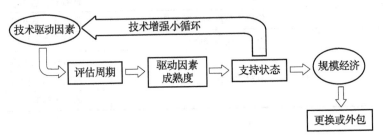

图 2.5　Langer 的驱动 / 支持生命周期

在设计一个新的应用程序或系统时，该产品的 S 曲线状态应该与需求的来源密切相关。表 2.3 反映了相应分析来源和相关风险因素，其中，风险因素与基于消费者市场需求的可靠性相关。

表 2.3　S 曲线、应用需求来源和风险

S 曲线状态	分析来源	风险因素
早期 S 曲线	消费者	高，市场波动存在不确定性
高 S 曲线	消费者	较低，随着产品变得更加成熟，市场的不确定性降低
	终端用户	中等，商业用户有消费经验，可以提供合理的要求
S 曲线的波峰	终端用户	低，随着产品的成熟，业务用户有更多的体验
	消费者	高，可能会考虑新的特性和功能，以保持产品更具竞争力。尝试建立新的 S 曲线
S 曲线的末端	最终用户	无，寻求替换产品或考虑使用第三方产品来替换现在的遗留应用程序。也考虑外包申请

2.8　实践社区

另一种可用于在数字经济中获取更准确信息的技术称为实践社区（Communities of Practice，COP）。传统上，实践社区被用作将组织中具有相似才能、责任和 / 或兴趣的人员聚集在一起的方法。这样的社区可以有效地用于获取有关事物工作方式以及运行业务操作所需的宝贵信息。许多此类信息通常是组织中未记录的隐式知识。获取此类信息与从消费市场获取可靠信息的挑战密切相关。我在本节前面介绍了调查和焦点小组的使用，而实践社区是一种替代方法，可以将按兴趣和需求分组的类似类型的消费者聚集在一起。实践社区基于这样的假设，即学习始于参与社会实践，并且这种实践是个人学习的基本结构（Wenger，

1998）。因此，实践社区通过使用共同用户追求利益的共享方式来完成工作。对于分析师来说，这意味着通过参与特定消费者社区的实践并为之做出贡献来获得需求的另一种方式。与实践社区合作，是发展与消费者关系以更好地了解他们的需求的另一种方式。在组织内部使用这种方法，可与特定业务用户组持续保持联系，以更好地了解问题。这可以帮助组织定义其真正了解的内容，并对通常未记录的业务做出贡献。实践社区的概念支持这样一种观点，即学习是"参与社会生活和实践的必然部分"（Elkjaer，1999：75）。因此，如果分析师要真正了解开发更有效和准确的软件应用程序所需的内容，他们就需要参与学习。实践社区还包括协助社区成员，特别重视提高他们的技能。这也被称为"情境学习"。因此，实践社区在很大程度上是一种社会学习理论，而不是仅仅基于个人的理论。实践社区被称为工作之中的学习，其中学习是在社会环境中共同工作的必然部分。这个概念在很大程度上意味着学习会以某种形式发生，并且是在社会参与的框架内完成的，而不仅仅是简单地在个人头脑中完成。在一个因技术创新而发生巨大变化的世界中，我们应该认识到组织、社区和个人需要以更快的速度接受互连的复杂性。

实践社区理论中有很多有用的洞见，并且证明了实践社区在分析和设计过程中使用的合理性。虽然许多学习技术原因是事件驱动和个人学习，但如果认为这是组织中唯一的学习方式，则是目光短浅的。此外，技术的巨大性和复杂性需要社区关注。这对于需要了解如何应对技术动态的特定部门来说尤其有用。也就是说，使用新技术的准备不能通过等待事件发生来完成，相反，可以通过创建一个社区来完成准备，该社区可以将技术作为组织正常活动的一部分进行评估。具体而言，这意味着通过社区的基础设施，个人可以决定他们将如何组织自己以使用新兴技术，需要什么样的教育，以及需要什么样的潜在战略整合为技术带来的变化做准备。在这种情况下，行动可以被视为一个持续的过程，就像我将技术描述为一个持续加速的变量一样。然而，Elkjaer（1999）认为，如果没有个体互动，连续过程就无法存在。正如他所说：个人和集体活动都基于过去、现在和未来。发生在群体成员之间的行动和互动，不应仅仅被视为个人的行动和互动。

基于这个观点，技术可以由行动者（社区）和消费者（个人）来处理，如图 2.6 所示。

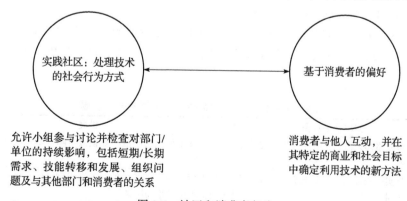

图 2.6　社区和消费者行为

　　实践社区（COP）可以提供一种机制，帮助分析师了解业务用户和消费者的行为方式及交互方式，这在逻辑上是合理的。事实上，分析师可以针对社区的行为及其需要，考虑哪些新的组织结构可以更好地支持新兴技术。我已经通过多种方式建立并展示了所谓的"IT分析师实践社区"，并认识到重组这种社区以满足数字经济需求的必要性。这个新时代不适合传统的分析方法，而更适合基于社区的流程，它可以实现与不同消费者相关联的业务运营的重新调整。

　　从本质上讲，"IT分析师实践社区"必须承认基于风险的分析及建立在突发性不确定策略基础上的设计的不断发展。突发性不确定策略承认消费者行为中的无计划行为和演变，历史上将其定义为在没有意图的情况下发展的模式（Mintzberg & Waters，1985）。突发性的不确定策略可用于聚集能够专注于不基于先前计划的问题的小组。这些策略可以被认为是积极的创造性方法。事实上，数字化转型的一个弊端是其加速了变化，从实践社区借鉴的想法和概念可以帮助企业应对消费者不确定性的演变情况。

　　鉴于未来的IT应用程序将严重依赖非规范化输入，实践社区与分析和设计之间的关系非常重要。虽然可能会尝试使用预测分析软件和大数据将知识数据化，但它无法提供用户和消费者的所有风险相关行为。也就是说，创建预测行为报告的"结构化"方法的建立和维护通常是非常困难的。最终，数字化转型带来的活力带来了太多的不确定性，复杂的自动化应用程序无法处理这些不确定性，从而影响到组织应对数字化变革。因此，实践社区（COP）以及这些预测分析应用程序为如何处理由新兴数字技术建立的持续和不可预测的交互提供了更全面的保护。

　　支持上述立场的事实是，技术需要积累的集体学习，需要与社会实践联系起来。这样，项目计划就可以将学习作为一种参与行为的基础。实践社区的主要优势之一是它可以将关键能力整合到组织结构中（Lesser et al.，2000）。IT部门的典型缺点是其员工需要同时为多个组织结构服务。这要求组织确定优先级。如果不采用实践社区概念来实现更加综合的谈判和决策过程，IT部门就很难甚至不可能确定这样的优先级。实践社区（COP）的大部分过程将由数字化颠覆启动，并导致许多行为变化。也就是说，实践社区的实施过程将需要改变本书中概述的分析和设计方法以及基本组织流程。

　　如上所述，实践活动社区在分析和设计向数字化转型的需求方面可能非常重要。根据Lesser等人（2000）的说法，基于实践社区的知识战略包括的七个基本步骤，如表2.4所示。

表2.4　扩展分析和设计实践社区策略的七个步骤

步骤号	实践社区步骤	扩展
1	了解战略知识需求：哪些知识对成功至关重要	了解技术如何影响战略知识以及哪些特定的技术知识对成功至关重要
2	参与实践领域：人们形成实践社区以参与和认同	技术根据与业务相关的利益来识别群体。要求各领域共同努力实现可衡量的结果

（续）

步骤号	实践社区步骤	扩展
3	发展中的社区：如何帮助关键社区充分发挥潜力	技术的生命周期，需要社区继续存在。将生命周期视为实现成熟和充分潜力的支持者
4	划定界限：如何连接社区以形成更广泛的学习系统	技术生命周期需要形成新的边界。这将连接以前不在讨论范围内的其他社区，从而扩大对技术创新的投入
5	培养归属感：如何融入人们的身份和归属感	整合社区的过程：IT 和其他组织单位将创造新的不断发展的文化，培养归属感和新的社会身份
6	经营业务：如何将实践社区整合到经营组织的业务中	数字化转型提供了运营实践社区和支持新技术创新所必需的新组织结构
7	应用、评估、反思、更新：如何通过组织变革浪潮部署知识战略	积极处理多种新技术的过程，加速知识战略的部署。新兴技术增加了对组织转型的需求

　　Lesser 等人（2000）表明实践社区严重依赖于创新。"有些战略的成功更多地依赖于创新……一旦明确了对创新需求的依赖，你就可以在创新至关重要的地方创造新知识。"事实上，电子实践社区不同于物理社区。数字化颠覆为技术如何影响组织学习提供了另一个维度。它通过创造实践社区运作的新方式来实现这一目标。在影响我们的方式的复杂性方面，技术与实践社区有着二元关系。也就是说，存在两个方面的问题：①实践社区需要实施 IT 项目并将其更好地整合到消费者的需求中；②技术调用的电子实践社区的扩展，反过来可以帮助商业消费者基础在全球和文化上的提升。

　　后面的问题确定了这样一个事实：消费者现在可以很容易地成为许多电子社区的成员，并以多种不同的身份参与其中。电子社区的不同之处在于它们可以拥有短期和短暂的成员身份，并根据兴趣、特定任务或问题的共同性实现身份形成和更改。实践社区本身正在利用技术来形成多重且同时的关系。此外，随着全球经济的不断扩张，国际社会的发展也面临更多的复杂性和挑战。

　　迄今为止，我已经介绍了实践社区作为一种基础设施，可以促进基于消费者行为和趋势来创建需求方法的改进。我所介绍的大部分内容都会对当今不断变化的世界中分析和设计的方式产生影响。随着技术创新的出现，实践社区已经扩展到电子社区。虽然技术可以为组织提供巨大电子图书馆，最终成为信息仓库，但它们只有在允许在社区内共享的情况下才有价值。尽管这让许多公司设想了一个利用知识的新世界，但社区发现仅仅存储信息并不能有效地利用知识。因此，许多公司创建了这种"电子"社区，以便利用知识，尤其是跨文化和地理边界的知识。可以预见，借助技术带来的成果，这些电子社区将更具活力。以下是这些社区为组织提供的示例。

- ❑ 超越边界并与内部和外部社区交流知识。在这种情况下，社区不仅扩展到各个业务部门，而且扩展到各个客户之间的社区，正如我们在高级电子商务战略中看到的那样。使用互联网和内部网，社区可以促进客户的动态整合，客户是竞争优势的重要参与者。然而，由于新兴电子产品的出现，外部社区的扩展又产生了实施更动态的分析方法来确定需求的另一个需求。

- 通过复杂的网络将社会和工作场所社区连接起来。这个问题与围绕组织学习的问题的整个扩展密切相关，特别是学习型组织的形成。它包含过程和社会辩证法问题，对于创建处理组织层面和个人发展的均衡实践社区非常重要。

- 整合远程工作者和非远程工作者，包括性别和文化差异的研究。随着技术连接的成熟，远程工作者的增长很可能会增速。视频会议和借助扩大宽带改善媒体互动，将促进虚拟工作场所的进一步发展。性别和文化将继续成为扩大现有模式的重要问题，这些模式目前仅限于特定类型的工作场所问题。

- 协助以计算机为媒介的社区。这种媒介允许管理社区之间的互动，管理谁来设置他们的沟通标准，以及谁最终负责沟通问题。成熟的实践社区将追求自我沟通。

- 创建"火焰"社区。"火焰"被定义为在电子社区中进行的一场长时间的、往往是人身攻击性的辩论，它会产生积极和消极的后果。差异可以与加强社区内共同价值观的认同相联系，但需要组织成熟，更依赖于计算机化的沟通，以改善人际和社会因素，避免沟通不畅（Franco et al.，2000）。

- 在大型图书馆和数据库中存储集体需求。正如爱因斯坦所说："知识就是经验。其他一切都只是信息。"信息库并不等同于知识，它们往往阻碍组织共享重要的知识构建模块。而知识构建模块会影响技术、社会、管理和个人发展，这些发展对于学习型组织至关重要（McDermott，2000）。

最终，上述实践社区正在形成新的社交网络，从而奠定了"全球连通性、虚拟社区和计算机支持的合作工作"的基石（Wellman et al.，2000：179）。这些社交网络正在创造新的趋势来源，改变组织处理和使用技术的方式的本质，从而改变知识的发展方式和通过实践社区使用的方式。因此，实践社区并不是新的基础设施或社会力量，而是不同的交流方式。数字化转型推动着新的通信网络出现，文化适应组件使这些实践社区能够专注于如何使用新兴技术来改变他们的商业和社会生活。

模型驱动的人工智能

模型驱动的人工智能通过真实的表征和规则获取知识并推动决策。在模型驱动的人工智能中，由规则来控制事物的定义以及其与其他事物的关系，规则引擎由定义数据的关系及其相关的事务能力组成。大多数模型驱动的人工智能都受到一定限制，决策树可以确定导致某些过程路径的特定规则。这种有限类型的人工智能的一个完美例子最初被称为"专家系统"，它基于规则确定特定的应用路径。一个适合使用专家系统的产品是纳税申报单，它由基于规则的决策树决定，如图 2.7 所示。

一旦个人对状态做出决定，规则就会根据答案进行相应的改变。显然，这导致决策树变得非常复杂，并且可能会发生变化。事实上，税收计划每年都会发生变化——故根据所选年份，产品的表现会有所不同。因此，数据（本例中是单身与已婚信息）决定了程序每次的执行情况。如果规则本身发生变化，例如新税法，那么更改规则文件就可以避免修改编码。

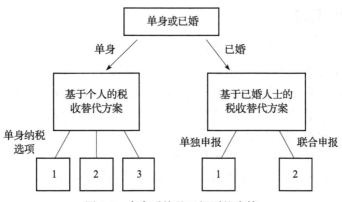

图 2.7 专家系统基于规则的决策

基于规则的推理引擎产品是人工智能家族的一部分，但它们并不代表全部。那些基于数学模型和回归的方法超出了分析师的范围。

2.9 数字化转型时代的分析师

当我们讨论数字世界及其对商业运作方式和社会世界互动方式的众多影响时，人们肯定会问这对分析和设计行业有何影响。本节试图探讨角色的认知演变。

（1）分析师必须变得更具创新性。尽管企业存在紧跟市场变化的问题，但分析师需要提供更多解决方案。这些解决方案往往并非绝对的，并且可能具有较短的时效性，究其原因是存在风险。因此，分析师必须真正成为"商业"分析师，积极探索外部新想法，并不断考虑如何满足公司消费者的需求。因此，业务分析师将通过不断追求外部想法并将其转化为自动化和有竞争力的解决方案，成为想法经纪人（Robertson S. & Robertson J.，2012）。这些想法会有失败率，这意味着公司将需要生产应用程序多于必然的实现的部分，将要求组织在软件开发上花费更多。

（2）质量要求将更加复杂。为了与 S 曲线保持平衡，质量和生产之间的平衡将是一个不断协调的过程。由于应用程序的生命周期较短，并且面临提供有竞争力的解决方案的压力，产品需要感知市场需求并更快地做出响应。因此，在产品投放市场后，对应用程序的修复和增强将在开发周期中变得更加常态化。从而，对象范式将成为更好的软件开发的基础，因其提供了更容易测试的可复用应用程序和例行程序。

（3）用户和业务团队之间的动态交互将需要创建多层实践社区。参与这一动态过程的组织必须具有自主权和目标（Narayan，2015）。

（4）应用程序分析、设计和开发必须作为一个持续的过程来对待和管理，换句话说，当产品被弃用时，这个过程才算结束。所以，产品必须不断地发展直至成熟。

（5）在一项具有竞争优势的新技术实现商品化之前，组织不应该将其外包。

2.10 问题和练习

1. 数字化转型与分析、设计之间是什么关系？

2. 在与用户进行访谈之前获得组织结构图有什么好处？

3. 复杂的人际关系如何影响分析师的角色以及他对访谈信息收集功能的态度？

4. 为什么具备理解用户的技能，会在访谈中为分析师提供优势？

5. 消费者分析的六个来源是什么？

6. 没有用户、没有输入的需求意味着什么？

7. 描述技术与市场变化之间的关系。创新如何发挥关键作用？

8. 描述波特框架。

9. 将波特框架与 Langer 的消费者分析来源进行比较。

10. 什么是 S 曲线？

11. 解释数字化转型对 S 曲线的影响。

12. 什么是扩展 S 曲线？

13. 风险因素与数字化转型有何关联？

14. 物联网和无线网络对互联网时代有何影响？

15. 什么是技术增强小循环？

16. 解释一下实践社区的组织。为什么在数字化时代实践社区对分析师很重要？

17. 请解释什么是专家系统。

18. 模型驱动的人工智能是什么意思？

第 3 章　*Chapter 3*

回顾对象范式

本章将讲述产生对象范式的历史结构化分析和设计方法。演进方法的核心是一组传统工具，需要对其进行扩展以满足移动物联网市场中敏捷架构的需求。

3.1　逻辑等价的概念

分析师或系统设计师的主要任务是提取用户的物理需求并将其转换为软件，因此所有软件都可以追溯到物理行为或物理需求。物理行为可以定义为人与人之间交互中发生的事情。也就是说，大多数系统的根本需求来自人，尤其是商业系统的需求。例如，当 Mary 告诉我们她从供应商那里收到发票并在 30 天后付款时，她正在解释她在接收和支付发票过程中的物理动作。当分析师创建代表 Mary 物理需求的技术规范时，该规范旨在将她的物理需求转换为自动化环境中的软件系统。我们知道软件必须在计算机的环境内运行，因此该系统必须基于逻辑运行。逻辑解决方案并不总是使用物理世界中采用的相同程序来处理过程，换句话说，供 Mary 实际使用的功能的软件系统可能与 Mary 本人的工作方式不匹配，但更为有效。因此，软件可以被认为是物理世界的逻辑等价。这种抽象，我称之为逻辑等价（Logical Equivalent，LE），逻辑等价是分析师用来创建系统获得有效需求的过程。可以将逻辑等效比作计划的示意图或技术设备如何工作的示意图。

在创建需要由程序员开发的简洁准确的软件示意图方面的任何成功，都与分析师掌握 Langer（1997）的逻辑等价概念的程度成正比。需求通常是由分析师使用各种方法开发的，这些方法并不总是具备一致性和可维护的基础，与工程师采用的特定图表标准相比，通常使用了太多乏味的表述。毕竟，我们是通过开发软件应用程序来设计一个系统的。获得逻辑等价最关键的一步是理解功能分解的过程，功能分解是寻找系统最基本部分的过程，就像定义一辆汽车的所有部件一样，这样它就可以被制造出来。这个过程可能不是查看整个汽车的图片，而是查看所有功能分解部件的示意图来实现的。开发和设计软件对于创建在物联网环境中运行的可重用组件应用程序来说并没有什么不同且同等至关重要。

下面是一个使用功能分解并将其应用于逻辑等价的类似过程的示例。

在从用户那里获取物理信息时，可以使用许多建模工具。每个工具都提供了一个特定的功能来推导逻辑等价。"推导"一词在这里有特殊含义。它涉及长除法的过程，或者说我们用一个数除以另一个数时应用的过程或公式。请看下面的例子：

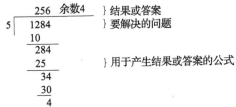

上面的例子显示了应用于除法问题的公式。我们称这个公式为长除法。它提供了解决方案，如果改变问题的任何部分，我们只需重新应用公式并生成新结果。最重要的是，一旦我们获得了答案，公式步骤的价值只是文档之一。也就是说，如果有人质疑结果的有效性，我们可以给他们看公式来证明答案是正确的（基于输入）。

现在让我们应用长除法通过功能分解来获得逻辑等价。以下是对出纳员 Joe 就其处理拒付支票的实际过程进行采访的结果。

出纳员 Joe 从银行收到了被拒付的支票。他填写了一张余额更正表，并将其转交给更正部门，以便其可以更正未结余额。之后 Joe 向客户发送了一封拒付支票的信函，要求客户补发支票，并加收 15 美元的罚金（罚金已包含在未结余额中）。被拒付的支票不会再被重新存入。

在这种情况下使用的适当建模工具为数据流图（Data Flow Diagram，DFD）。数据流图是一种显示数据如何进入和离开特定过程的工具。我们前面关注的是 Joe 处理拒付支票的过程。数据流图有四个可能的组成部分：

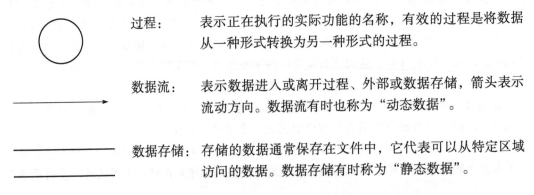

过程：   表示正在执行的实际功能的名称，有效的过程是将数据从一种形式转换为另一种形式的过程。

数据流： 表示数据进入或离开过程、外部或数据存储，箭头表示流动方向。数据流有时也称为"动态数据"。

数据存储：存储的数据通常保存在文件中，它代表可以从特定区域访问的数据。数据存储有时称为"静态数据"。

外部组件：数据的提供者或用户不属于系统，因此，它代表了一个边界。

现在让我们使用数据流图工具绘制 Joe 程序的数据流图，如图 3.1 所示。

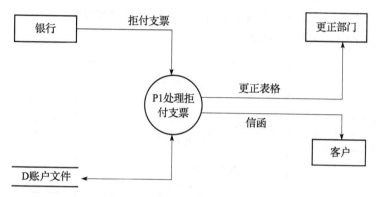

图 3.1 处理拒付支票的数据流图

图 3.1 所示的数据流图显示了支票被拒付的过程，其中银行收到拒付支票后更新账户主文件，然后通知更正部门，并发送一封信函给客户。银行、更正部门和客户被视为系统"外部"，因此在逻辑上被表示为外部。该图被认为是功能分解的初级或"第一级"。你会发现所有建模工具都采用一种方法来进行功能分解。数据流图使用的方法被称为"层级化"。

问题是，我们已经分解到了这个过程的最基本部分，还是应该进一步分级。许多分析师建议，一个完全分解的数据流图应该只有一个数据流输入和一个数据流输出。我们的图表目前有许多输入和输出数据流，因此可以进一步分级。功能分解到二级（Level 2）的结果如图 3.2 所示。

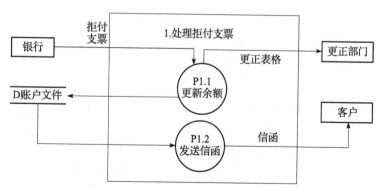

图 3.2 处理拒付支票的二级数据流图

请注意，功能分解向我们展示了过程 1：处理拒付支票，检查实际上是由两个子过程组成的，分别称为 P1.1 更新余额、P1.2 发送信函。两个子过程外部围绕的框代表着它们属于的上一级或父级组件。级别 1 中的双向箭头现在分解为两个指向不同方向的独立箭头，因为它用于连接子过程 P1.1 和 P1.2。新级别在功能上进行更多分解，并且更好地表示了逻辑等价。

我们必须再次反问自己，Level 2 是否可以进一步分解。答案是肯定的。子过程 P1.1 两个输出对应一个输入。子过程 P1.2 有一个输入和一个输出，它已经是完整的。P1.2 被称为函数原语，一个无法进一步分解的数据流图，故只有 P1.1 会被分解。

让我们分解 P1.1，如图 3.3 所示。

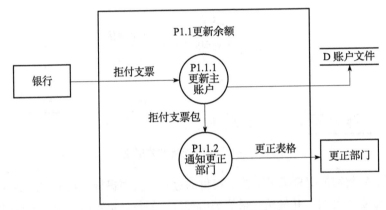

图 3.3 处理拒付支票的三级数据流图

过程 P1.1 现在分解为两个子过程：P1.1.1 更新主账户和 P1.1.2 通知更正部门。子过程 P1.1.2 是一个函数原语，因为它有一个输入和一个输出。子过程 P1.1.1 也被认为是函数原语，因为"拒付支票包"流位于两个进程之间，仅用于显示连通性。功能分解处于 Level 3，现已完成。

函数分解的结果是图 3.4 所示的数据流图。

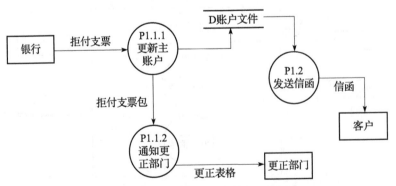

图 3.4 处理拒付支票的功能分解的三级数据流图

与长除法一样，只有上面展示的完整结果才能用作答案。前面的步骤是我们用来获得逻辑等价的最低级、最简单表示的公式，仅用于记录如何确定最终数据流图。

逻辑等价是一种极好的方法，它允许分析师和系统设计师组织从用户那里获得的信息，并系统地推导出过程的最基本表示。它还减轻了立即了解详细流程的不必要的压力，并提供了有关如何开发最终原理图的文档。

3.2　结构化分析工具

既然已经确定了逻辑等价的重要性和目标，我们现在转而讨论可用于帮助分析师的方法。这些方法可用作在任何给定情况下创建最佳模型的工具，因此是最准确的逻辑等价。分析师的工具类似于外科医生的工具，他在手术过程中只使用最合适的器械。重要的是要了解外科医生有时会面临选择使用哪种手术器械的问题，特别是对于新手术，外科医生有时会在哪些器械最有效方面存在分歧。分析和数据处理工具的选择没有什么不同，事实上，它可能变化更多，更容易混淆。与许多其他行业一样，医疗行业由其自己的行政机构管理。美国医学协会和美国内外科医师学会以及州和联邦监管机构代表了外科医生标准的来源。但在数据处理行业，类似的控制机构并不存在，且在不久的将来也不太可能出现。因此，数据处理行业试图在其领导者之间进行标准化。这种努力的结果通常是，占主导地位的公司和组织会制定其他人被迫遵守的标准。例如，微软凭借其软件统治地位确立了自己作为行业领导者的地位。

由于行业中没有真正的正式标准，因此这里介绍的分析工具将根据它们的优点和缺点来介绍。重要的是要认识到没有任何分析工具（或与此相关的方法）可以完成整个工作，也没有任何分析工具能够做到完美。为了确定合适的工具，分析师必须充分了解环境、用户的技术专长以及对项目施加的时间限制。"环境"是指现有系统和技术、计算机操作以及技术和地理层面上的新系统。用户界面的处理应与第 2 章中介绍的指南保持一致。

时间限制问题可能是最关键的。如果你希望将某个工具应用于项目中，但时间不够怎么办？分析师现在面临选择备选工具的问题，该工具无疑不会像首选工具那样有效。还有一个问题是如何实施工具，即因时间限制无法完全使用所需工具时，是否可以使用混合工具？

3.3　进行更改

分析工具的目的是维护建模的组件，及在对现有产品进行更改或增强时，如何应用建模工具。维护建模分为两类：

（1）预建模：现有系统已经具有可用于对软件进行更新的模型。

（2）遗留系统：现有系统从未进行过建模，因此任何新的建模都将首次纳入分析工具。

1. 预建模

简而言之，预建模产品已经是结构化格式。结构化格式是采用特定格式和方法，例如数据流图。

改变预建模工具最具挑战性的方面是：

（1）使它们与以前的版本保持一致。

（2）实施版本控制系统，该系统提供分析变更的审计跟踪，以及它们与以前版本的不同之处。许多业内专业人士称之为版本控制，但是，应注意指定版本控制是否用于分析工具的维护。不巧，版本控制可以在其他环境中使用，尤其是在跟踪程序版本和软件文档中。对于这种情况，市场上存在提供特殊自动化"版本控制"功能的特殊产品。我们在这里不关心这些产品，而是关心允许我们在不丢失先前分析文档的前提下，合并更改的程序和过程。这种过程可以认为与长除法示例一致，其中每次值发生变化时，我们只需重新应用公式（方法）来计算新答案。因此，分析版本控制必须能够对软件进行修改，并根据需要将它们与所有现有模型集成。

2. 保持一致

在软件产品的生命周期中间很难改变建模方法和 / 或计算机辅助软件工程工具。我们的主要目标之一就是尽量避免这样做。如何避免？当然，最简单的答案肯定是在第一时间选择正确的工具和计算机辅助软件工程软件。但是，我们都会犯错，而且更重要的是，系统架构的新发展可能会使新的计算机辅助软件工程产品更具吸引力。明智的做法是预见这种可能性并为不一致的工具实施做好准备。这里最好提前准备：

- ❑ 确保你的计算机辅助软件工程产品能够通过 ASCII 文件或剪切 / 粘贴方法传输模型。许多计算机辅助软件工程产品具有"导出"功能的接口，允许分析师将图表和数据元素转换为其他产品。
- ❑ 保留一组可用于建立链接的图表和元素，即一组可重新输入另一个工具的人工生成信息。这可以通过简单地打印图表文档来实现，然而，经验表明，很难及时更新此类信息。因此，分析师应确保有打印最新图表和数据元素的程序。

如果组织决定使用不同的工具，例如，使用过程依赖图而不是数据流图，或者不同的方法，例如实体关系图中的鱼尾纹方法，那么分析师必须开展一定量的重新设计。这意味着将新建模工具映射到现有工具，以确保一致性和准确性。这不是一件容易的事，强烈建议你记录图表，以便协调。

3. 版本控制

本书无意关注版本控制方面，然而，结构化方法必须具有审计跟踪。当一个新的过程发生变化时，应该为以前的版本创建一个目录。目录名称通常由版本和日期组成，例如：xyz1.21295，其中 xyz 是产品或程序的名称，1.2 是版本，1295 是版本日期。通过这种方式，可以轻松地重新创建或查看以前的版本。当然，保存每个版本的完整集也许不可行或太昂贵（在磁盘空间等方面）。在这些情况下，建议以易于恢复的方式备份以前的版本。在任何情况下，有且必须有一个定期进行备份的过程，这是至关重要的。

3.4 什么是面向对象分析

面向对象分析是成功地设计出移动应用程序的关键分析工具。毫无疑问，这是创建所谓的"完整"需求敏捷系统的最重要元素。业界使用了多种方法，并且对用于创建移动对象系统的最佳方法和工具存在争议。本章将重点关注开发对象系统的需求，以及转换遗留系统的挑战。因此，许多术语将根据它们的基本能力，以及实践分析师（而非理论家！）如何使用它们来定义。

面向对象基于这样一个概念，即每个需求最终都必须属于一个对象。因此，首先定义对象的含义至关重要。在面向对象分析的语境中，对象是由两个基本组件组成的任何具有凝聚力的整体：数据和过程（见图 3.5）。

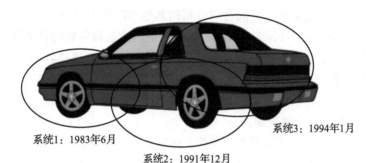

系统1：1983年6月

系统2：1991年12月

系统3：1994年1月

图 3.5 汽车是一个物理对象的示例

传统的分析方法一般基于对一系列事件的检查。我们首先采访用户，然后开发作为逻辑等效概念引入的内容，从而将这些事件从物理世界转化而来。尽管我们绝不放弃传统分析必要性，但面向对象范式要求这些事件属于可识别的对象。让我们使用下面显示的对象来扩展这种差异，我们通常称之为"汽车"。

上述汽车可能代表某个品牌和型号，但它也包含所有汽车中包含的通用组件（例如，发动机）。如果将汽车视为组织的商业实体，我们可能会发现多年来开发了以下三个系统。

从图 3.5 可以看出，这三个系统的建设历时 11 年。每个系统都旨在为负责特定任务的一组用户提供服务。该图显示系统 1 的要求基于汽车的发动机和前端。该项目的用户对汽车的任何其他部分不感兴趣或不需要。另外，系统 2 专注于汽车的中下部和后部。但是请注意，系统 2 和系统 1 有重叠。这意味着两个系统都有共同的部分和程序。最后，系统 3 反映了汽车的中上部和后部，并且与系统 2 有重叠。还需要注意的是汽车的某些组件尚未定义，可能是因为没有用户需要它们。我们可以将汽车视为一个对象，将系统 1～3 视为迄今为止针对该对象定义的软件。通过观察我们得知，整个对象尚未定义，更重要的是，已开发的系统之间可能存在数据和功能重叠。这个案例体现了大多数开发系统的历史。应该清楚的是，提出需求的用户从来没有理解他们自己的情况属于一个更大的复合对象。内部用户倾向于根据他们自己的工作职能和他们在这些职能中的经验来创建需求。因此，就用户事件采访用户的分析师面临许多的风险。

❑ 用户倾向于只确定他们经历过的事情，而不是推测可能发生的其他事件。这是移动世界和试图了解消费者未来可能想要什么的重大限制。我们知道此类事件可能会发生，尽管它们尚未发生（你应该记得将状态转换图作为建模工具来识别不可预见的可能性）。例如，考虑一种分析情况，其中 50 000 美元必须由公司的财务总监批准。此事件可能仅显示批准，而不显示拒绝。用户反映财务总监在检查发票时从未拒绝过发票，因此不存在拒绝程序，在这种情况下，财务总监没有审查发票是否被拒绝，而是留滞它们，直到他确信公司的现金流可以支持开具这些发票。显然，财务总监可以决定拒绝开票。在这种情况下，软件将需要更改以适应此新程序。从软件的角度来看，我们称之为系统改进，它会导致对现有系统的修改。

❑ 公司财务总监审查发票时可能会对公司的其他部门产生影响。此外，我们能确定之前没有其他人将这一过程自动化吗？人们可能认为这种先前的自动化不可能被忽视，尤其是在一家小公司中，但是当用户对同一事物使用不同的名称时（记住顾客和客户！），很可能会发生这样的事情。在这个例子中，存在两种不同系统功能重叠的情况。

❑ 系统之间会因数据和过程定义的差异而产生冲突。最糟糕的是，这些差异可能要在系统交付数年后才会被发现。

上面的例子向我们展示了基于个人事件获得的需求，需要另一个级别的协助才能确保其准确性。当需求定义整个对象时，它们被称为“完整的”。它们越不完整，以后需要的修改就越多。系统中的修改越多，跨应用程序的数据和过程相互冲突的可能性就越大，最终这会导致系统可靠性及质量降低。最重要的是，仅进行事件分析很容易遗漏用户从未经历过的事件。这种情况在汽车示例中表现为三个系统中没有包含的汽车部分。系统功能和组件也可能被遗漏，因为用户在采访时缺席或未交谈，又或者因为没有人觉得对象的某个方面需要自动化。无论哪种情况，情况都应该是清楚的。我们需要在进行事件分析之前建立对象。

在我们介绍识别对象的过程之前，有必要了解一下对象方法与早期方法之间的显著差异。第一个主要系统是在 20 世纪 60 年代开发的，称为 Batch，这意味着它们通常以事务为基础运行。交易被收集，然后用于更新主文件。批处理系统在包括银行在内的金融行业中非常有用。我们可能记得必须等到银行交易后的第二天早上才能查看我们的账户余额，因为一个批处理过程在一夜之间更新了主账户文件。这些系统是基于事件访谈构建的，程序员 / 分析师约见用户并设计系统。这些商业系统中的大多数是使用 COBOL 开发和维护的。

20 世纪 70 年代初期，新的流行词是“在线、实时”，这意味着许多过程现在可以立即或“实时”更新数据。尽管系统经过修改以提供这些服务，但重要的是了解它们没有被重新设计。也就是说，对基于事件访谈的现有系统进行了修改，但没有被重新设计。

在 20 世纪 80 年代末和 90 年代初，热门术语变成了“客户端 / 服务器”。这些系统（稍后将介绍）是基于复杂的分布式系统概念。信息和过程分布在许多局域网和广域网中。这些客户端 / 服务器中许多系统是对在线实时系统的重新构建，而这些系统又是从 20 世纪 60 年代的批处理系统发展而来的。这里的要点是，我们一直在将新技术应用到 30 多年前设计的系统中，而没有考虑到设计的过时性。

在这三代系统，分析师基本上是从外部观察（见图 3.6），分析的完整性取决于内部用户定义其业务需求的方式。

另外，面向对象要求分析师从内部向外看。这里的意思是，分析师首先需要定义对象的通用方面，然后将用户视图映射到对象本身中存在的特定组件。

图 3.7 显示了可以成为银行一部分的通用组件的概念视图。分析师在采访用户时处于组织内部，因此能够将特定需求映射到其一个或多个基本功能。在这种方法中，任何用户需求都必须适合至少一个基本组件。如果用户的需求不是必要组件的一部分，那么它必须被认定为缺失（并因此作为必要组件添加）或以不适当为由被拒绝。

图 3.6　分析师从外部角度开发需求　　图 3.7　面向对象方法，分析师从内向外采访用户

获取用户需求并将其每个功能放入适当的基本组件中的过程可以称为映射。映射的重要性在于，需求的功能在逻辑上被放置在它们通常所属的地方，而不是根据它们的物理实现方式。例如，假设在银行工作的 Joseph 需要向客户提供有关银行投资产品的信息。Joseph 需要从系统访问投资信息。如果使用面向对象方法来设计系统，则所有有关银行投资的信息将被归为一类。通过这种方式，授权人员可以访问投资信息，无论他们在银行是什么职位。如果单独使用事件分析，Joseph 可能会有自己的子系统，来定义他访问投资信息的特定要求。这里的问题有两个：首先，子系统不包含与投资相关的所有功能。如果 Joseph 需要更多信息，他可能需要改进或需要使用银行的其他人的系统。其次，Joseph 的子系统可以定义已经在其他子系统中定义的功能。面向对象的优势在于它集中了一个基本组件的所有功能，并允许所有需要其信息的过程"重用"这些功能。计算机行业将此功能称为可重用对象。

3.5　识别对象和类

成功实现面向对象的最重要挑战是理解和选择对象的能力。我们已经使用了一个将汽车识别为对象的示例。这个例子就是所谓的有形物体，或者业界称之为"物理物体"的东西。不幸的是，还有另一种类型的对象称为"抽象"或无形对象。无形物体是一种你无法触摸的物体，或者正如 Grady Booch 最初描述的那样："可以通过智力来理解的物体……思想或行动所指向的物体。"（Booch，1995）无形物体的一个例子是银行基本要素的安全组件。在许多情况下，面向对象分析将从识别有形对象开始，从而更容易发现无形对象。

面向对象某种程度上与过程和数据的架构是一致的，因为所有对象都包含自己的数据和过程，分别称为属性和服务。属性实际上是一个数据元素列表，它们是对象的永久组成部分。例如，方向盘是一个数据元素，它是对象"汽车"的永久属性。另外，服务（或操作）定义了对象永久部分或"拥有"的所有进程。"启动汽车"是在对象汽车内定义的服务。此服务包含启动汽车所需的算法。服务是通过方法定义和调用的。方法是操作（服务）的过程规范（Martin，1994）。例如，"驾驶汽车"可以是汽车对象的方法。"驾驶汽车"方法将调用名为"启动汽车"的服务以及其他服务，直到满足整个方法要求为止。尽管服务和方法可以具有一对一的关系，但服务更有可能是组成方法的子集或操作之一。

当对象被放置在同一个类中时，它们能够从其他对象继承属性和方法。类是一组具有相似属性和方法的对象，它们通常被放在一起以执行特定任务。为了进一步理解这些概念，我们将建立"汽车"的对象，并将其放置在专注于汽车变速器使用的对象类中。

图 3.8 表示一个名为汽车变速器的对象类。它具有三个组件对象：汽车、自动变速器和标准变速器。汽车对象被称为父类对象。自动变速器和标准变速器是对象类型。自动变速器和标准变速器都将从其父类对象汽车继承所有属性和服务。对象技术中的继承意味着子对象有效地包含其父类对象的所有功能。继承实现为树状结构⊖，但是，数据不是向上流动的信息（如树结构中的情况），而是向下流动到最低级别的子级。因此，对象继承图被称为倒置树。因为树的最底层是从各自的父级继承而来的，所以只需要执行最底层的对象，即执行最底层将自动允许应用程序根据需要继承所有的父级信息和应用程序。我们称最底层的对象为具体对象，而类中的所有其他对象都称为抽象对象。类中的对象可以通过添加新对象简单地进行改变。假设在示例中添加了另一个级别。新级别包含特定类型的自动和标准变速器的对象。

图 3.9 中的类已被修改为包含一个新的具体层。因此，自动变速器和标准变速器对象现在是抽象的。新的四个具体对象不仅继承了它们各自的父对象，还继承了它们共同的祖父对象——汽车。认识到类可以从其他类继承也很重要。因此，同一个示例可以将每个对象显示为一个类。也就是说，汽车将代表一类汽车对象，自动变速器代表另一类对象。因此，自动变速器类将以与上述相同的方式从汽车类继承。我们称之为"类继承"。

我之前提到过面向对象的可复用能力（可复用对象）。这非常重要，因为它允许一个已定义的对象成为另一个类的一部分，同时仍保持其自身的原始身份和独立性。图 3.10 演示了如何在另一个类中重用汽车。

⊖ 一种数据结构，包含以分层方式链接在一起的零个或多个节点。最顶端的节点称为根节点。根节点可以有零个或多个子节点，通过链接线连接；根节点是其子节点的父节点。每个子节点可以依次拥有自己的零个或多个子节点。微软出版社（Microsoft Press），《计算机词典》（*Computer Dictionary*），第二版，第397 页。

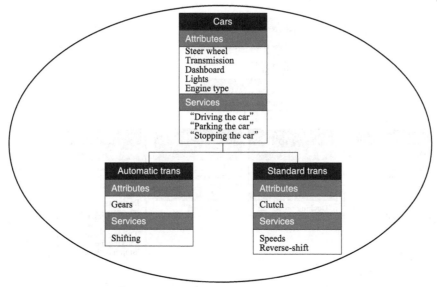

图 3.8 汽车变速器类

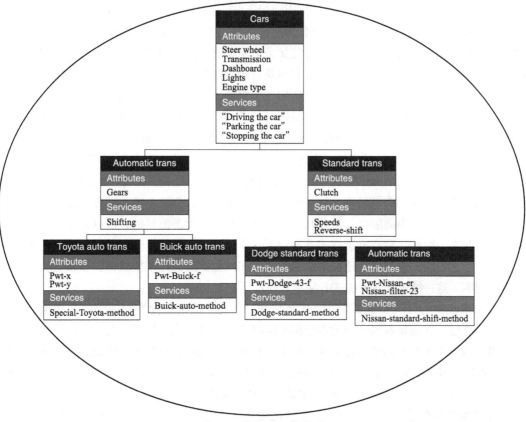

图 3.9 汽车变速器类型

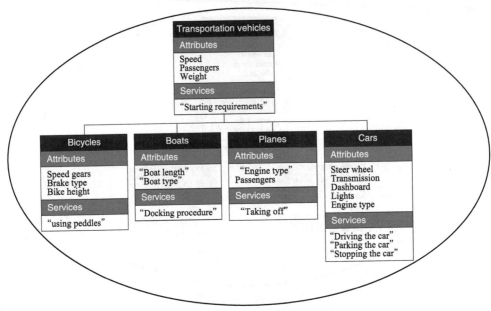

图 3.10　运输车辆类

请注意，汽车对象现在是另一个名为运输车辆的类的一部分。然而，汽车不再是其类中的抽象对象，而是具体对象，继承自其父类运输车辆。汽车对象的方法可能会根据它所在的类而不同。因此，运输车辆类中的汽车对象可能会解释"驾驶汽车"的请求，因为它与一般运输车辆有关。具体来说，它可能会调用一个服务，显示如何在汽车行驶时操纵汽车。另一方面，变速器类中的汽车对象可能会将来自其子对象之一的相同消息解释为当人驾驶时变速器如何换挡。这种现象称为多态性，其允许对象在不同情况下在相同方法中改变其行为。更重要的是，多态在行为上是动态的，因此它在操作上的变化是在对象执行时或运行时确定的。

因为对象可以重用，所以在不同类中相同对象的每个副本中保持相同的版本是很重要的。对象通常存储在动态链接库（Dynamic Link Libraries，DLL）中。动态链接库的意义在于它始终存储对象的当前版本，对象在每次执行之前都是动态链接的，所以你可以确保始终使用当前版本。因此，动态链接库工具避免了一些令维护工作难以处理的事情，如记住哪些应用程序包含相同的子程序。遗留系统通常需要在发生更改的每个模块中，重新链接子程序的每个副本，这持续困扰着 COBOL 应用程序社区。

对象系统中的另一个重要特性是实例化和持久化。实例化允许同一类的多次执行独立于另一个执行，这意味着同一类的多个副本同时执行。这些执行的意义在于它们是互斥的并且可以在该类中执行不同的具体对象。由于这种能力，我们说对象在它所属的类的每个执行副本中可以有多个实例。有时，尽管类执行已完成，但组件对象仍会继续运行或持续存在。因此，持久性是一个在调用它的类或操作完成后继续运行的对象。系统必须跟踪每个对象实例。

对象和类具有继承、多态行为、实例化和持久性的能力，只是开发人员在构建面向对象系统时可以利用的一些新机制[⊖]。因此，分析师不仅必须了解面向对象方法，还必须应用新的方法和工具，以便为系统开发人员制作适当的原理图。

3.6 对象建模

另一种分析建模工具称为状态转换图（State Transition Diagram，STD），可用于对事件驱动和时间相关系统进行建模。状态非常类似于对象/类，因此只需稍加修改即可用于描述对象的过程和关系。对象和状态之间的主要区别在于，对象负责它自己的数据（我们在面向对象中称之为属性）。一个对象的属性被封装在它的方法后面，即用户不能直接请求数据。封装的概念是仅允许出于某种目的访问对象，而不是为了获取特定的数据元素。方法及其组件服务负责确定为对象请求提供服务所需的适当属性。无论使用哪种方法，对象图本质上都是状态转换图和实体关系图（Entity Relational Diagram，ERD）的混合体。状态转换图表示对象的方法以及从一个对象移动到另一个对象的标准。另一方面，实体关系图定义了存储数据模型之间的属性关系。使用下面的订单处理示例可以更好地显示结果。

图 3.11 反映了客户对象向订单对象提交项目采购订单的过程。客户和订单之间的关系反映了状态转换图和实体关系图特征。"提交采购订单"指定了更改订单对象状态或移动到订单对象的条件。方向箭头还告诉我们订单对象不能向客户对象发送采购订单。鱼尾纹基数向我们展示了一个客户对象必须至少有一个订单才能与订单对象建立关系。订单处理完毕后，即可准备发货。请注意，每个订单都有一个相关的发货对象，但是，多个仓库项目可以是装运的一部分。上面描述的对象也可以表示类，表明它们由许多组件对象组成。这些组件对象又可以进一步分解为其他原始对象。这与逻辑等价和功能分解的概念是一致的，如图 3.12 所示。

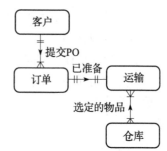

图 3.11　对象/类图

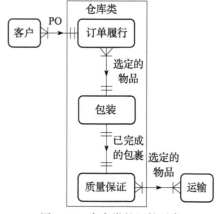

图 3.12　仓库类的组件对象

⊖ 本书无意提供构成面向对象范式的所有特定技术能力和定义，而是提供其对分析方法的影响。并非所有面向对象问题都是分析师的职责，其中许多是特定于产品的。由于面向对象的争议仍然很大，面向对象产品在使用面向对象设施方面并不一致。例如，C++ 允许多重继承，这意味着一个子对象可以有多个父对象。这与将类定义为树结构的定义不一致，因为树结构中的子项只能有一个父项。

分析师必须指定建模图中是否描述了类或对象。不建议在同一级别混合使用类和对象。显然，类级别可以有效地进行用户验证，但最终分析和工程设计不可避免地需要对象。

3.7 与结构化分析的关系

许多分析师认为面向对象分析中不需要传统的结构化工具。正如我们在前面的例子中所展示的，这根本不是事实。为了进一步强调继续使用结构化技术的必要性，我们需要了解面向对象范式的潜在好处，以及结构化工具如何映射到对象和类的创建过程中。简而言之："找到基本组件中的所有对象。"事实上，由一个过程来做到这一点是另外一回事。在提供确定对象的方法之前，让我们首先了解这个问题。

3.7.1 应用耦合

耦合可以定义为应用程序对另一个应用程序依赖性的度量。简单地说，改变一个应用程序时是否需要改变另一个应用程序？许多已知的系统故障都是由高度耦合的系统引起的。正如你可能预想的那样，该问题与分析功能有关，分析功能可以决定应加入哪些服务，以形成一个单一的应用程序。耦合从来不是我们想做的事情，但没有一个系统可以由一个程序组成。因此，耦合是一个现实，也是分析师必须关注的问题。让我们通过图 3.13 详细说明耦合问题。

两个程序 A 和 B 通过传递变量 Y 进行耦合，Y 随后在 B 中用于计算 R。如果变量 Y 在 A 中发生变化，则无须更改 B，这被认为是良好的耦合。但是，现在让我们检查一下 X，我们看到 X 在 A 和 B 中都有定义。虽然 X 的值在 A 和 B 的当前版本中不会引起问题，但是对 X 的后续更改将要求程序员记住要同时更改 B 中的值，这对于维护工作来说是个噩梦。在大型企业级系统中，分析师和程序员无法"记住"所有这些是在哪里发生的，尤其是当最初的开发人员已不再在组织中时。这个问题的解决方案也是从程序 A 中传递 X，如图 3.14 所示。

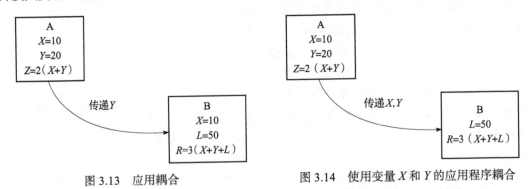

图 3.13 应用耦合   图 3.14 使用变量 X 和 Y 的应用程序耦合

我们现在看到 X 和 Y 都进行了传递，并且程序 A 和 B 被称为低耦合。此外，程序 A 被认为更具内聚性。

3.7.2　应用内聚

内聚是衡量程序在其自身处理过程中的独立程度。也就是说，一个内聚的程序包含完成其应用程序所需的所有数据和逻辑，而不受另一个程序的直接影响；另一个程序的更改不应要求更改为内聚程序。此外，一个内聚的程序不应该导致另一个程序发生变化。因此，内聚程序是对消息做出反应以确定它们需要做什么的独立程序，然而，它们仍然是独立的。当程序 A 也传递 X 时，它变得更有内聚性，因为 X 中的更改不再需要对另一个程序进行更改。此外，B 更具内聚性，因为它会自动从 A 中获取 X 的变化。设计更具内聚性的系统更易于维护，因为程序是完全独立的，程序代码也可以作为组件重用或改装到其他应用程序中。一个内聚的程序可以比作汽车的一个可替换的标准部件。例如，如果汽车需要标准 14 in（1 in=0.0254 m）的轮胎，通常可以使用任何符合规格的轮胎。因此，轮胎并不与特定的汽车相结合，而是许多汽车的一个有内聚性的组成部分。

内聚在很多方面都与耦合相反。内聚力越高，耦合度越低。分析师必须明白，内聚或耦合的极端情况是不存在的，如图 3.15 所示。

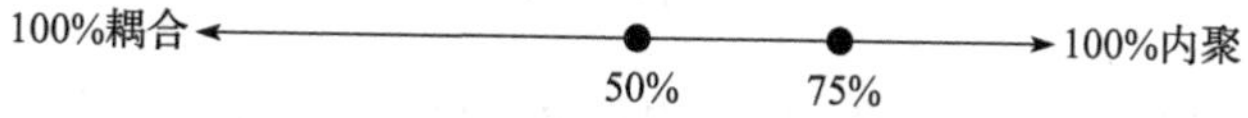

图 3.15　耦合和内聚关系

图 3.15 显示，我们永远无法达到 100% 的内聚，这意味着整个系统中只有一个程序，这种情况不太可能发生。但是，获得 75% 内聚比的系统是有可能做到的。

我们现在需要将本讨论与面向对象联系起来。显然面向对象在很大程度上是基于内聚的概念。对象是控制其自身属性和服务的独立可重用模块，它们通过继承或协作的消息处理来实现耦合⊖。因此，一旦确定了对象，分析师就必须以内聚的方式定义其所有过程。一旦定义了内聚过程，对象所需的属性就会被添加到对象中。表 3.1 显示了创建最佳内聚性的过程组合。

表 3.1　创建最佳内聚性的过程组合

层	方法	方法描述
1	按功能	基于同一功能的组件，过程被组合为一个对象 / 类。示例包括：应收账款、销售和退货都是同一功能的一部分。销售产生应收账款，退货减少销售和应收账款
2	按数据	过程根据它们对相同数据和数据文件的使用进行组合。倾向于使用相同数据的过程更具内聚性
3	按通用操作	过程根据其通用性能进行组合。示例可以是"编辑"或"打印"
4	按代码行	过程是在现有程序达到实际程序源代码中的最大行数后创建的

上面的层次是基于从最佳到最差的顺序，其中按功能是最理想的，按代码行是最不理

⊖　协作是指对象和类之间交互不借助继承。继承只能在层次结构中操作，但许多对象和类配置可以通过消息系统简单地相互"对话"。

想的。第 1 层和第 2 层将呈现最佳的对象内聚性。这可以通过以下示例看出。

图 3.16 描绘了一个包括四个对象的四屏系统，即每个屏幕都是一个单独的对象。事务处理对象因其仅处理事务文件，所以使用第 2 层"按数据"设计。对象是内聚的，因为它在处理过程中不依赖或影响其他模块。对象提供了事务数据所需的所有方法。

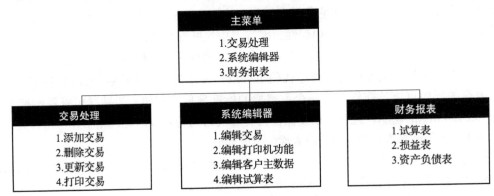

图 3.16　不同对象内聚类型的应用

财务对象是第 1 层（按功能）的示例，因为资产负债表取决于损益表，而损益表取决于试算表。因此，该对象在生成财务信息（在本示例中）所需的所有功能中是独立的。

另一方面，系统编辑器是第 3 层的示例，表明它处理系统的所有编辑内容（数据质量验证）。尽管在一个对象中使用类似的代码好像是有一些好处，但我们可以看到它会影响许多不同的组件。因此，系统编辑器被认为是一个高度耦合的对象，而非最容易维护的。

我们可以得出结论，第 1 层和第 2 层为分析师提供了最具吸引力的方法，来确定对象的属性和服务。第 3 层和第 4 层虽然在实践中已被使用，但在面向对象中并没有带来任何真正的益处，应该尽可能避免使用。现在的问题是，在开发逻辑对象时，我们采用什么技术作为提供必要的服务和属性的起点呢？

第 3 章中介绍的结构化分析工具为我们提供了进行面向对象分析和设计的基本功能。状态转换图可用于确定初始对象，以及一个对象如何与另一个对象耦合或关联的条件。一旦状态转换图准备好，它就可以成熟地变为本章前面介绍的对象模型。对象模型可以分解到最低层次，然后必须定义每个对象的属性和服务。所有数据流图函数原语现在都可以作为其方法中的服务，映射到它们各自的对象。这也是判断对象是否缺失的一种方式（如果存在没有相关对象的数据流图）。分析师应尝试使用第 1 层按功能方法组合每个数据流图。根据系统的大小组合有时会非常困难。如果使用第 1 层方法太困难，分析师应尝试通过使用基于相似数据存储的数据流图组合来尝试第 2 层方法。这是一种非常有效的方法，由于第 1 层隐含着第 2 层[⊖]，

⊖　我们发现使用第 1 层确定的应用程序总是会隐含着第 2 层。也就是说，基于功能组合的应用程序通常使用相同的数据。虽然反过来不一定正确，但我们相信，当方法在直观上不明显时，这是一种很好的回溯方法。

因此用第 2 层方法确定如何将进程映射到其适当的对象是一种非常有效的方法，但这并不意味着分析师不应首先尝试第 1 层。

下一个活动是确定对象的属性或数据元素。实体关系图充当对象属性与其在数据库中的实际存储之间的链接。需要注意的是，对象属性设置可能与其在逻辑和物理数据实体中的设置没有相似之处。数据实体关注于元素的有效存储及其完整性，而对象属性数据则基于其与对象服务的内聚性。

图 3.17 可更好地展示对象到数据流图和实体关系图的映射关系。

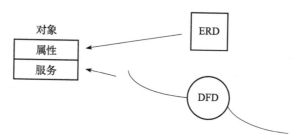

图 3.17 对象与实体关系图及数据流图的关系

因此，范式化过程产生的函数原语数据流图和实体关系图提供了用于获得对象属性和服务的工具。

3.8 面向对象的数据库

业界掀起了一场用面向对象的数据库管理系统（OODBMS）取代传统关系数据库管理系统（RDBMS）的活动。对象数据库与关系模型有很大不同，对象数据库将对象的属性和服务存储在了一起。因此，规范化数据列和行的概念已经不复存在。对象的数据库管理系统的支持者注意到了一个主要优势，即对象数据库还可以保存有关对象的图形和多媒体信息，这是关系型数据库无法做到的。结果是最终创建了不同的数据存储，其中许多不需要行、列架构，但预计关系模型仍将继续使用。但是，大多数关系数据库管理系统产品将变得更加面向对象。这意味着他们将使用更具面向对象能力的关系引擎，即构建关系混合模型。在任何一种情况下，分析师都应该继续关注捕获需求的逻辑。随着区块链架构的发展，以及使用自然语言方法分析未格式化数据的应用，面向对象方法的变化仍将继续。

3.9 借助用例分析和设计来设计分布式对象

由于面向对象范式的流行，用例于 1986 年首次被提出。目前，用例广泛用于基于 Web 系统的开发，并且是一种适用于移动物联网应用程序的开发方法。用例设计为在定义产品的当前和潜在操作时非常有效。也就是说，用例可用于对系统中可能从未发生过，但在技术上可行的活动进行建模。事实上，许多系统缺陷的发生是因为用户首次尝试执行某些操作。这些类型的建模情况有时称为补充规范。在许多方面，用例方法代表了本章前面介绍的下一代状态转换图。

3.9.1　用例模型

用例模型包含三个基本组件：用例（use-cases）、参与者（actors）和关系（relationships）（Bittner & Spence，2003）。

3.9.2　参与者

参与者代表系统的用户。在与系统交互时，"用户"可以是内部（传统）、消费者或其他系统，使用图 3.18 所示的符号表示。

图 3.18　用例参与者符号

3.10　用例

用例是用于标识在满足特定需求时，参与者与系统之间的特定界面或使用关系。在许多方面，所有用例的总和代表了系统可以完成的所有可能事务和事件的清单。实际上，它复制了所有可能发生的组合。在其最小分解粒度的形式中，每个用例定义一个事务。用例必须产生某种形式的输出。显然，用例可能有限制，某些可能的参与者请求也许需要某些授权。用例由球体符号表示，如图 3.19 所示（注意它与数据流图过程的相似性）。

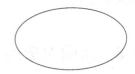

图 3.19　用例符号

图 3.20 显示了一个基本的参与者 / 用例流程。

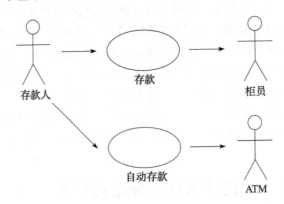

图 3.20　参与者 / 用例流程

请注意，图 3.20 中的用例模型实际上包含两个事务。它可以分解为两个单独的用例模型，如图 3.21 所示。

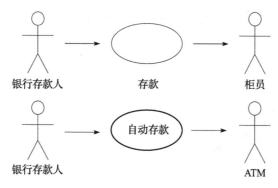

图 3.21　作为函数原语的用例

用例建模的第三个组成部分是由数据流线指定的关系，它通常由一个箭头来描述方向。与数据流图类似，数据流携带的数据将由用例过程域进行转换。方向性描述了数据是由参与者提供，还是由参与者从用例处理中接收，或两者兼而有之！这些关系数据流如图 3.20 和图 3.21 所示。

虽然用例模型拥有三个基本符号，但还有一个至关重要的组件，一些分析师将其称为描述。然而，该概念再次起源于数据流图，其中内部的实际算法称为过程规范。过程规范通常包含两种形式的描述：①伪代码形式的实际算法；②前后条件。根据过程的复杂程度，两者可以一起使用。许多分析师将过程规范定义为其他建模工具中尚未包含的有关过程的所有其他内容。实际上，它必须包含通常由业务规则和应用程序逻辑组成的残留信息。DeMarco 建议每个函数原语数据流图都指向一个"迷你规格"，其中包含该过程的应用程序逻辑（DeMarco，2002）。我们将遵循这一规则，并进一步阐述编写好的应用程序逻辑的重要性，即使在用例中也应如此。当然，也会存在不同的风格，而且很少有教科书会向分析师说明理解如何开发和呈现这些风格的重要性。与其他建模工具一样，每种过程规范风格都有其优点、缺点和不令人愉悦之处。

3.11　伪代码

最详细和最严格的过程规范是伪代码或"结构化英语"。它的格式旨在要求分析师对如何编写算法有深入的了解。该格式非常"类似于 COBOL"，是一种最初被设计为编写功能性 COBOL 编程规范的方式。管理伪代码的规则如下：

❑ 使用 DoWhile 和 Enddo 来显示迭代。

❑ 使用 If-Then-Else 显示条件并确保每个 If 都有 End-If。

❑ 明确初始化变量和其他详细处理要求。

伪代码旨在为分析师提供对代码设计的最大控制，以下面的例子为例。

要求为第 1 班员工估算 5% 的奖金和为第 2 班或第 3 班员工估算 10% 的奖金。管理层通常关注获得 10% 奖金的员工人数报告清单，因为此过程还将产生奖金支票。

伪代码是：

```
Initialize 10% counter = 0
Open Employee Master File
DoWhile more records
        If Shift = "1" then
                Bonus = Gross_Pay * .05
        Else
                If Shift = "2" or "3" then
                        Bonus = Gross_Pay * .10
                        Add 1 to Counter
                Else
                        Error Condition
        Endif
                Endif
Enddo
Print Report of 10% Bonus Employees
Print Bonus Checks
End
```

上述算法是一种可以使分析师可以很好地控制程序的设计方式。例如，伪代码要求程序员在记录中不包含第 1 班、第 2 班或第 3 班员工的情况下，具有错误识别条件。如果有未向信息系统部门传达的新班次，则可能会发生这种情况。许多程序员可能忽略了最后一个"If"检查，如下所示：

```
Initialize 10% counter = 0
Open Employee Master File
DoWhile more records
        If Shift = "1" then
                Bonus = Gross_Pay * .05
        Else
                Bonus = Gross_Pay * .10
                Add 1 to Counter
        Endif
Enddo
Print Report of 10% Bonus Employees
Print Bonus Checks
End
```

上述算法简单地假设，如果员工不在第 1 班，那么他们必须是第 2 班或第 3 班的员工。如果没有分析师指定这一点，程序员可能会忽略这一关键逻辑，可能导致第 4 班工人获得 10% 的奖金！如前所述，每种风格的过程规范都有其优点和缺点，即好的、坏的和令人不悦的。

（1）好的。使用这种方法的分析师实际上已经编写了程序，因此程序员在弄清楚逻辑设计方面几乎不需要做什么。

（2）坏的。该算法非常详细，分析师可能需要很长时间才能开发。许多专业人士提出了一个有趣的问题：我们是否需要分析师编写如此详细的过程规范？此外，许多程序员可能认为这样做是对他们的侮辱，并认为分析师不具备设计此类逻辑的技能。

（3）令人不悦的。在这种情况下，分析师花费了时间写逻辑，而程序员却未能给予支持，且他们的逻辑也是错误的。这里的结果，很可能会导致程序员对分析师产生一种"我早就告诉过你了"的态度，并且随着时间的推移，这种敌意更会不断加剧。

案例

案例⊖是沟通应用程序逻辑的另一种方法。尽管该技术不需要像伪代码那样多的技术格式，但它仍然需要分析师为算法提供详细的结构。使用与伪代码中相同的示例，我们可以看到格式上的差异：

```
Case 1st Shift
        Bonus = Gross_Pay * .05
Case 2nd or 3rd Shift
        Bonus = Gross_Pay * .10
        Add 1 to 10% Bonus Employees
Case Neither 1st, 2nd or 3rd Shift
        Error Routine
EndCase
Print Report of 10% Bonus Employees
Print Bonus Checks
End
```

上述格式提供了控制，因为它仍然允许分析师指定错误检查的需求。然而，逻辑的确切格式和顺序更多地掌握在程序员手中。现在让我们看看这种方法的好的、坏的和令人不悦的情况。

（1）好的。分析师提供了算法的详细描述，而无须了解编程中的逻辑格式。由于这个优势，计算机助辅软件工程比伪代码花费的时间更少。

（2）坏的。虽然这可能很难想象，但分析师可能会遗漏算法中的一些可能条件，例如遗漏一个班次！发生这种情况是因为分析师只是列出条件而不是编写规范。如果没有像我们在伪代码中那样制定逻辑，忘记或忽略条件检查的可能性就会增加。

（3）令人不悦的。案例逻辑的设计可以不考虑逻辑的顺序，即逻辑的实际方向可能是相反的。因此，缺乏实际的渐进结构，逻辑会变得更加混乱。如前所述，因为分析师实际上并未跟踪每个条件的测试进程，其遗漏某个条件的可能性也很大，最终导致规范不完整的风险提高。

3.12　先序后序

先序后序基于这样一种信念，即分析师不应为逻辑的细节负责，而应为所需内容的整体重点负责。因此，先序后序的方法缺乏细节，并期望程序员在开发应用软件时提供必要的细节。该方法有两个组成部分：前置条件和后置条件。前置条件表示假定为真或算法工作必须存在的事物。例如，前置条件可能指定用户必须输入变量 X 的值。另一方面，后置条件

⊖ 案例方法不应与计算机辅助软件工程产品混淆，后者是用于自动化和实施建模工具和数据存储库的软件。

必须定义所需的输出，以及计算出的结果值与其数学公式之间的关系。假设算法计算了一个名为 Total_Amount 的输出值，后置条件将说明 Total_Amount 是由数量乘以价格产生的。下面是 Bonus 算法的前后等效条件：

Pre-Condition 1:
    Access Employee Master file and where 1st shift = "1"
Post-Condition 1:
    Bonus is set to Gross_Pay * .05.
    Produce Bonus check.
Pre-Condition 2:
    Access Employee Master file and where 2nd shift = "2" or 3rd shift ="3"
Post-Condition 2:
    Bonus is set to Gross_Pay * .10
    Add 1 to 10% Bonus count.
    Produce Bonus check and Report of all employees who receive 10%
    bonuses.

Pre-Condition 3:
    Employee records does not contain a shift code equal to "1", "2", or "3"
Post-Condition 3:
    Error Message for employees without shifts = "1", "2", or "3"

正如我们所见，上述规范并未说明实际算法应该如何设计或编写。它需要程序员或开发团队找到这些细节，并使用适当的逻辑来处理。因此，分析师对应用程序的设计方式或运行方式没有实际的干预。

（1）好的。分析师不需要具备编写算法的技术知识，也不需要花费过多的时间来开发被视为编程职责的内容。因此，不太注重技术的分析师可以参与规范开发。

（2）坏的。由于无法控制逻辑的设计，因此产生误解和错误的概率较高。分析师和项目更依赖于开发人员的能力。

（3）令人不悦的。也许我们误解了规范。由于前后条件的格式不太具体，因此可能存在更多的歧义。

3.13 矩阵

矩阵或表格方法是以表格形式显示应用程序逻辑的方法。每一行反映一个条件的结果，每一列代表要测试的条件的组件。解释矩阵规范的最好方法是展示一个例子，如表 3.2 所示。

表 3.2　样本矩阵规范

奖金百分比	待测班次
5% 奖金	第 1 班
10% 奖金	第 2 班
10% 奖金	第 3 班

尽管这是一个简单的例子，使用与其他规范样式相同的算法，但它确实展示了矩阵如

何在不使用句子和伪代码的情况下描述应用程序的需求。

（1）好的。分析师可以借助矩阵以表格格式显示复杂的条件。表格格式是许多程序员的首选，因为它易于阅读、组织并且通常易于维护。矩阵通常类似于许多编程语言使用的数组和表格格式。

（2）坏的。在矩阵中显示完整的规格即使不是不可能，也是很困难的。上面的示例支持这一点，由于没有显示奖励应用程序的其余逻辑，因此分析师必须集成一个其他规范样式来完成规范。

（3）令人不悦的。矩阵用于描述复杂的条件级别，其中有许多"If"条件需要测试。这些复杂的条件通常需要比在矩阵中显示的更详细的分析内容。当分析师认为矩阵可能就足够了，但没有提供足够的细节时，问题就出现了。结果：程序员在开发过程中可能会对条件产生误解。

（4）结论。必须再次提出这个问题：什么是好的规范？我们将继续探索这个问题。在本章中，我们研究了逻辑备选方案。哪种逻辑方法最好？这得视情况而定。我们从示例中可以看出，每种方法都有其优点和不足之处。最好的方法是能借鉴它们，并为当前的任务选择最合适的方法。有效地做到这一点，就意味着要清楚地认识到每种风格在哪些方面可为你正在使用的系统提供好处，以及谁将进行开发工作。

3.14　问题和练习

1. 什么是对象？
2. 描述方法和服务之间的关系。
3. 什么是类？
4. 对象范式如何改变分析师的实现方法？
5. 描述两种类型的对象并提供每种类型的示例。
6. 什么是基本功能？
7. 什么是对象类型？它如何用于开发特定类型的类？
8. 对象和类继承是什么意思？
9. 实体关系图和对象图之间的联系和差异是什么？
10. 功能分解如何操作类和对象？
11. 什么是耦合和内聚？它们之间是什么关系？
12. 内聚观点如何将结构化方法与对象模型关联起来？
13. 可以使用哪四种方法来设计有内聚性的对象？
14. 什么是对象数据库？
15. 什么是客户端/服务器架构？
16. 对象如何与客户端/服务器架构设计相关？

17. 为什么在客户端 / 服务器架构设计中需要混合对象？
18. 什么是用例分析和设计？
19. 什么是分布式对象？

3.15 小型项目

你被要求实现应付账款流程自动化。在与用户的访谈中，你确定了以下四个主要事件：

1. 采购订单流程
（1）市场部向应付账款系统（APS）发送图书采购订单（P.O.）表格。
（2）应付账款系统分配一份采购订单，并将采购订单白色副本发送给供应商，并将采购订单粉色副本按采购订单顺序归档到文件柜中。

2. 发票收据
（1）供应商向应付账款系统购买的书籍发送付款发票。
（2）应付账款系统将发票发送给市场营销部进行授权。
（3）营销部可将授权的发票返还给应付账款系统，未通过授权的发票则退回供应商。
（4）如果发票退回应付账款系统，则与采购订单粉色单据核对，然后将采购订单和供应商发票组合成一个数据包，并为凭证流程做好准备。

3. 凭证初始化
（1）应付账款系统收到用于凭证的数据包。它通过分配凭证编号开始此过程。
（2）大于 5000 美元的凭证必须由总会计师批准。
（3）应付账款系统根据已批准的凭证准备另一个数据包。该数据包应包括采购订单粉色单据、已授权的发票和批准的凭证。

4. 检查准备
（1）打字员收到已批准的凭证包，并取出一张带编号的空白支票以支付给供应商。
（2）打字员将已批准凭证中的数据写入两部分支票（蓝色、绿色），并在支票存根上输入发票编号。
（3）应付账款系统将批准的数据包连同绿色支票一起归档到永久付费档案中。
（4）支票被提取或直接邮寄给供应商。
任务：
（1）请提供这四个事件的数据流图。每个事件都应在单独的一张纸上，并以单个数据流图的形式展示。
（2）对每个事件进行函数原语的层级划分。
（3）为每个函数原语数据流图制定过程规范。

分布式客户端 / 服务器和数据

4.1　客户端 / 服务器和面向对象分析

　　客户端 / 服务器系统为系统的实施增加了额外的复杂性。客户端 / 服务器的概念基于分布式处理，其中程序和数据被分布放置在最有效的位置。客户端 / 服务器系统通常被配置在局域网（LAN）或广域网（WAN）这两种网络环境中。局域网可以定义为连接在一起的多台计算机，用以共享处理和数据，广域网是相连的局域网。本书将重点探讨客户端 / 服务器系统的应用程序开发被迁移到云和移动设备场景下的相关概念。

　　在设计有效的移动客户端 / 服务器应用程序之前，团队应采用面向对象的编程范式。根据面向对象的实现方式，客户端 / 服务器系统本质上还需要一个步骤，确定对象或类的哪些部分应在客户端或服务器端处理，或者借助移动网络中共同处理。许多现有的客户端 / 服务器应用程序都需要进行扩展来适应更分散和非层次化的设计。

4.2　客户端 / 服务器应用程序的定义

　　我们已经声明过，客户端 / 服务器是一种分布式处理的形式，它由客户端、服务器和网络这三个主要组件组成。在介绍客户端和服务器之前，我们可先暂时抛开网络的影响。尽管通常将客户端 / 服务器应用程序视为永久的客户端程序和服务器程序，但在对象范式中，情况并非总是如此。

　　"服务器"用于向请求者提供信息。有许多客户端 / 服务器配置具有永久的硬件服务器，这些硬件服务器包含数据库和应用程序，用于为请求网络计算机（以及其他局域网）提供服务。这种配置被称为"后端"处理。另一方面，从服务器请求信息的网络计算机被称为客户端，而这种类型的应用程序被归类为"前端"。当将这些定义应用到应用程序时，我们观察对象或类的行为，并将其分类为客户端（发起请求服务）、服务器（提供服务）或两者兼而有之（既提供服务又请求服务）。

将对象分类为永久的服务器或客户端相对会比较简单。举个例子，Cars 对象在 Car Transmission Types 类中被归类为服务器，这意味着它在该类中用于提供服务。如果这是 Cars 对象的唯一用途，那么它将被称为专用服务器对象。同样，Cars 对象在 Transportation Vehicles 类中被归类为客户端对象。反过来，如果它是该类中对象的唯一用途，那么它将被定义为永久客户端。然而，由于 Cars 对象存在于多个类中并且具有多态性，它既可以是客户端也可以是服务器，这取决于对象所处的位置和行为。因此，当介绍对象的客户端/服务器行为时，首先需要了解它所属的实例以及它在其中运行的类。

在追求跨网络性能时，客户端/服务器模型面临一个难题，即需要进一步将属性和服务进行分离。这意味着 Cars 对象的服务器服务和属性组件可能需要与客户端组件分离，并且永久地放置在物理服务器上。

将客户端服务和属性存储在不同的物理客户端机器上是可能的。基于这一点，我们可以根据处理任务的分类进一步对对象进行功能分解。因此，在网络设计中，分析师的参与至关重要，他们需要了解处理过程在网络中的分布情况。在客户端/服务器分析中，因在系统需求阶段需要进行详细分析和设计，可以采用快速应用程序开发（RAD）方法[⊖]。一旦分析师了解了网络的布局，他们就需要对系统进行进一步分解，以生成混合对象，如图 4.1 所示。

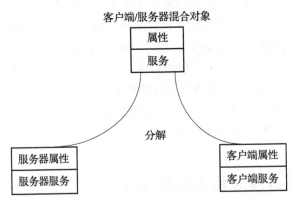

图 4.1　将客户端/服务器混合对象分解为专用客户端和服务器对象

如果已经完成面向对象的设计，那么将其迁移到客户端/服务器模型会更容易。让分析

⊖　RAD 的定义是"一种构建计算机系统的方法，它将计算机辅助软件工程工具和技术、用户驱动的原型设计以及严格的项目交付时间限制结合成一个有效的、经过测试的、可靠的公式中，以实现一流的质量和改进。"（Kerr，1994）。

团队在流程的早期参与网络设计可能会面临一些困难。随着对象在这样的环境中的分布不断增长和发展，分析师在客户端 / 服务器模型中的作用也会逐渐增加。

4.3 数据库

第 3 章偏重于介绍与过程相关的应用程序规范，并介绍了使用数据模型（如逻辑数据建模、数据字典、实体关系图等）来定义数据字典中的数据元素。然而，要完成数据字典并建立复杂的关系数据库还需要进一步的步骤。本章的重点是介绍如何设计用于电子商务 Web 应用程序的数据库。在这个过程中，首先创建数据字典和数据库的概念结构图，通常称为实体关系图，以为开发人员提供系统的数据架构组件。这个过程被称为逻辑数据建模。逻辑数据建模不仅定义数据库的结构，还为实际的数据库（通常称为物理数据库）提供了结构。与逻辑数据库相比，物理数据库受到实现系统所选择的数据库产品的规则和格式的限制。这意味着，如果选择使用 Oracle 来实现逻辑模型，那么数据库必须符合 Oracle 特定的专有格式要求。因此，逻辑模型为规划物理实现提供了第一步。首先，我将研究构建适当原理图的过程。即使选择了一个集成的软件产品，可能仍然需要使用像 Oracle 这样的数据库产品。因此，在确定最合适的套装软件时，下面的许多分析和设计步骤都至关重要。

4.4 逻辑数据建模

逻辑数据建模（Logic Data Modeling，LDM）是一种用于检查特定数据实体并确定与其关联的数据元素的方法。它可以采用多种程序，其中一些是基于数学的，用于确定分析师需要执行的任务以及如何执行这些任务。逻辑数据建模关注的是存储的数据，其目的是设计一个可被定义为系统"引擎"的结构。通常，这个引擎被称为后端（backend）。引擎的设计必须独立于具体过程，并且必须基于数据定义理论的规则。

下面列出了构建数据库蓝图的 8 个建议步骤。这个蓝图通常被称为模式（schema），它被定义为数据库的逻辑视图。

（1）识别数据实体。

（2）选择主键和候选键。

（3）确定关键业务规则。

（4）对第三范式应用范式化。

（5）组合用户视图。

（6）与现有数据模型集成（例如遗留接口）。

（7）确定域和触发操作。

（8）适当地去范式化。

在进一步提供具体示例之前，有必要先定义本章中使用的数据库术语。以下是关键概念和定义：

❑ 实体（Entity）：可以收集数据的相关对象。Larson J. A. 和 Larson C. L.（2000）将实体定义为"现实世界中的人、事件或概念的表示"。例如，在电子商务应用程序中，客户、产品和供应商可能是实体。本章将提供一种从数据流图确定实体的方法。一个实体可以有许多与之相关联的数据元素，称为属性。

❑ 属性（Attribute）：当数据元素与实体相关联时，通常称为属性。这些属性或实体的单元属于或"依赖于"实体。

❑ 键（Key）：键是实体的属性，用于唯一标识行。行被定义为数据库中的特定记录。因此，键是一个具有唯一值的属性，其他行或记录不能具有该值。典型的键属性包括社会保险号（Social Security Number）、序列号（Order Number）等。

❑ 业务规则（Business Rule）：这是一条被业务定义为真实的规则。业务规则指导键和其他程序在数据库中的行为方式。

❑ 范式化（Normalization）：消除数据冗余并确保数据库中数据完整性的过程。

❑ 用户视图（User View）：从用户的角度定义数据。这意味着如何使用数据元素，其业务规则是什么，以及它是否是键，很大程度上取决于用户的定义。分析师必须了解数据定义不是通用的，这一点很重要。

❑ 域（Domains）：这与实体的数据元素或属性中出现的一组值或限制有关。域的一个示例是州，其中有 50 个可接受值的域（纽约州、新泽西州、加利福尼亚州等）。

❑ 触发器（Triggers）：触发器是作为数据库级别的事件而被激活或触发的存储过程或程序。换句话说，一个事件（插入、删除、更新）可能需要更改其他元素或记录。通过让数据库产品（例如 Oracle）存储的程序自动执行和更新数据，可以实现这种更改。

❑ 基数（Cardinality）：这个概念定义了两个实体之间的关系。这种关系是根据一个实体与另一个实体的出现次数或关联次数来构建的。例如，一个客户记录可能有多个订单记录。在此示例中，客户和订单都是独立的实体。

❑ 遗留系统（Legacy Systems）：遗留系统是正在运行的现有应用程序。遗留应用程序有时是指需要与较新系统连接或完全替换的较旧和不太复杂的应用程序（参见第 10 章）。

❑ 实体关系图（Entity Relational Diagram）：一种示意图，用于表示所有实体及其之间的关系。实体关系图提供了数据的蓝图或数据引擎图。

4.5 逻辑数据建模程序

在逻辑数据建模中，第一步是选择用于启动范式化过程的实体。如果已经完成了按照第 3 章中概述的过程进行的数据流图，那么代表所有数据存储已经被转换为数据实体。使用数据流图这种方法的主要优势在于它允许我们在处理数据之前对过程进行建模。如果没有使用数据流图或一些类似的过程工具，那么分析师必须依赖他们从遗留系统中获得的信息来进行建模，例如现有的数据文件、屏幕和报告。下面的示例描述了如何将来自数据流图的数据存储转换为实体。该示例中的数据存储称为 "Orders"，其中包含的数据被表示为包含许多数据元素的实体形式（如图 4.2 所示）。因此，此示例表示转换为数据存储的物理形式，然后将其再次转换为实体，如图 4.3 所示。

John's Parts, Inc
1818 West Way
New York, NY 10027

ORDER

ORDER NO: 12345
DATE: November 19, 2019

To:

A. Langer & Assoc., Inc.
John St
Third Floor
White Plains, NY, 10963

P.O. NUMBER	DATE SHIPPED	SHIPPED VIA	REQUIRED DATE	TERMS
4R32	3/28/2001	UPS	4/1/2001	30 days

QUANTITY	ITEM ID	ITEM NAME	UNIT PRICE	AMOUNT
6	31	Wires	6.50	39.00
2	27	Wheel Covers	25.00	50.00
				$ 0.00
				$ 0.00
				$ 0.00
				$ 0.00
				$ 0.00
		SUBTOTAL		$ 89.00
		SALES TAX		
		SHIPPING & HANDLING		$ 5.50
		TOTAL DUE		$ 99.50

图 4.2　客户订单示例

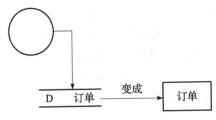

图 4.3 订单数据存储转换为实体

4.6 键属性

逻辑数据建模的下一步是选择主键和候选键。主键被定义为用于标识实体中的记录或事件的属性。主键与任何键属性一样，包含唯一值。通常，一个实体中有多个属性包含唯一值，我们将可以作为主键的属性称为候选键属性。这仅仅意味着这个属性可以充当主键的角色。如果只有一个候选项，则没有问题：该候选项就成为主键。如果存在多个候选属性，则必须选择其中一个作为主键，其他属性将被称为备选或辅助键属性。这些候选键属性仅在物理数据库中提供好处。这意味着，如果不知道主键，则可以使用它们来标识数据库中的记录作为替代方案。举个例子，假设员工实体有两个候选键：Social-Security-Number 和 Employee-ID。选择 Employee-ID 作为主键，则 Social-Security-Number 成为候选键。在逻辑实体中，Social-Security-Number 被视为其他非关键属性。但是，在物理数据库中，可以使用（或索引）它来查找记录。当员工打电话向人力资源部的人员询问累计休假时间时，可能会发生这种情况。人力资源部的人员会要求员工提供他们的 Employee-ID。如果员工不知道自己的 Employee-ID，人力资源部的员工可以要求他们提供社保号码，并使用该信息作为查找该个人信息的替代方式。需要注意的是，对主键的搜索会明显更快，因为主键搜索使用一种称为直接访问的方法，而不是索引方法，后者的速度要慢得多。这就提出了一个问题：当有多个候选键属性时，应该选择哪个键属性作为主键？答案是最常用于查找记录的属性。这意味着 Employee-ID 被选为主键属性，因为用户确定它是最常用于查找员工信息的字段。因此，电子商务分析师必须确保他们在访谈的过程中向用户提出过这个问题。图 4.4 提供了员工实体的图形描述，其中 Employee-ID 作为主键属性，Social-Security-Number 作为非键属性。

还有另一种类型的键属性，称为外键。外键提供了一种链接表，并在它们之间创建关系的方法。由于外键是在范式化过程中创建的，因此，我将把关于它们的介绍推迟到本章的范式化部分。

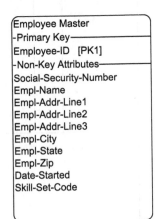

图 4.4 主键和备用键属性

4.7　范式化

在制定关键的业务规则之前，我们先来解释一下范式化过程，这样更容易理解。换句话说，通常在实践中，除了出于教育目的引入主题的情况，范式化发生在定义关键业务规则之后。因此，关键业务规则将在范式化后进行介绍。

毫无疑问，范式化是逻辑数据建模过程中非常重要的一步。如上所述，范式化是一种设计数据库结构的过程，旨在消除实体中的冗余，并确保数据的完整性。后一点对理解范式化在电子商务数据库系统设计中的价值至关重要。对逻辑数据建模过程的理解在很大程度上取决于理解如何实现范式化过程。

范式化以多种"范式"构建。尽管存在五种已发布的范式，但第四范式和第五范式很难实现，因此大多数专业人士都会避免使用它们。因此，本书省略了第四范式和第五范式，下面重点介绍了范式化的三种范式级别。范式用"NF"表示。

第一范式（1st NF）：不存在重复的非键属性或非键属性组。

第二范式（2nd NF）：对于联合候选键的某一部分，部分依赖是不存在的。

第三范式（3rd NF）：非键属性之间没有相互依赖关系。

每个范式都依赖于其之前的范式，也就是说，完成范式化的过程取决于满足它之前的范式的顺序。通过下面提供的详细示例可以更好地解释范式化。使用图 4.2 中提供的 Order 表单，我们可以开始范式化过程。图 4.5 以实体格式显示了 Order 表单的逻辑等价物。在此示例中，主键是 Order-Number（由"PK"符号表示），这要求每个订单都有一个唯一的 Order-Number 与之关联。还应注意到，在图 4.5 中，由五个属性组成的重复组以一个单独的框进行展示。这组重复的属性与订单表单上的一个区域相关，通常被称为订单行项目。这表示与订单相关的每个项目都会以自己的组显示，包括项目标识、名称、单价、数量和金额。图 4.5 展示了一个客户订单，其中包含与订单号为 12345 相关联的两个项目。

确定是否符合范式化的过程就是评估是否满足每个规范化范式的要求。这可以通过逐个测试每个范式来完成。所以，我们要问的第一个问题是：我们是否符合第一范式？答案是否定的，因为存在重复属性：Item-ID、Item-Name、Quantity、Unit-Price 和 Amount，或者就像上文中指定的"订单行项目"。这个例子通过这个单独的框，展示了与客户订单相关的一组重复项目。看待这种现象的另一种方式是，在 Order 实体中，确实存在另一个实体，它有自己的关键标识。由于存在一组重复的属性，因此第一范式失败。每当范式失败或被违反时，都会导致另一个实体的创建。在第一范式失败的情况下，新实体始终将一个连接的"组"属性作为其主键。这种连接或组合多个属性形成一个特定值的操作，是由原始实体（Order）的主键与重复的组元素中的新键属性相连组成的。新键必须是控制其他属性组的属性。在此示例中，控制属性是 Item-ID。确定新的"键属性"后，将其与来自 Order 实体的原始键属性连接。剩余的非键属性将从原实体中移除，成为新实体的非键属性。这个新实体如图 4.6 所示。

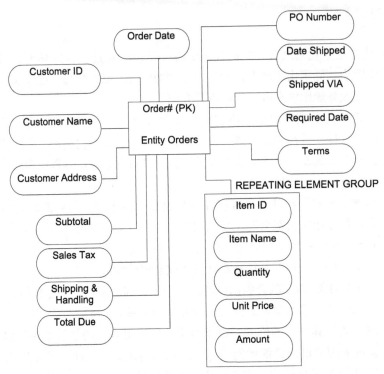

图 4.5　Order 实体及其相关属性

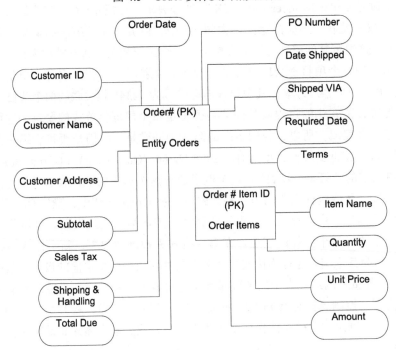

图 4.6　第一范式中的 Order

这个名为"Order Items"的新实体有一个主键，它由实体"Order"的原始键"Order-Number"和代表重复组的控制属性"Item-ID"的组合构成。所有其他重复的属性现在都已经转移到了新实体中。新实体 Order Items 允许系统根据需要存储多个订单行项目。未进行此修改的原始实体将人为地限制项目的出现次数。例如，如果分析师 / 设计师默认使用五组订单行项目，则数据库中将始终有五个属性重复出现五次。如果实际大多数订单只有少于五个项目，那么就会浪费很多空间。更重要的是，订单可能会包含五个以上的项目。在这种情况下，用户需要将订单拆分为两个物理订单，以便能够捕获额外的项目。这两个问题显示了在第一范式中获得实体的显著好处。因此，保持 Order 实体的原样实际上会引发完整性问题。

完成对实体"Orders"的更改并成功创建新的实体"Order Items"后，系统被称为满足第一范式的数据库。需要注意的是，Order Items 实体的新主键是两个属性的组合。尽管这两个属性作为独立的数据字段保持其独立性，但它们被用作一个组合值，以发挥它们作为关键属性的作用。例如，根据图 4.2 Order 表单中的数据，订单实体 Order Items 将有两条记录。第一条记录的主键为 1234531，它是 Order-Number（12345）与 Item-ID（31）的串联。第二条记录是 1234527，它是相同的 Order-Number，但与第二个 Item-ID（27）连接。从 SQL 特性的角度来看，虽然关键属性将每个属性连接成一个地址，但它可以作为单独的字段进行搜索。因此，用户可以通过简单地搜索包含 Order-Number ="12345"的订单项目来搜索与 Order 12345 相关联的所有项目。这展示了关系模型中多功能性的强大特点。一旦满足了第一范式的要求，下一个测试就是检查是否符合第二范式的要求。

第二范式测试仅适用于具有连接键（即主键）的实体。因此，对于在第一范式中没有主键的实体，它们已经符合了第二范式。在我们的示例中，实体"Orders"已经符合了第二范式，因为它已经满足了第一范式的要求，并且没有连接键。但是，实体 Order Items 属于不同的类别。对于实体"Order Items"，它具有复合主键属性，并且需要进行第二范式的测试。第二范式要求分析师确保实体中的每个非键属性都完全依赖于主键的所有组件或连接属性。在进行测试时，我们发现属性"Item-Name"仅依赖于主键属性"Item-ID"。换句话说，"Order-Number"对"Item-Name"没有任何影响或控制。这种情况被认为是第二范式的失败。必须再次创建一个新实体。新实体的主键由导致第二范式失败的属性的连接键组成。另一种解释方法是，"Item-ID"是新实体的主键，因为"Item-Name"完全依赖于"Item-ID"属性。在这里需要进一步解释属性之间的依赖关系。如果一个属性依赖于另一个属性，意味着控制属性的值可以影响到依赖属性的值。另一种解释方法是，控制属性（必须是主键）控制着记录。也就是说，正如我们正在查看不同的"Item"记录，如果"Item-ID"发生变化，我们会得到不同的"Item Name"。

要完成新实体 Items 的创建，必须测试原始实体"Order Items"中的每个非键属性是否违反第二范式。请注意，作为此测试的结果，"Quantity"和"Amount"保留在 Order Items 实体中，因为它们同时依赖于 Order-Number 和 Item-ID。换句话说，与特定的"Order Items"相关联的数量不仅取决于"Item"本身，还取决于它所关联的特定订单。我们将这种依赖关系视为完全依赖于连接的主键属性。因此，移动非键属性要求测试每个非键属性对连接主键的依赖性。测试的结果形成了图 4.7 中展示的三个实体。

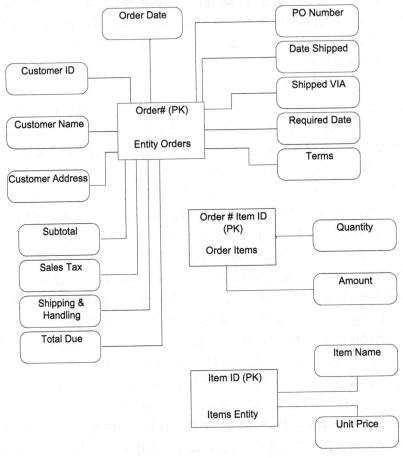

图 4.7　第二范式中的 Orders

　　实施第二范式的结果表明，如果没有第二范式，就无法在没有订单的情况下向数据库中添加新的项目（或项目 ID）。这显然会导致严重的问题。确实，添加新的项目必须在创建具有新订单的项目之前进行。因此，该新实体代表着创建了一个独立的项目主文件，如图 4.7 所示。

　　图 4.7 代表了第二范式下的 Orders。所以，我们必须进行下一个测试——第三范式以完成范式化。第三范式测试两个非键属性之间的关系，以确保它们之间没有依赖。确实，如果存在这种依赖关系，那么其中一个非键属性实际上将成为一个键属性。针对示例实体对此进行测试，反映了 Customer-Name 和 Customer-Address[一]依赖于 Customer-ID。因此，Orders

---

　　㊀ Customer-Address 通常由三个地址行以及州、城市和邮政编码组成。为简单起见，这里将其省略。

实体在第三范式中失败，必须创建一个新实体。新实体的主键是控制其他非键属性的非键属性，即本例中的 Customer-ID。这个新实体称为 Customers，并且所有依赖于 Customer-ID 的非键属性都被移到该实体中，如图 4.8 所示。

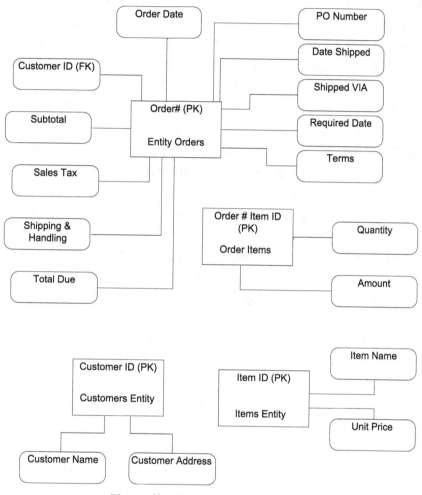

图 4.8　第三范式初始阶段中的 Orders

　　第三范式失败的独特之处在于，新的键属性在原始实体（在本例中为 Orders）中仍然为非键属性。非键属性 Customer-ID 的副本称为外键，创建它是为了允许 Order 实体和新的 Customer 实体建立关系。仅当两个实体之间至少存在一个公共键属性时，它们之间的关系才能存在。理解这一概念对于实现范式化的目标是至关重要的。请看图 4.8，可以看到实体 Order 和 Order Items 之间存在关系，因为这两个实体都有一个共同的键控属性：Order-ID。由第二范式失败导致的 Item 实体的创建也是如此。这里的关系是 Order Item 实体和 Item 实体之间的关系，这两个实体都包含公共键属性 Item-ID。这两种关系都是由于在范式化过程中将关键属性从原始实体传播到新形成的实体而产生的。我们所说的传播是指将指针或键属性的副本放置在新实体中。传播是使用外键来实现的，这是范式化过程的自然结果。请注意，"PK"后面是"FK"，表示键控属性是原始键属性传播的结果。在第三范式中并非如此。如果要从 Orders 实体中删除 Customer-ID，那么 Orders 和 Customers 之间的关系就不存在了，因为这两个实体之间没有公共键属性。因此，在第三范式的关系中，由于没有自然传播，因此有必要强制这种关系。在这种情况下，我们通过从非键属性创建一个指向主键副本的指针来实现，即 Customer-ID。指针的概念很重要。外键结构通常在物理数据库内部使用索引来实现。索引或间接地址是一种维护数据库完整性的方法，它通过确保只存储属性值的一个副本来进行。如果存在两个 Customer-ID 副本，并且更改其中一个副本，可能会导致 Orders 和 Customers 之间的完整性问题。为了解决这个问题，我们可以让 Orders 中的 Customer-ID 通过间接方式"指向"Customer 实体中的 Customer-ID 主键属性。这样确保了不存在于 Customer 主实体中的 Customer-ID 不会被添加到 Orders 实体中。

现在的问题是，这个实体是否符合第三范式。在进一步审查后，我们得出的答案是否定的。尽管不太直观，但是有三个非键属性依赖于其他非键属性。首先，这发生在 Order Items 实体中。非键属性"Quantity"依赖于非键属性"Amount"。"Amount"表示订单中每个项目的计算总和。"Amount"不仅取决于"Quantity"，还取决于"Unit-Price"。这种情况经常出现在计算属性中。这些属性被称为派生属性，它们应该从数据库中删除。实际上，如果我们存储了 Quantity 和 Unit-Price，我们可以通过计算得到"Amount"，而不需要将其作为单独的属性存储。存储计算结果本身也可能导致完整性问题。例如，如果数量或单价发生变化，会发生什么情况？数据库必须重新计算更改并更新 Amount 属性。虽然这点可以实现，这将在本章后面进行介绍，但在数据库维护时可能会出现问题，并导致生产电子商务系统出现性能问题。在 Orders 实体中还有两个派生属性：Subtotal 和 Total-Due。同样，这两个属性都被删除了。问题是，删除派生属性是否导致第三范式的失败。根据 Data（2000）的观点，这些问题被视为第三范式之外的问题，但我认为它们代表了对其他非键属性的间接依赖，应该作为第三范式测试的一部分。在逻辑数据建模的过程中，通常会删除派生属性。如图 4.9 所示，对第三范式的逻辑数据建模进行了修改，以反映这三个属性的删除。

一旦到达第三范式，分析师应该创建实体关系图（ERD），它将显示实体之间的关系或连接。实体之间的关系是通过关联来建立的。关联使用图 4.10 所示的鱼尾纹法来定义关系的基数。

鱼尾纹法是众多格式中的一种。该方法包含三个关键符号：

≺ 表示多次出现的基数。

○ 表示零次出现。

| 表示出现一次。

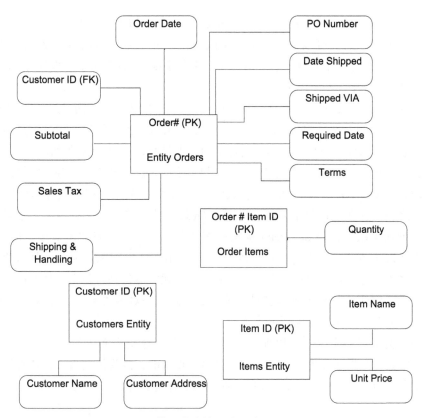

图 4.9　第三范式第二阶段中的 Orders

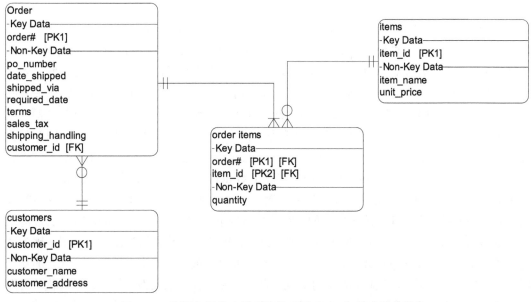

图 4.10　使用鱼尾纹法的实体关系图（ERD）格式的实体

因此，图 4.10 中的实体关系图（ERD）描述了所有实体的关系如下：

（1）一个 Order 记录可以与多个 Order Item 记录相关联（使用双线表示），同时每个 Order Item 记录只能与一个 Order 记录相关联。这意味着 Order Items 实体中的任何 Order 必须存在于 Order 实体中。

（2）每个 Item 记录可以与零到多个 Order Item 记录相关联，而 Orders 和 Order Items 之间建立的关系不同。这是因为 Items 可能与 Order Items 之间没有关联，用鱼尾纹法中的零来表示。通常在出现一个尚未收到任何订单的新项目时，会出现这种情况。

（3）Order Items 实体有一个主键，它是另外两个主键的连接：Orders 实体的 Order-ID 和 Items 实体的 Item-ID。这种类型的关系被称为"关联"关系，因为实体是由于关系问题而创建的。之所以存在这种关系问题，是因为 Order 实体与 Items 实体具有"多对多"的关系。因此，创建关联实体 Order Items 的第一范式失败，实际上是"多对多"情况的结果。多对多关系违反了范式化，因为它会导致 SQL 编码出现严重问题。因此，每当两个实体之间出现多对多关系时，就会创建一个关联实体，该关联实体将来自每个实体的两个主键的连接作为其主键。因此，关联实体将多对多关系变为两个一对多关系，以便 SQL 在搜索例程中正常工作。关联实体通常用菱形框表示。

（4）一个且只有一个客户可以拥有零对多的订单，这也表明可能存在一个从未下过订单的客户。例如，如果业务是信用卡，这将是至关重要的，因为消费者即使没有购买，也可以获得信用卡。请注意，Customer-ID 通过使用非键外键属性与订单关联。

4.8 范式化的局限性

尽管已经达到了第三范式，但模型中存在一个主要问题。该问题与 Items 实体中的属性 Unit-Price 相关。如果任何项目的 Unit-Price 发生变化，那么历史订单项目购买金额的计算将不正确。请注意，属性"Amount"已被删除，因为它是派生元素。这可能意味着范式化无法正常进行！事实并非如此。首先，我们需要评估将"Amount"放回实体关系图（ERD）中是否可以解决问题。如果 Unit-Price 发生变化，则需要在此之前重新计算金额。虽然这看起来很合理，但它实际上并没有为问题提供解决方案，只是绕过它。实际问题与属性"Amount"关系不大，是与缺少属性有关。缺少的属性是 Order-Item-Unit-Price，它表示订购时的价格。Order-Item-Unit-Price 同时依赖于 Order 和 Item，因此将成为 Order Items 实体中的非键属性（即，它完全依赖于整个连接的主键）。Unit-Price 和 Order-Item-Unit-Price 之间的唯一关系是订单输入系统的时间。在这种情况下，应用程序会将 Unit-Price 属性的值或数量移动到 Order-Item-Unit-Price 属性中。此后，这两个属性之间就没有关系了。因为这是在范式化过程中发现的新数据元素，所以必须将其输入数据字典中。因此，范式化的一个限制是，它只能应用于已经存在的属性，而不能范式化不存在的属性。然而，范式化的局限性也是一个优势：该过程可以帮助分析师识别丢失的数据元素。因此，范式化是一种"基于数据"的工具，分析师可以使用它来达到逻辑上的等价。图 4.11 显示了添加了 Order-Item-Unit-Price 的最终实体关系图。

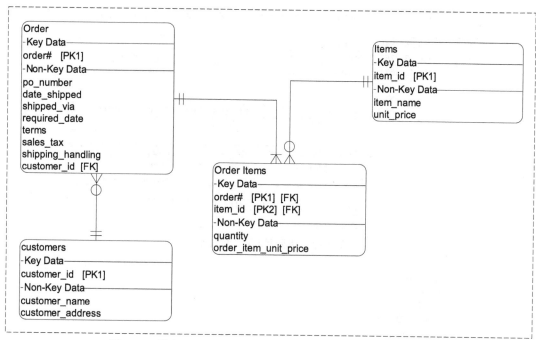

图 4.11　带有 Order-Item-Unit-Price 的最终实体关系图（ERD）

4.9　超类型 / 子类型模型

当实体中的记录具有不同的特征或具有许多"类型"的属性时，逻辑数据建模中就会出现一些复杂的数据库问题。"类型"是指特定记录中的部分属性可能会根据记录的特征或标识来变化。定义类型的另一种方法是将其描述为给定记录中的一组属性，这些属性与同一实体的其他记录不同，具体取决于记录所代表的类型。这种类型被称为记录的"子类型（subtype）"。因此，子类型被视为偏离了"超类型（supertype）"记录的标准或典型属性集合。在实体中的所有记录中，"超类型"部分始终相同。换句话说，"超类型"表示实体中属性的全局部分。图 4.12 中描述了超类型 / 子类型的关系。

子类型和普通类型标识符（使用外键）之间的区别在于，至少存在一个非键属性，该属性只存在于子类型记录中。创建一个超类型 / 子类型关系的主要原因是某些子类型记录中存在多个这些唯一属性的排列组合。将这些属性的排列限制在一种记录格式内可能会产生问题。首先，它会浪费存储空间，尤其是当每个子类型都具有大量独特属性时。其次，它会产生严重的性能问题，尤其是在查询数据时。使用图 4.12，我们可以看到存储这些数据的两种方式。第一个（见图 4.13）是一种基本表示，其中所有排列都存在于一个称为"Educators"

（教育者）的实体中。通过使用指向名为"Educator Type（教育者类型）"的验证实体的外键指针来标识行的"类型"。

Rec#	SS#	Last_Name	First_Name	Middle_Init	Type of Educator
1	045-34-2345	Morrison	Ralph	P	High School
2	986-23-7765	Johnson	Janet	L	Professor
3	213-45-3621	Herman	Dan	R	Dean

Rec#	Grade Level	Master's Degree Date	Subject
1	10	5/19/89	History

Rec#	Department	School	PhD Subject
2	Science	Engineering	Chemical Transformation

Rec#	Schools	Total Students
3	4	5,762

图 4.12　超类型 / 子类型关系

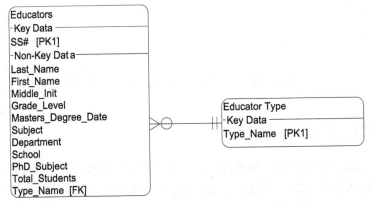

图 4.13　使用外键标识符的 Educator 实体关系图

　　尽管这种数据表示只使用一个实体，但它浪费了存储空间，因为任何一种"类型"的记录都不需要实体的所有属性。此外，用户必须知道为特定类型的记录输入哪些属性。这种逻辑数据建模方法违反了范式化的概念，并将实体中元素的值的完整性委托给应用程序的控制（存储过程）或用户的记忆。这两种选择都不是特别可靠，也未被证明是一种可靠的数据完整性方法。

　　另一方面，图 4.14 提供了使用超类型 / 子类型模型的不同解决方案。

　　该模型为每种类型的教育者构建了一个单独的实体，通过关系模型中的特殊符号链接，称为超类型 / 子类型关系。这种关系是互斥的，这意味着对于任何给定的超类型出现，超类型实体 Educator 只能拥有三个子类型中的一个。因此，超类型中的一个记录与一个子类型的关系必须是一对一的。超类型 / 子类型模型创建一个单独的子类型实体，以仅承载其子类型独有的特定属性。

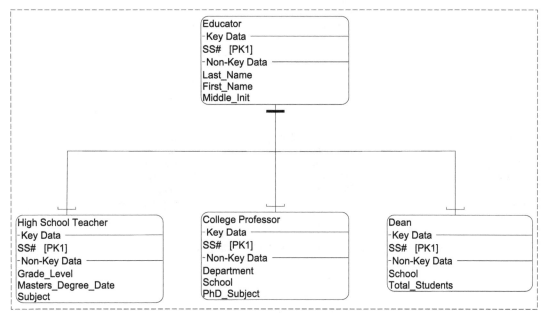

图 4.14　Educator 实体超类型 / 子类型模型

　　这种实体结构有两个主要优点。首先，由于每个实体只存储其需要的属性，这种结构可以减少存储空间的使用。其次，每个子类型实体都包含与其父对象相同的主键，因此可以直接通过子类型实体来获取特定子类型的信息，而无须访问整个超类型实体。此功能非常重要，因为用户可以直接从任何子类型获取唯一信息，无须在超类型中搜索和过滤数据。特别是当每个子类型中的记录数量差异较大时，这种优势非常重要。例如，假设数据库中有 600 万名教育工作者。因此，Educator 数据库将包含 600 万行。假设 500 万教育工作者是高中教师，因此，High School 子类型实体有 500 万条记录。然后，80 万教育工作者为教授，其余 20 万教育工作者为院长。因此，Professor 数据库和 Dean 数据库分别有 80 万和 20 万条记录。使用超类型 / 子类型模型应用程序可以访问每个子类型，而无须搜索数据库中的每条记录。此外，由于访问一种子类型不会影响另一种子类型，因此性能会大大提高。

　　需要注意的是，超类型 / 子类型模型并不局限于互斥的情况，它可以支持多个子类型并存的情况。例如，假设一名教育者可以同时是高中教师、大学教授和院长，或者这三种类型的任意组合。然后，修改示例模型以显示单独的一对一关系，而不是图 4.14 中所示的 "T" 关系。替代模型如图 4.15 所示。

　　超类型 / 子类型可以级联，也就是说，它们可以在每个子类型内继续迭代或分解，如图 4.16 所示。

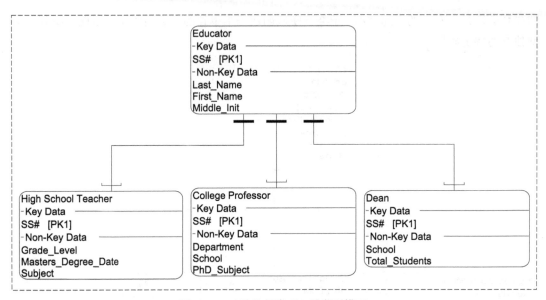

图 4.15 互斥的超类型 / 子类型模型

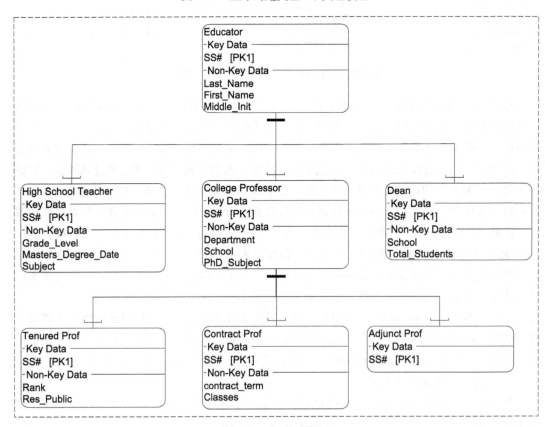

图 4.16 级联子类型

　　请注意，在上面的例子中，相同的主键继续链接实体之间的"一对一"关系。此外，图 4.16 还显示了超类型 / 子类型模型中的另一种可能性。这种可能性反映了子类型可以在不包含任何非键属性的情况下存在。这发生在子类型实体 Adjunct Prof 的示例中。"empty"实体仅用于标识子类型的存在，没有与之关联的专用非键属性。因此，创建 Adjunct Prof 实体只是为了允许其他两个子类型（Tenured Prof 和 Contract Prof）存储其唯一属性。这个例子展示了如何构建超类型 / 子类型模型，以及它们通常如何具有仅为识别目的而创建的子类型。

　　级联的子类型可以混合使用方法，也就是说，某些级别可能不是互斥的，而其他级联级别可以是互斥的，如图 4.17 所示。

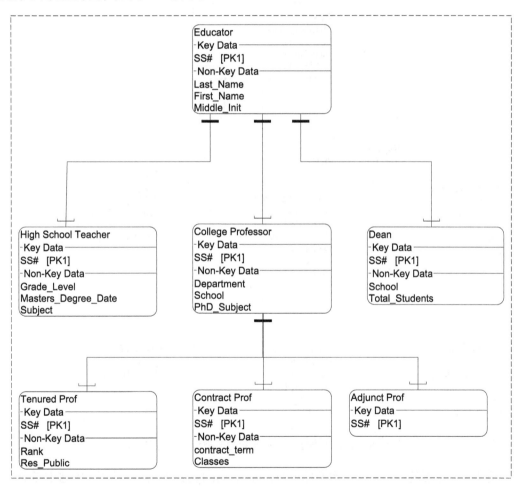

图 4.17　具有交替排他性的级联子类型

　　在数据库开发者中存在一个有争议的问题，即是否需要创建一个特殊属性来标识包含任何给定超类型的子类型条目的实体。换句话说，数据库如何知道哪个子类型具有延续记录？当超类型 / 子类型存在互斥关系时，这个选择尤为重要。最终的问题是：超类型 / 子类型模型是否需要包含一个标识符属性，该属性知道哪个子类型保存了延续记录？或者该问题是否由物理数据库产品来解决？弗莱明（Fleming）和冯·哈雷（Von Halle）在 *Handbook of Database Design* 中解决了这个问题，他们建议"该属性至少在某种程度上是冗余的，因为它的含义已经通过类别或子类型关系的存在得到了传达"（第 162 页）。尽管如此，冗余问题可能因物理数据库产品而异。因此，我建议逻辑模型包含一个子类型标识符，用于互斥的超类型 / 子类型关系，如图 4.18 所示。

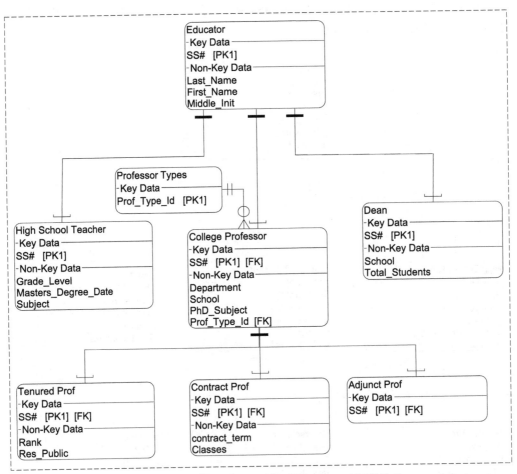

图 4.18　具有子类型标识符元素的超类型 / 子类型关系

　　请注意，上面的示例具有子类型标识符，Professor Types 作为第三范式中的验证实体。
　　超类型 / 子类型在范式化时也必须遵循范式化的规则。例如，子类型"Educator Types"包含的元素不符合第三范式。子类型实体"High School Teacher"中的属性"Grade_Level"和"Subject"可以使用查找表进行验证。"Department""School"和"PhD_Subject"也可以进行验证。图 4.19 展示了生成的第三范式实体关系图。

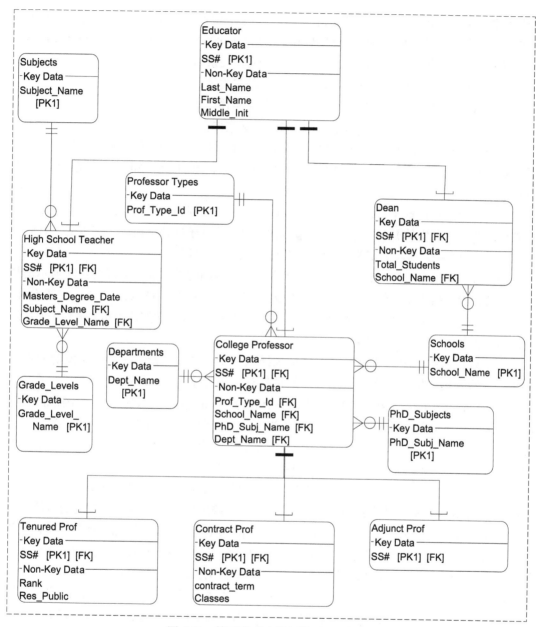

图 4.19　第三范式中的超类型 / 子类型

4.10　关键业务规则

关键业务规则是在插入或删除行时管理实体之间行为的规则。这些业务规则在数据库层面通过存储过程和触发器进行编程（参见 4.13 节）。这些过程通常被标注为约束。约束强制执行将由分析师定义的关键业务规则，并且是参照完整性的基础，即基于表之间关系的完整性。插入和删除的过程主要关注父实体和子实体之间的关系。子实体始终是鱼尾纹符号指向它的实体。基于图 4.10 中的实体关系图，父子实体关系如下：

❑ Orders 实体是 Order Items 实体（子实体）的父实体。

❑ Customer 实体是 Orders 实体（子实体）的父实体。

❑ Items 实体是 Order Items 实体（子实体）的父实体。

要插入行时，我们通常从子实体的角度出发。也就是说，关键的业务规则是针对插入子记录时的情况，主要涉及在尝试插入一个没有对应父记录的子记录时应该采取什么操作。有六种选择：

（1）不允许：这意味着约束条件不允许执行该事务。例如，在图 4.11 中，用户无法为在 Orders 实体（父实体）中不存在的订单号插入订单项（子实体）记录。基本上，直到在 Orders 实体中先插入对应的订单号，引用完整性才会得到保证。

（2）添加父记录：这意味着如果父键不存在，它将同时被添加。根据图 4.11 所示的情况，这意味着在插入子实体项之前，用户需要先将订单号添加到 Orders 实体中。"不允许"和"添加父记录"的区别在于，在插入子事务时，用户可以输入父实体的相关信息。使用这个规则仍然会强制执行引用完整性。

（3）默认值：使用默认值允许向父记录插入一个"虚拟"行。一个默认值的使用示例是，在催收机构接收到来自未知人士的付款时，父实体为"Account（账户）"，子实体为"Payments（支付）"。账户实体将具有一个名为"Unapplied（未应用）"的键值，每当收集到未知付款时就会使用该值。在这种情况下，有一个虚拟记录是合适的，因为子事务确实是未知的，但同时需要在数据库中记录下来。这点也很有用，因为用户可以快速获得"Unapplied（未应用）"付款的列表，并维持引用完整性。

（4）算法：算法是一个"智能"默认值。使用与前面相同的示例，假设用户想要按州跟踪"Unapplied（未应用）"的付款。例如，如果在纽约收到了一笔未明确用途的付款，父实体（Account）将插入一条记录，其值为"Unapplied-NewYork"。因此，每个州都有自己的默认值。还有一些基于复杂算法的默认键，以确保对父实体键属性值的选择有一个共识。这种选择再次确保引用完整性，因为记录会同时插入到父实体和子实体中。

（5）空值：将空值分配给某个属性意味着父实体不存在。大多数数据库产品（如Oracle）允许选择使用空值，尽管它在数据库产品内得到维护，但这违反了引用完整性，因为父实体是未知的。

（6）忽略：这基本上表示用户愿意接受数据库中不存在引用完整性的情况。用户会告诉你，他们从不希望在子实体和父实体之间进行记录的平衡。虽然这种情况可能会发生，但应该避免，因为它会导致一个没有完整性的系统。

当要删除一条记录时，应该站在父实体的角度。也就是说，当试图删除一个父记录时，如果该父记录有相关的子记录，应该如何处理。同样有六种选择：

（1）不允许：这意味着约束是不允许删除父记录。换句话说，如果有子记录，用户不能删除父记录。例如，在图 4.11 中，如果 Order Items 实体（子项）中有相应的记录，则不能删除 Order（父项）。此操作将要求用户首先删除所有订单项目或子记录，然后才能删除父订单。

（2）全部删除：这也称为级联删除，因为系统会自动删除与父实体的所有子关联。使用与（1）相同的示例，Order Items 中的子记录将被自动删除。虽然此选项可确保引用完整性，但它可能是很危险的，因为它可能会删除原本很重要的记录。

（3）默认值：默认值的使用与插入时相同，也就是允许将一个"虚拟"行插入到父实体中。这意味着原始的父记录被删除，子记录被重定向到父实体中的某个默认值行。当父数据库中有许多旧的父记录（例如旧的零件编号）时，这种情况有时很有用，因为它们会使父数据库变得杂乱无章。如果保留子记录仍然很重要，可以将它们重定向到一个默认的父行，如"旧零件编号（Old Part-Number）"。

（4）算法：算法的使用与插入相同。与上述（3）的情况一样，默认值可能基于产品类型或过期年份。

（5）空值：与插入操作的情况类似，将空值分配给某个属性意味着父实体不存在。这会导致子记录变成"孤儿"的状态，引用完整性就会丢失。

（6）忽略：与插入操作相同。数据库允许在删除父记录时不检查是否在另一个实体中存在相应的子记录。这也会导致引用完整性丢失，并创建"孤儿"的子记录。

总之，关键业务规则涉及插入和删除操作中主键的行为。每个操作（插入和删除）中都有六个备选方案。其中四个方案支持引用的完整性，引用的完整性被定义为数据项之间关系的可靠性。每当数据发生变化时，确保数据完整性变得尤为重要，而在电子商务系统中，数据的变化会很频繁。因此，电子商务分析师必须确保一旦确定了主键，依据他们的引用完整性需求，对用户进行访谈是至关重要的。分析师不应凭空做出这些决定，而需要向用户适当地展示引用完整性的优势，以便他们能够做出明智的、有根据的决定。

对关键业务规则的介绍是基于范式化得出的示例。正如本节前面所介绍的，范式化的应用发生在确定关键业务规则之后，特别是因为它可能确实会影响实体关系图（ERD）的设计以及存储过程的编程。这将在 4.13 节进一步介绍。

4.11　组合用户视图

范式化的应用侧重于打散或分解实体，包括数据的正确放置。每次范式失败都会导致创建一个新实体；但是，在某些情况下可能需要合并某些实体。这部分被标记为"组合用户视图"，因为数据的含义在很大程度上取决于用户如何定义数据元素。不幸的是，在某些情况下，数据元素被不同部门的不同用户称为不同的东西，并以不同的方式定义。"不同"这个词对于这个例子很重要。在我们认为有两个实体的情况下，实际上可能只有一个。因此，组合用户视图的过程通常会导致加入两个或多个实体，而不是像范式化那样分解它们。理解这个概念的最好方法是回顾之前关于逻辑等价物的介绍。这种对逻辑等价物的解释将侧重于数据而不是过程。假设从两个不同的部门创建了两个实体。第一个部门定义了一个名为Clients（客户）的实体的元素，如图4.20所示。

第二个部门定义了一个名为Customers（顾客）的实体，如图4.21所示。

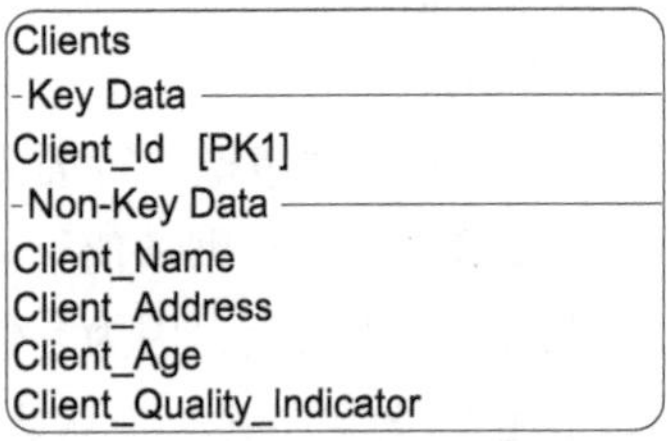

图4.20　Clients 实体

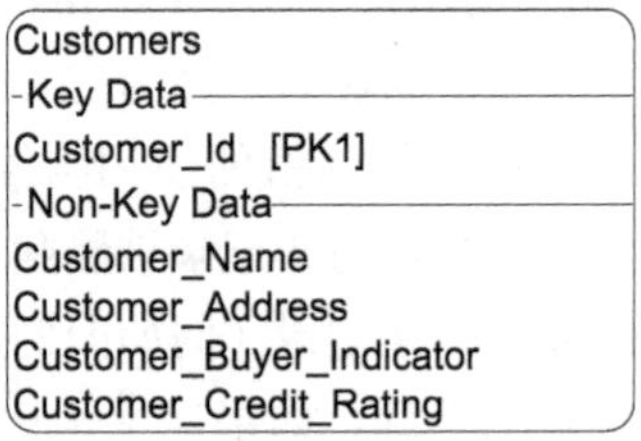

图4.21　Customers 实体

在对数据元素定义进行更仔细的分析和审查后，很明显这两个部门关注的是同一个对象。不管实体被命名为"Clients"还是"Customers"，这些实体都必须组合在一起。组合两个或多个实体的过程并不像听起来那么简单。在这两个示例中，存在相同但名称不同的数据元素，并且每个实体中都有唯一的数据元素。每个部门都不知道其他部门对相同数据的看法，通过应用逻辑等价，得到以下单个实体的结果，如图4.22所示。

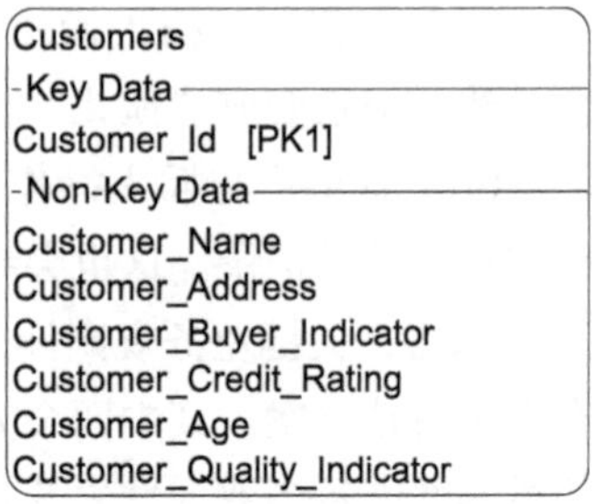

图4.22　合并的 Clients 和
Customers 实体

上面的示例使用的名称，使分析师更容易知道它们是相同的数据元素。在现实中，情况可能并非如此，尤其是在与遗留系统同时使用时。在遗留系统中，元素的名称和定义可能因部门和应用程序而异。此外，数据定义可能会有很大差异。假设客户定义为 VARCHAR2（35），客户定义为 VARCHAR2（20）。解决方案是采用更大或更多的定义。在其他情况下，一个元素可以定义为字母或数字，而另一个元素则定义为数字。在这种情况下，决策将更多地涉及用户对话。在任何一种情况下，重要的是数据元素确实被合并了，并且用户同意这样做。在用户难以达成一致的情况下，分析师可以利用数据字典中的一个功能，即"别名"（Alias）。别名被定义为数据元素的替代名称。多个别名可以指向同一个数据字典条目。因此，屏幕可以显示作为另一个元素别名的名称。当需要使用不同的名称时，此替代方案可以解决许多问题。

组合用户视图的另一个重要问题是性能。虽然分析师不应过度关注逻辑数据建模期间的性能问题，但也不应忽视这一点。简而言之，实体越少，性能越快；因此，实体关系图中可以设计的实体数量越少越好。

4.12　与现有数据模型集成

本节介绍的是如何与现有数据库应用程序集成，并具体探讨相关的分析和设计问题。连接其他数据库系统是很困难的。事实上，许多公司选择逐步将每个业务领域纳入重新开发的业务中来应对这种情况。在这种情况下，每个分阶段领域都需要一个"遗留链接"（Legacy Link），以确保旧应用程序能够与新的分阶段软件协同工作。

在将实体与现有的数据库进行链接时，电子商务分析师可能需要重新思考如何在保持数据完整性的同时，仍然能够保持与其他企业数据的物理链接。这种情况在电子商务系统中是肯定的，由于数据的某些部分可能在企业内部和外部使用。以下示例显示了此问题是如何发生的：

分析师正在设计一个使用该公司订单主数据库的网站。该网站需要此类信息来让客户查看他们过去的商品订单的有关信息，这样他们就可以与电子商务系统提供的产品数据库相匹配。此功能提供给客户，让他们了解如何利用物品制造产品。可是，主订单项目数据库只保存过去一年的订单数据，然后采用离线方式存储。订单部门并不希望建立一个历史跟踪系统。图 4.23 中的实体关系图显示了 Web 数据库与公司订单项目系统数据库文件的关系。

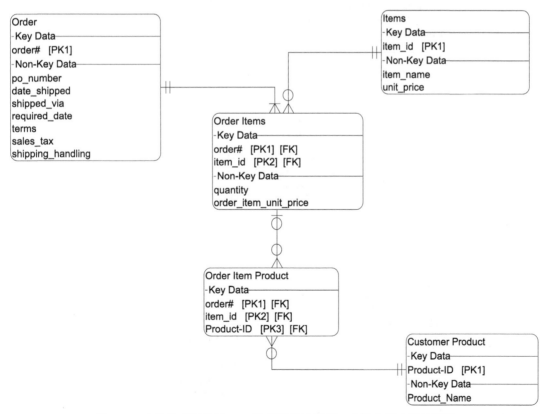

图 4.23　实体关系图显示 Web 数据库和遗留员工主机文件之间的关联

请注意这里的订单商品（Order Item Product）实体与订单商品主实体（Order Items）之间存在一或零关系。这表示 Order Item 实体中可能存在一个 Order Item Product 实体，而在 Order 实体中却不存在。这不仅违反了范式化，而且还带来了严重的完整性问题。例如，如果客户想要显示有关其产品和每个组成部件商品的信息，那么在 Order Item 实体中不存在的所有条目都将显示空白，因为 Order Item 文件中没有相应的名称信息。很明显，这是数据库设计上的一个缺陷，需要加以纠正。解决的方法是构建一个子系统数据库，用于捕获所有的订单商品而不进行清除。这将涉及一个需要访问订单商品数据库并将其与 Web 版本文件合并的系统。合并转换将比较这两个文件，并更新或添加新的订单商品而不删除旧的商品。也就是说，每天都会搜索主订单商品，以获取新的订单商品并添加到 Web 版本中。虽然这是一个额外的步骤，但它保持了完整性、规范化，最重要的是不修改原始的订单商品数据库的要求。然而，这种方案的缺点是 Web 版本可能没有最新的订单商品信息，这将取决于将记录被移动到 Web 数据库的频率。可以通过复制功能来解决这个问题，将 Web 订单项与主版本同时创建。实体关系图的重建如图 4.24 所示。

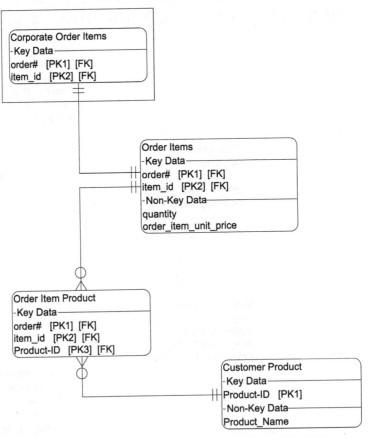

图 4.24　实体关系图反映到 Order Item 实体的遗留链接

在图 4.24 中，订单商品主实体及其与 Web 订单商品实体的关系仅供参考。主订单商品更多地成为应用程序要求，而不是实体关系图的永久部分。为了使这个系统能够正常运作，分析师必须首先从清除的文件中重建历史数据，或者简单地提供某个日期的历史数据。

4.13　确定域和触发操作

随着关系数据库模型的发展，我们已经建立了在数据库层次存储特定应用逻辑的过程。关键业务规则定义为在关键属性级别创建约束的工具。但是，根据非关键属性的行为，可能会出现其他约束和过程。最终，业务规则就是用数据库语言编码的应用程序逻辑，例如 Oracle 的 PL_SQL。这些非键属性规则可以强制执行以下操作：如果输入了 CITY（城市），则还必须输入 STATE（州）。以前，这种类型的逻辑规则通常在应用程序级别被强制执行。然而，使用应用程序逻辑来强制执行业务规则效率低下，因为需要将代码复制到每个应用程序中。这种过程也限制了控制性，因为关系模型允许用户直接通过"查询"数据库来操作。因此，将业务规则定义在数据库级别上只需要编写一次，就可以管理所有类型的应用程序，包括程序和查询。

如前所述，业务规则是通过存储过程在数据库层面实现的。大多数数据库制造商都提供存储过程，虽然它们相似，但它们没有采用相同的编码方案实现。因此，将存储过程从一个数据库迁移到另一个数据库并不容易。在跨互联网、内域网和分布式网络的数据库分区中，拥有可移植的存储过程非常重要。特别是在基于移动的架构中，这种重要性变得更加复杂。值得注意的是，分布式网络系统是基于客户端 / 服务器计算构建的，需要在许多不同的数据库供应商系统之间进行通信。如果在数据库层面实现业务规则，可能会面临兼容性和可传输性方面的挑战。我们还观察到，客户端 / 服务器架构越来越多地被用作分布式处理的方式。尽管范式化仍然很重要，但随着区块链技术的扩展，多样化存储数据的需求也在增加。

业务规则的实现可以分为三类：键（Keys）、域（Domains）和触发器（Triggers）。已经在范式化的过程中介绍了键的业务规则。域表示与属性值范围相关的约束。如果一个属性（键或非键）的取值范围为 1 ～ 9，我们将这个范围称为该属性的域值。这个信息非常重要，因为它需要在数据库层面通过存储过程进行包含和强制执行，原因与前面介绍的相同。除存储过程外，触发器也是最强大的业务规则之一。

触发器被定义为一种存储过程，当触发条件满足时，会"触发"执行其他一组存储过程。触发器可以作用于其他实体，在许多数据库产品中，它们逐渐成为强大的编程工具，提供重要的功能，将一些业务逻辑放在数据库层而不是应用程序层进行处理。触发器类似于批处理类型的文件，当被调用时，执行"脚本"或一组逻辑语句，如下所示：

```
/* Within D. B.. only authorized users can mark    */

 /* ecommerce corporation as confidential                      */


 if user not in ('L','M') then

:new.corpConfidential := 'N';

 end if;

end if;

/* Ensure user has right to make a specific users private        */

if exec= 'N' then

 :new.corpexec:= 'N';

end if;
```

此触发器是在联系人管理电子商务系统中实现的。该触发器被设计为允许企业信息被标记为机密，只有特定的主管人员才可以使用。这表示，公司指定的高管可以输入属于隐私的信息。触发器的第二个组件经过编程，能够自动确保执行人的联系人被存储为私有或保密信息。通过这两个存储过程能够展示应用程序逻辑是如何通过 Oracle 触发器执行的。需要记住的是，无论信息如何被访问，这些业务规则都将被数据库强制执行。

但是，触发器可能会引起一些问题。因为触发器可以在数据库文件之间启动活动，所以设计人员必须小心不要让它影响性能。例如，假设编写了一个影响 15 个不同数据库文件的触发器。如果在其他关键应用程序的处理过程中启动触发器，则可能会导致处理过程严重退化，从而影响关键的生产系统。

业务规则的主题非常广泛，但必须针对实际使用的数据库产品进行具体说明。由于分析师可能不知道最终将使用哪个数据库，所以应该使用第 3 章中介绍的规范格式来设计存储过程的规范。在电子商务系统中，这一点尤为重要，因为整个系统可能会使用不同的数据库。

4.14 去范式化

第三范式的数据库通常会面临性能问题。具体来说，大量的查找表（实际上是第三范式的故障）会导致过多的索引链接。结果是，虽然我们已经达到了所需的数据完整性，但性能方面却成了一个不可避免的困境。事实上，数据的完整性越高，性能就越差。然而，有一些方法可以应对范式化数据库的弊端。其中一种方法是通过开发数据仓库和其他离线副本来实现去范式化。有许多不好的方法。可实际上任何去范式化都会对数据完整性造成损害。但是，有两种类型的去范式化可以实施，而不会对数据完整性造成重大影响。

　　第一种去范式化是重新审视第三范式的失败情况，看看是否所有验证都是必要的。第三范式的失败通常会创建表，以确保输入的值与主列表进行验证。例如，在图 4.10 中，由于第三范式的失败，为了确保与订单相关的所有客户的验证，创建了一个客户实体。这意味着用户只能分配那些属于客户实体中的内容，而不能分配任何其他客户。选择客户的界面很可能会使用"下拉"菜单，该菜单中列出了所有有效的客户，供订单选择。然而，可能还存在一些不太关键的查找表。例如，邮政编码是否需要进行验证取决于用户对邮政编码的使用方式。如果它们仅用于记录客户的地址，那么验证邮政编码就可能没有必要或不值得。另一方面，如果它们用于某些类型的地理分析或邮寄信息，那么验证就是必要的。在需求讨论过程中，应进行审查和确认对验证表的使用和需求。如果忽略了这一步骤，可能会导致使用不必要的验证，查找实体包含太多非键属性，从而对性能造成损害。

　　第二种去范式化的方法是添加"派生"属性。尽管这不是首选的方法，但可以在不损害完整性的情况下实施。这可以通过创建触发器来实现，当一个依赖属性被修改时，触发器会自动调用存储过程来重新计算派生值。例如，如果金额是根据"数量 × 单价"计算的，则必须开发两个触发器（一个用于数量，一个用于单价），如果数量或单价发生更改，它将重新计算金额。虽然这解决了完整性问题，但分析师必须意识到，如果在高峰处理时间启动触发器，会造成性能冲突。因此，必须在"触发"与"何时允许发生"之间寻求一个平衡。

　　如前所述，由于物联网和区块链的存在，部分数据需要被分发，因此去范式化将更频繁地发生。我始终主张在设计开始时要考虑范式化，这样可以在后续根据网络性能和接口设备特性进行重复和调整。

4.15　总结

　　本章提供了电子商务系统数据部分的逻辑等价物。通过使用逻辑数据建模完成数据的分解，我们可以分为八个主要步骤，必须应用这些步骤才能在功能上对数据进行分解。数据流图是在过程分析中被广泛使用的一个强大工具，因为它们可以直接为逻辑数据建模方法提供输入。具体来说，数据流为数据字典提供了数据定义，这对于完成逻辑数据建模是必不可少的。此外，数据流图中的数据存储表示了主要实体，这是逻辑数据建模的第一步。逻辑数据建模的输出是一个实体关系图，它代表了数据库的示意图或蓝图。实体关系图展示了实体之间的关系，以及这些关系的基数。

　　逻辑数据建模还规定了开发存储程序，存储程序是在数据库层面上开发的程序。借助这些过程，我们可以在无须开发独立应用程序的情况下，在数据之外进行操作，并实现"引用完整性"的强制执行。存储过程可用于强制执行关键业务规则、域规则和触发器。触发器是一种面向批处理的程序，当数据库级别出现特定条件，通常是当属性以某种方式更改时，触发器会自动执行。

　　逻辑数据建模的过程还允许在逻辑设计层面上进行去范式化。这样做是为了让分析师能够在物理数据库完成之前避免遇到重大已知的性能问题。去范式化应该发生在处理用户界面时，因为许多问题都取决于用户的需求以及物联网和区块链的扩展情况。此外，减少自然密钥也是一个重要的问题，通过使用哈希算法来取代自然密钥，可以提高安全性保护的效果。

4.16 问题和练习

1. 逻辑数据建模想要达到什么目的？
2. 范式化的定义。三种范式分别是什么？
3. 范式化不能做什么？
4. 术语"派生"数据元素是什么意思？
5. 描述组合用户视图的概念。在许多组织中这样做的后果是什么？
6. 什么是遗留链接？描述如何使用它们来加强数据完整性。
7. 命名并定义三种类型的业务规则。
8. 为什么存储过程在某些方面与数据和过程需要分离的规则相矛盾？
9. 数据库触发器有什么缺点？
10. 去范式化是什么意思？这是分析师的责任吗？

4.16.1 小型项目 1

来自数据流图的 Physician（医师）主文件包含以下数据元素：

Data Element	Description
Social Security #	Primary Key
Physician ID	Alternate Key
Last_Name	Last Name
First_Name	First Name
Mid_Init	Middle Initial
Hospital_Resident_ID	Hospital Identification
Hospital_Resident_Name	Name of Hospital
Hospital_Addr_Line1	Hospital Address
Hospital_Addr_Line2	Hospital Address
Hospital_Addr_Line3	Hospital Address
Hospital_State	Hospital's State
Hospital_City	Hospital's City
Hospital_Zip	Hospital's Zip Code
Specialty_Type	The Physician's specialty
Specialty_Name	Description of specialty
Specialty_College	College where received degree
Specialty_Degree	Degree Name
Date_Graduated	Graduation Date for specialty
DOB	Physician's Date of Birth
Year_First_Practiced	First year in practice
Year's_Pract_Exp	Practice Experience Years
Annual_Earnings	Annual Income

假设：

（1）一个医师可以与许多医院相关联，但必须至少与一家相关联。

（2）一个医师可以有许多专业，也可以没有专业。

作业：范式化为第三范式。

4.16.2　小型项目 2

以下是东南大学计算机科学专业的招生表格：

Student Enrollment Form

Last Name: _____
First Name: _____
Social Security Number: _____
Address Line 1: _____
Address Line 2: _____
City: _____
State: _____
Zipcode _____

Course #	Section #	Course Cost
_____	_____	_____
_____	_____	_____
_____	_____	_____
_____	_____	_____
_____	_____	_____

Total Amount Due: _____

学生们从以下课程列表中选择他们的课程：

Course #	Course Name	Section #	Section Time	Course Cost
QC2500	Intro to Programming	1	9:00 A.M.	800.00
		2	10:30 A.M.	800.00
		3	3:15 P.M.	800.00
		4	6:00 P.M.	800.00
QC2625	Intro to Analysis	1	11:00 P.M.	910.00
		2	4:00 P.M.	910.00
		3	5:30 P.M.	910.00
QC2790	Intro to Web Design	1	12:45 P.M.	725.00
		2	2:30 P.M.	725.00
		3	6:00 P.M.	725.00

作业：使用上面的表格，创建一个范式化的实体关系图，确保符合第三范式。

提示：最终应该至少有四个实体，可能是五个。

无线通信的影响

5.1　无线革命

　　理解 5G 无线网络对应用程序分析和设计的影响非常重要。为了评估这种影响，我们有必要回顾一下 5G 技术对性能的技术影响。在第 1 章中，我建立了市场适应无线性能提升的基础。在本章中，我们将研究应用软件开发人员如何充分利用 5G 技术。

　　以下是预期 5G 技术性能优势的总结：

　　（1）数据速率比 4G 当前性能高 100 倍。

　　（2）更低的延迟。不需要任何缓冲时间即可加载 4K 视频。

　　（3）改进了带宽问题。这在无人驾驶汽车和联网家庭设备等新兴技术中尤为明显。

　　（4）由于延迟更低，物联网电池寿命预计延长 10 倍。

　　（5）提高偏远地区的通信质量。

　　（6）应用程序加载时间减少 1～2 s。

　　第 3 章提供了一种在函数原语级别上创建应用程序的架构方法，以提高在分布式网络中的可重用性。4G 网络的延迟限制不允许商业部署所需的高效性（Harris，2019）。边缘计算还提供了更高的安全性，这对于物联网的部署至关重要。分析师需要根据用户的实时反馈，设计快速迭代的产品。因此，为了实现及时更新，函数原语应用程序将最大限度地满足这些需求所需的性能。请记住，函数原语是非常基本的函数，它们在执行时组合在一起，形成更复杂的程序。因此，可以利用 5G 技术性能的新用例包括：

　　❑ 工业物联网。

❑ 云增强现实（AR）和虚拟现实（VR）。

❑ 远程机械控制。

❑ 互联汽车。

❑ 无线电子健康。

❑ 智慧城市。

总之，无线革命实际上是性能的提升，它改变了我们在移动环境中所能做的事情，既提高了安全性，又降低了延迟。

5.2 5G 和分布式处理

5G 技术对分布式处理的最大影响是传统数据中心的去中心化。去中心化需要避免瓶颈，才能真正实现 5G 技术承诺的高性能。

前面提到并将在本章中进一步介绍的边缘计算成为解决如何建立一个可以动态提高网络性能的分布式网络的主要途径。这是通过将边缘设备的数据和程序放置在中间的本地服务器上实现的。事实上，根据高德纳公司（2019）的数据，大约有 10% 的企业数据是在中央服务器或云之外进行处理的。

这些性能压力的结果将导致许多新的和现有的第三方，竞相为其客户提供替代的网络服务。最终，这涉及制定一项战略，使公司能够制定替代分布式网络的路线图，并根据流量需求提供备选路径。这就像运行一个复杂的铁路系统，可以根据部件故障、天气问题和拥堵情况进行轨道切换。关键问题是为网络管理员提供尽可能多的选项来处理意外的性能峰值。

重要的是要认识到，预测有利于 5G 技术的即时投资。事实上，到 2024 年，移动数据流量预计将增长 5 倍，其中 25% 将由 5G 网络承载。供应商面临的挑战是提供足够的容量来应对这一增长。为了克服这个挑战，工业面临的障碍是通过自动化、人工智能和机器学习来提高效率。通信技术发展迅速，简单回顾一下通信技术的发展历程，我们可以看到这项技术具有令人兴奋的潜力：

1G：移动语音通话。

2G：带短信的移动语音通话。

3G：移动网页浏览。

4G：移动视频消费和更高的数据速度。

5G：服务消费者和行业数字化的技术。

5.3 5G 世界中的分析和设计

通过新的性能改进，分析师将能够构建一些重要的全新设计特性：

（1）3D 现实作为用户体验的一部分。

（2）借助 3D 打印技术，用户可以将物体的 3D 模型具象化。

（3）聊天机器人的发展将为用户提供实时和基于提示的反馈。

（4）由于云数据中心将负责大部分处理工作，可以减少对特定硬件的依赖。

（5）海量数据可以自发收集和分析，为人工智能和机器学习带来新生。

　　然而，从营销和销售的角度来看，分析师还需要考虑将新型社交体验嵌入应用程序中，例如增强型直播、增强现实和虚拟现实，它们将大大改善用户与产品的交互。也就是说，应用程序不再仅仅是进行计算、返回值或更新数据，而是通过照片、视频和互动游戏（游戏化）为用户提供新的体验层面。许多 3D 工具将通过内部和外部云存储库提供，而不是在构建传统应用程序时包含。此外，5G 技术还对其他技术产生了更为间接的影响。

❑ 更快的 Web 开发：可以带来更快的速度。通过快速下载大量数据，开发人员可以构建更强大和内容更丰富的数据和应用程序，并且缩短加载时间。

❑ 持续的连通性：通过降低功耗要求，实现所谓的"环境计算"，即保持持续连接，特别是连接到互联网站点的会话。这将允许人工智能和机器学习能够近乎实时地跟踪和处理数据。

❑ 改进的增强现实和虚拟现实：具有 5G 功能的应用程序将实现改进的增强现实和虚拟现实，并成为所有用户和消费者体验的一部分。简而言之，这意味着应用程序将能够将语音、照片和电影集成为界面的一部分，为用户提供另一个维度的体验。这将使用户能够更深入地沉浸在应用程序的交互中。

❑ 物联网扩展：传感器之间数据的进一步扩展为智能城市和自动驾驶汽车创造了新的机会。这将促进商业到基础设施（B to I）、基础设施到基础设施（I to I）和商业到消费者（B to C）的整合。

❑ 人工智能和机器学习：高速网络的支持使得应用程序可以在复杂的分布式网络中使用人工智能和机器学习。这将使得人工智能和机器学习数据的收集和分析成为一个持续不断的过程。

❑ 固定无线：固定无线是一项新技术，它通过降低功耗和改进接口，将取代传统的电缆和光纤。这种技术的应用将直接向客户提供基于 Wi-Fi 的无线信号，从而扩展先前无法获得高速宽带连接的用户的 Wi-Fi 连接能力。

❑ 边缘计算：随着准计算中心和设备数量的快速增加，分布式数据库和应用函数原语的复制将成为其中的一部分。

❑ 在线视频：视频点播将增加，并与基于结果的应用有更好的整合。这使得流程与视频体验相结合，提供更加综合和丰富的用户体验。

　　分析师在考虑 5G 技术的间接影响时，需要采用一种性能标准的方法论和方法。分析师需要关注延迟、连通性和容量等方面。为了完成这一任务，可以在用例格式中添加以下附加字段，以确保综合考虑了这些因素：

❑ 所需的性能 / 响应时间。

❑ 延迟限制。

❑ 相关的增强现实和虚拟现实集成注意事项。

❑ 每次交互的数据量。

❑ 人工智能数据收集标准。

❑ 机器学习处理需求。

❑ 峰值时间的负载压力。

❑ 用户群体。

❑ 机器人界面。

❑ 其他物联网设备接口。

尽管各行业会提供自己的性能参数，但表 5.1 展示了当前通用的关键要素测量指标。

表 5.1　5G 技术的关键要素

AirLink 中的延迟	<ms>
端到端延迟（设备到核心）	<10 ms
连接密度	比当前 46G LTE 提速 100 倍
面积容量密度	1 Tbit/（s·km^2）
系统中心效率	10 bit/（s·Hz）
每个连接的峰值吞吐量（下行链路）	10 Gbit/s
能源效率	相对 LTE 提升了 90%

注：表格由 Mathworks 提供。

值得注意的是，虽然分析师可能不会直接参与制定行业最低性能要求，但了解技术术语及其含义，对于有效参与 5G SDLC 至关重要。如今许多专家认为，5G 是首个为计算机定义的通信标准，即面向机器之间的通信，而不是面向人之间的通信。

另一种表述 5G 技术分析和设计的方法是将其与六自由度（6DoF）的理念相结合。六自由度是指"刚体在三维空间中的运动自由度"。简而言之，它意味着一个物体可以在前后、上下和左右方向上移动，并且可以绕三个垂直轴（俯仰、偏航和横滚）进行旋转。图 5.1 显示了六自由度图。

从分析师的角度来看，这意味着用户可以从各种维度和多个原因查看数据和应用程序。因此，分析师必须采用一种基于数据仓库的集中设计方法，而不是传统的流程设计方法。因为流程会根据所期望的结果类型，从不同用户视角来演化，所以这种方法可以满足用户对不同目的的需求。更重要的是，请求者可能是同一个物理用户，但不是同一个逻辑人。这个概念可能与对象设计中的多态性有关，在对象设计中，对象根据其数据类型和类具有不同的功能。这个设计挑战可能与图 1.3 有关，其中定义了不同类型的用户身份。这意味着，如果系统用户作为个人和业务用户或消费者在不同会话中使用数据，则该用户可能是多态的。图 5.2 显示了六自由度的 5G 版本。注意，维度表示同一用户在不同上下文中的不同类型的行为视图和需求。

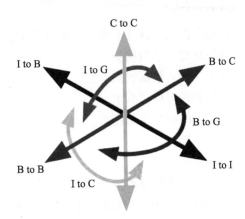

图 5.1　六自由度图　　　　图 5.2　5G 版本的六自由度图

　　图 5.2 代表了一个快速转变的过程，这将需要大量的数据收集。多个函数原语应用程序将会被动态编译，以形成特定用户视图所需的特定应用程序。许多函数原语也可以从第三方库中获得。这些应用程序通常称为函数，它们可以被动态链接到更复杂的应用程序中，成为常见的例程。分析师面临的挑战之一是确保数据元素属性（例如字段长度）和数据特征（例如字母数字或数字）保持一致。从用户的角度来看，数据元素可能会呈现出不同的特征，因此需要在设计过程中达成共识，以实现统一的数据定义。然而，这可能是一个问题。在第 4 章中，我们介绍了数据元素定义如何具有所谓的"别名"定义。别名定义允许对同一元素进行多个定义，并使用不同的标识符。这类似于拥有多个不同的电子邮件地址，但它们实际上指向同一个人的身份。

　　分析师必须解决的另一个因素是处理整个网络中的不同的"G"系统。由于完全迁移到 5G 可能需要几年的时间，许多集成网络很可能会同时存在 4G 子系统。为了应对这种情况，第三方供应商开发了智能应用程序，可以在域级别动态确定所处的 G 级别。这类应用程序类似于软件，它们会检查设备并确定其操作系统和组件的功能。这些"连接管理"产品将评估不同的 G 网络，并提供执行兼容版本应用程序的能力。因此，有必要拥有多个具有相同函数原语的版本！这种设计理念并不是唯一的。举个例子，即使在今天，许多网站也会根据用户使用的设备（计算机或智能手机）提供不同的版本。

　　智能手机很可能最终成为 5G 用户的首选设备。因此，软件开发人员需要充分利用 5G 智能手机的特性和功能。这意味着我们将看到更多配备更先进功能的智能手机，包括更大的数据存储空间、可执行的应用程序以及与第三方云存储的接口。预计智能手机的处理能力将达到与当前台式机和笔记本计算机相当的水平。正如我们所见，云接口是 5G 成功的一个重要组成部分。传统的硬盘存储设备将变得过时，因为所需的数据量使得本地硬盘无法满足需求。随着消费者市场对功能更强大的智能手机的需求不断增长，为了满足 5G 的要求，更大的压力被施加在准备好的手机上。许多专家预测，5G 应用开发将会大大超越 4G 的发展，网速将是 4G LTE 的两倍。毫无疑问，向 5G 的转型将给公司带来压力，迫使他们更换速度较慢且受限制的遗留系统。因此，替换遗留系统应该是任何组织的首要任务，并且可能是业务成功或失败的关键因素。第 11 章将进一步介绍如何摆脱传统系统的方法。

5.4　用户生成的数据和性能测量

新数据元素的创建是另一个独特的发展方向，它源于互联网上社交媒体的激增，并与人工智能和机器学习的增强能力相结合。Facebook、优步和亚马逊等公司都利用人工智能和机器学习来跟踪消费者行为，并开发统计数据元素来持续分析他们的行为。显然，随着传感器和其他智能物联网设备的普及，历史数据的收集和分析将加速进行。这对数据有两个新的影响：①需要使用人工智能和机器学习软件进行数据分析；②新的数据元素将被创建并存储在跨云和边缘数据库中。这些新数据元素被归类为“派生”类，因为它们是通过计算而得到的结果。举个简单的例子，A+B=C。在这个例子中，C 是一个派生的数据元素（如第 4 章所述），它被认为是冗余的，因为如果存储了 A 和 B，那么 C 可以随时通过计算得到。根据第 4 章所解释的，如果存储了 C，并且 A 或 B 发生了变化，那么 C 现在就是不正确的，数据库也就失去了完整性。然而，随着大数据和 5G 技术的改进，重新计算这些派生数据元素可以更快地完成。此外，由于这些新类型的派生元素是实时跟踪变化的，为了确保准确性和性能，有必要添加冗余性。

爱立信（2019）发布了一份标题为“六项行动呼吁”的报告。该报告是基于一项消费者调查，收集了关于用户与手机业务互动的偏好信息：

（1）轻松的购买体验：用户购买的产品与他们使用的产品之间存在相当大的差距。只有 3/10 的智能手机用户对他们的计划感到满意，并认为购买体验并不简单或轻松。

（2）提供一种无限的感觉：消费者不希望在账单上出现任何意外费用，即使他们中的 70% 不是最重度用户。

（3）将兆级流量视为货币：消费者希望获得千兆流量的授信。实际上，他们更希望获得服务的配额授信。

（4）提供更多选择而不只是数据包：消费者更喜欢根据自己独特需求个性化的计划。

（5）5G 技术带给我们更多：5G 技术吸引了 76% 的智能手机用户，44% 的人愿意支付额外费用。消费者期望在速度、覆盖范围和低价之外有更多的能力，50% 的人期望有丰富的服务。他们还希望对 5G 技术进行单笔收费或按 5G 设备收费。

（6）保持真实的网络：消费者希望拥有优质的无线网络，并且对运营商关于网络性能能力的宣传持怀疑态度。

随着智能手机成为大多数人接入网络的主要方式，选择最佳供应商对组织来说至关重要。事实上，我们已经看到许多主要供应商正在扩大其服务范围，将宽带服务和云接入等功能纳入其提供的服务中。正如他们所声称的那样，拥有网络的人将成为数据的提供者！这一切都旨在确保成为数据的提供方！

然而，爱立信的研究揭示了有关用户／消费者市场的更多信息。它进一步支持了所有产品和服务都必须符合消费者需求的观点。在给定的六个自由度下，每个消费者都可能具有多个不同的身份。因此，一个拥有智能手机的个人可能会在生活的各个方面使用该设备，从个人使用到商业应用，再到消费者界面。许多人甚至会携带两部智能手机来区分商业和个人用途。坦率地说，或许有一种更好的方法来分离和整合这两者。但根据爱立信的研究，智能手机用户可以根据他们使用的应用程序和服务的类型被划分为六个不同的群体，如图 5.3 所示。

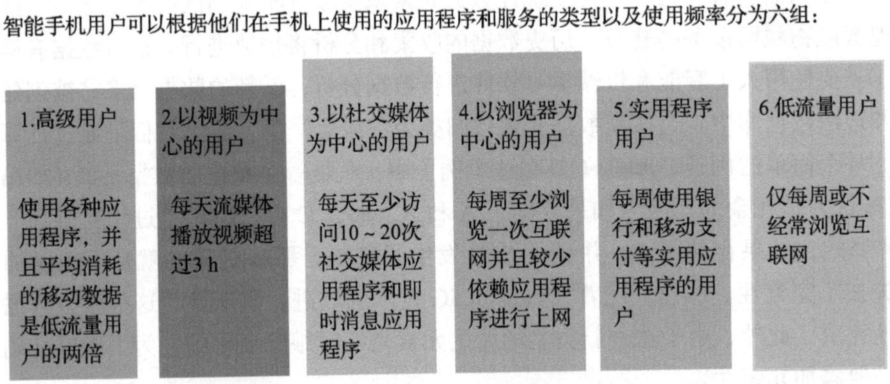

智能手机用户可以根据他们在手机上使用的应用程序和服务的类型以及使用频率分为六组：

1.高级用户	2.以视频为中心的用户	3.以社交媒体为中心的用户	4.以浏览器为中心的用户	5.实用程序用户	6.低流量用户
使用各种应用程序，并且平均消耗的移动数据是低流量用户的两倍	每天流媒体播放视频超过 3 h	每天至少访问 10～20 次社交媒体应用程序和即时消息应用程序	每周至少浏览一次互联网并且较少依赖应用程序进行上网	每周使用银行和移动支付等实用应用程序的用户	仅每周或不经常浏览互联网

图 5.3　六种用户类型

这六种类型可以映射到表 1.2，这里在表 5.2 中重新做了配置。

表 5.2　爱立信六种用户类型和用户／消费者覆盖范围

爱立信用户类型	用户／消费者覆盖范围
高级用户	B to B、B to C、B to G
流式视频用户	I to C、I to I
社交媒体用户	C to C、I to C、I to I
以浏览器为中心的用户	B to G、I to G、B to B
实用程序用户	I to C
轻量数据用户	I to C、I to I、I to G

爱立信的报告得出结论，5G 世界将迅速产生影响。大多数消费者认为，5G 将在你所在地区推出后的 4～5 年内成为主流技术。随着消费者争相购买支持 5G 的智能手机，5G 的首阶段将满足宽带数据需求。智能手机应该能够在几秒钟内下载千兆字节的数据，而这一功能预计将在 1～2 年内准备就绪。到了两年之后，预计耳机将提供实时语言翻译、通过实时摄像流从多个观点观看事件的能力，以及在虚拟现实方面的各种功能。而在未来五年内，实时增强现实、自动驾驶技术、联网机器人、无人机送货和 3D 全息图呼叫等将成为主流应用！

5.5　总结

我们可以清楚地看到，企业几乎没有时间来思考如何在其业务中实施这些新功能，并把握新产品和服务的机遇。同一个应用程序的大量不同版本将存储在 5G 敏捷应用程序架构的多个层级中，这一点我在第 1 章中已经介绍过。现实情况是，分析师将面临如何提供必要的需求文档，以定义这些版本并满足不断变化和发展的用户群的挑战。

显然，在 5G 时代设计软件的挑战是复杂的。分析师需要更多地了解硬件和网络的影响。用户群体也面临着更大的挑战，因为智能手机已经成为各种个人关系之间互动的主要媒介。性能依然是核心问题。随着人工智能和机器学习成为竞争优势的核心，分析师将需要研究将多少数据放置在设备上以及如何在移动环境中进行分布式处理，以更好地理解硬件、软件和基础设施配置对决策的影响。根据我的预测，我们将会见证边缘计算和物联网的兴起，以提供这些能力。边缘计算还将与云技术相结合，这将成为新网络时代转型的核心。

5.6　问题和练习

1. 列举三个 5G 技术相对于 4G 技术优势的例子。
2. 什么是边缘计算？
3. 5G 技术对分析和设计的影响是什么？
4. 爱立信的六项行动呼吁是什么意思？
5. 解释"六自由度"的含义及其与 5G 技术的关联。
6. 请解释一下"5G 技术可能会增加新数据元素的数量"。
7. 5G 技术和人工智能 / 机器学习之间的关系是什么？
8. 5G 技术革命与前几代有什么明显的区别？

第6章

物 联 网

如果说 5G 是带来下一代计算技术的先驱，那么物联网则代表着实际设备，而这些设备将成为 5G 技术的载体。由于物联网代表了各种物理组件，通过在全球各个地方安置中间智能硬件使技术变得可行。物联网的目标是通过降低运营成本，同时提高消费者和企业的网络可靠性，使 5G 技术成为现实。物联网的关键特性包括增强敏捷架构的运行时间和实时处理能力，并消除计划外网络故障的概念。因此，物联网必须在问题发生之前就检测到问题，并在干扰出现时提供替代方案。最终，物联网必须确保在任何供应链流程中都不会出现单点故障。为了应对这一挑战，物联网设备必须包含四个主要组件：

（1）硬件组件：包括传感器、应力装置、摩擦测量和应变指示器。

（2）应用程序组件：具备规则引擎、软件修改功能、远程冷却或润滑等能力。

（3）分析组件：通过人工智能和机器学习根据假设和历史数据预测故障，并具备处理变更的能力以避免未来的故障。

（4）网络组件：提供动态连接和替代路径或"轨道"的大型网络或系统。

物联网必须具备五个关键特性，即反应性、预防性、主动性、预测性和规范性。因此，在设计物联网系统时，分析师必须确保这五个特性在每个过程中都得到彻底的解决。同时，物联网需要多个用例，并将它们转化为一个连接系统，该系统完全集成了物理设备、传感器、数据提取组件、安全通信组件、网关、云、服务器、分析组件以及实时仪表板。必须遵循以下分析和设计的注意事项与原则：

❑ 互操作性：确保所有物联网设备、传感器、机器和物理站点能够相互通信，并具备交换数据的能力。

❑ 信息透明度：物联网需要建立起物理世界和数字世界之间的连续桥梁。换句话说，应该记录和存储物理过程，以创建数字孪生模型。

❑ 技术支持：通过提供和展示数据，帮助人们做出更好的运营决策，更有效地解决问题。特别是，物联网应支持人们完成繁重的任务，以提高生产力和安全性。

❑ 分散决策：根据设定的逻辑，物联网应协助做出决策并执行相关需求。

物联网仿真是设计复杂物联网接口系统的重要方法。市场产品必须提供数字原型，以展示如何连接相应的设备、边缘和云服务、网络和移动应用程序。所有这些组件构成了物联网架构，并且必须基于多次模拟运行进行交互。物联网分析组件包括仪表看板（dashboard）和警报系统，通常依赖于有效的数据源。因此，物联网的分析和设计必须采用精益且敏捷的方法。它必须包括设计思维，即将人、技术和业务融入产品设计决策中。同时，物联网必须以消费者为中心，并且可能需要迭代地将业务需求和消费者需求集成到需求文件中。消费者和企业对于 5G 技术的需求与物联网所需提供的功能之间存在一致性，因此这两种力量之间的目标和关系必须保持紧密一致。

物联网要求分析师对设备级应用程序接口更加精通。这些物联网 API 允许设备将数据传输到应用程序中，因此它们充当了数据网关的角色。此外，API 还可以作为应用程序与设备进行交互的方式，用于指示设备执行特定功能，如图 6.1 所示。

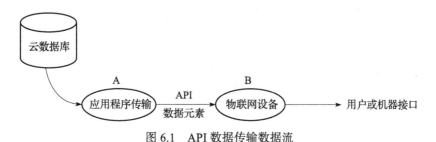

图 6.1　API 数据传输数据流

图 6.1 显示了一个来自云的新数据元素，该元素由进程 A 进行转换，被发送给物联网设备 B。转换后的数据由设备 B 转发给直接用户或另一个设备 / 机器接口。图 6.2 中显示的第二个示例将数据反映为一个值，用于指示物联网设备 B 基于该值执行某些操作——比如值 "1" 可能意味着以某种方式处理。

图 6.2　API 值传输数据流

由于许多物联网供应商提供开源 API，分析师需要评估是否需要将 API 纳入需求文件中并进行开发，或者直接从供应商提供的库源中使用它。还有第三种可能，即使用第三方开源代码并对其进行修改以满足系统的具体要求。换句话说，没有必要重新发明轮子。这种分析方法实际上并没有什么新鲜之处。举个例子，几乎所有传统架构中都提供了内置函数或宏库的功能，这可以追溯到大型机时代。没有人会费力设计一个新的程序来计算某些数的平方根。这部分代码已经存在于许多库中，并可以被轻松集成到其他应用程序中！

6.1 物联网与通信模型的逻辑设计

根据米什拉（Mishra，2019）的说法，物联网的逻辑设计涉及三个术语：
❑ 物联网功能块。
❑ 物联网通信模型。
❑ 物联网通信 API。
本节将把米什拉的概念映射到分析师角色。

物联网功能块包含 6 个集成部分：应用程序、管理、服务、通信、安全和设备，如图 6.3 所示。

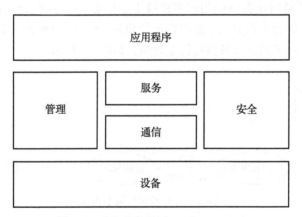

图 6.3　功能块架构（Mishra，2019）

分析师必须定义图 6.3 中设备的每个功能块。首先，分析师需要对块进行必要的用例分析，定义所需的数据、应用程序和性能需求。正如前面提到的，许多设备（如传感器）可以提供许多服务软件给开发人员使用。然而，如果没有这样的 API 可用，分析师就需要提供用于内部编程的需求规范。选择构建还是购买时，这个决策可能也需要进行讨论，特别是第三方 API 被认为过于昂贵或者没有包含足够的必要功能以满足需求时。此外，这样的决策还可能涉及确定哪种设备最适配需求。

6.2 物联网通信替代方案

有四种不同类型的通信替代架构。当然，在涉及各种类型物联网设备的复杂网络中，可以存在多种替代方案。

6.2.1 请求 – 响应模型

该模型类似于第 4 章中讨论的传统客户端 / 服务器架构。虽然 5G 技术增强型敏捷架构更分散,层次更少,但客户端 / 服务器模式在某些设备设计中仍然适用。如图 6.4 所示,在这种情况下,网络浏览器或智能手机可能是客户端,而设备上的应用程序则充当服务器。

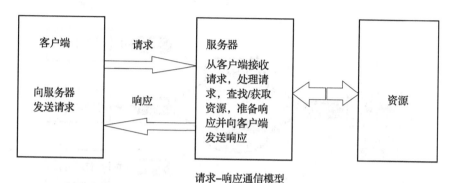

图 6.4　请求 – 响应模型(Mishra,2019)

物联网设备还可以与多层客户端 / 服务器架构集成。图 6.5 显示了作为中间层存在的物联网设备,而根据请求者提供客户端和服务器活动。在此示例中,专用服务器将是一个可能驻留在单独的物理硬件服务器上的云数据库。

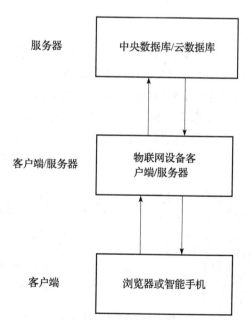

图 6.5　作为客户端 / 服务器的物联网设备(Mishra,2019)

6.2.2 发布 – 订阅模型

发布 – 订阅模型涉及三个组件：发布者（Publisher）、代理（Broker）和消费者（Consumer）。发布者将数据发送到称为代理的中间件。然后，由代理将数据提供给特定的消费者，这些消费者将作为最终客户或信息的订阅者，如图 6.6 所示。

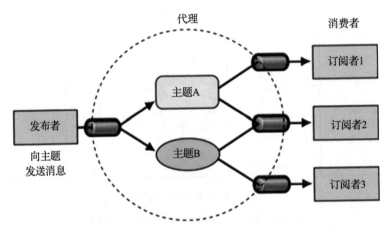

图 6.6　发布 – 订阅模型（Mishra，2019）

毫无疑问，在通过中间组织进行工作并管理一些用户的数据提供者之间，发布 – 订阅模型是非常常见的。

6.2.3 推送 – 拉取模型

这种模型消除了中间的代理，因此消费者可以直接从发布者获得数据，如图 6.7 所示。然而，发布者并不知道谁在访问这些信息。代理在某种程度上被队列所取代，在队列中数据被存储并提供给消费者。发布者以不同的时间间隔更新这个队列。在这种设计中，因为不需要知道消费者的信息，所以发布者不需要代理。这种模型确实缓解了消费者需要更及时地从发布者获取数据的困境。简而言之，队列定义了消费者在任意特定时间可以访问的内容。在系统开发生命周期的需求收集阶段，分析师需要考虑如何处理更新频率的问题。

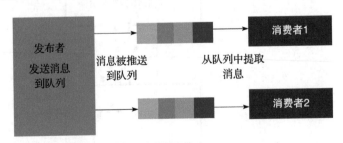

图 6.7　推送 – 拉取模型（Mishra，2019）

6.2.4 独占对模型

该模型是双向或全双工的，这意味着在客户端和服务器之间存在一种持续的开放双向通信，如图 6.8 所示。服务器知道所有来自客户端的连接，并且这些连接会一直保持打开状态，直到客户端发送一条消息来关闭连接。分析师需要提供消息的定义以及客户端和服务器的响应方式，即消息所携带的信息和基于消息值执行的处理过程。

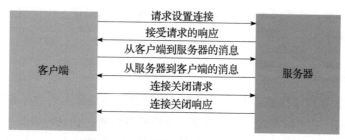

图 6.8　独占对模型（Mishra，2019）

6.3　物联网是对传统分析和设计的颠覆

正如之前讨论的，数字化转型对分析和设计产生了重大影响，使之从专注于满足特定用户需求的产品系统设计转变为更注重消费者需求的系统设计！贝尔纳迪（Bernardi）等人（2017）指出"全球经济正在迅速从产品经济转变为'假设'经济"。这种转变被定义为一种"反转范式"，它将系统思维从以产品为中心转向以需求为中心。因此，我们需要问的问题是，技术如何帮助我们重新构思和满足需求？

虽然许多 IT 专业人士一直支持这种观点，尤其是在敏捷和面向对象设计方面，但正是由于 5G 技术的性能改进，物联网的快速发展变得可能。换句话说，物联网正处于下一波数字化颠覆和变革的核心，如图 6.9 所示。

在为物联网奠定架构模型基础之后，关注分析师在物联网世界中的新角色和职责至关重要。分析师需要从产品 / 用户角度进一步转变，更加注重功能性和预测性的角度。这在物联网中尤为明显，因为设备可以执行多种功能并满足各种消费者和机器的需求。事实上，在物联网中，分析师必须设计能够整合真实世界和数字世界的智能对象（Bernardi et al.，2017）。

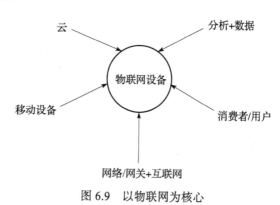

图 6.9　以物联网为核心

6.4 传感器、执行器和计算

物联网数字设备包含三个主要组件或功能：传感器、执行器和计算。

6.4.1 传感器

分析师必须提供或识别传感器中的 API，这些 API 可以测量物理对象，并将信息有逻辑地转换为数字数据。传感器本质上是捕获信息，进行一些测量工作，记录活动，然后执行数据转换的应用程序。

6.4.2 执行器

执行器实际上承担了传感器的反向功能，即它利用传感器上的数字逻辑并将消息发送到物理设备。例如，它可以发送一条消息来关闭烤箱等设备。在这种情况下，分析师需要定义算法来捕捉设备状态的变化，并确定如何针对这些变化做出响应。这样的响应通常包括机器对机器或机器对消费者的消息。

6.4.3 计算

计算代表着确定传感器和执行器之间行为的计算机逻辑。这种逻辑是基于设备感知情况的，并应用算法来指示传感器向执行器发送消息以执行相应的功能，就像按下汽车上的启动按钮所产生的指令一样。传感器收到消息后，它会检查系统，查看汽车的发动机是否可以安全运转。分析师需要提供数据流（见图 6.10）并定义在启动发动机之前需要采取的逻辑步骤。该逻辑可能会检查自动变速器以确保其在允许发动机启动之前处于"驻车"状态。这样的算法将成为用例过程规范的一部分。

图 6.10　启动汽车发动机的计算过程的数据流图

6.5 连通性

分析师还必须为始终连接的物联网设备提供定义。这些设备始终在运行，并在状态发生变化时触发消息。举个例子，如果温度降至正常温度的 50% 以下，传感器可能需要向加热设备发送消息以启动加热单元。当然，互联网提供了数字高速公路，允许这些类型的活动远距离发生。状态转换图（State Transition Diagram）再次显示出其作为定义持续运行物联网设备逻辑的有效工具之处。

6.6 可组合性

物联网设备的另一个有趣功能是它们能够通过互联网直接相互通信。这种设备对设备的连接使用户能够监控自己的系统，并使用监控设备直接向另一个设备发送指令。智能手机就是一个很好的监控设备。例如，安装软件来远程监控你家里的温度。可组合性还允许用户混合多种监控通信，而不需要开发者或公司进行修改。智能手机实际上可以与多个其他设备进行通信，并且可以以开放源代码的方式组合命令，例如同时提高温度、降低灯光亮度和播放音乐等。

连通性和可组合性的分析依赖于两种类型的架构：调解（mediation）和 API。

（1）调解。虽然让设备与其他设备通信似乎很有吸引力，但它确实有缺点。拥有独立的机器对机器（M2M）功能可能会导致设备之间发生冲突，并可能影响网络的整体性能。因此，让"调解器"设备驻留在云中实际上是一个更可取的解决方案。这种方法类似于星形拓扑结构，其中调解器位于中心位置，每个设备像辐条一样与调解器相连，如图 6.11 所示。

使用调解器的另一个好处是它在添加新设备或更新现有设备时很便捷。这允许调解器充

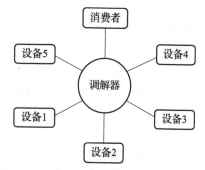

图 6.11 使用调解器的物联网星形拓扑结构

当一个集中的枢纽，使之可以通过跟踪网络中的所有设备来协调所有软件更新。分析师可能需要设计调解器或获取一个第三方产品。

（2）API。API 的设计很重要，因为它是支撑物联网架构的控制软件。分析师应该考虑到所有需要的功能和特性，并创建一个 API 清单，这些 API 将被存储在调解器中。事实上，调解器将成为整个网络中所有应用程序的订购渠道。采用这种设计方法的另一个优点是，当需要向系统添加新的应用程序时，调解器可以被简单地更新，并用于将新程序分发到相关的设备。

6.7 可招募性

可招募性（recruitability）的概念与可重用性和多态性密切相关。简单来说，可招募性可以让设备用于不同的应用程序。例如，一个用于启动汽车发动机的设备可以通过"招募"操作执行不同类型的任务，复用启动发动机的逻辑。实现这一点需要支持功能分解、面向对象的分析和通用 API 库，并以过程规范的形式提供函数原语文档。此外，文档还应具备可在其他上下文中重用的例程功能。最后，在一些实例中，可以将一组原语组合起来创建可重用的功能性传感器、制动器和通信设备。这是一个权衡的决策过程，因为这种设备具有高度

集中的功能，但也具备更高的可重用性。

6.8 物联网安全和隐私

分析师必须关注网络上使用的物联网设备的安全性和隐私性。在这种情况下，分析师必须考虑设备所有可能存在的功能，并确定其安全暴露的风险等级。后面将在第 9 章中详细介绍这个主题。

6.9 沉浸

沉浸（immersion）是指设备被共享的能力。实际上，如果设备可用，则它可以与其他请求者共享其处理过程。因此，沉浸是一种招募形式，当原始目标设备在网络中距离过远或发生故障时非常有用。沉浸的关键因素是发现可用资源或设备的能力。当使用蓝牙技术进行"配对"时，可以与智能手机相关联。分析师需要定义设备请求的上下文，以便接收设备能够确定其被招募的能力。为实现这一点，需要在通用通信协议下让一系列设备在一定程度上具备智能的消息传递能力。

鉴于沉浸的力量，分析师必须解决几个复杂的问题。

（1）可发现性：如果不考虑某些级别的授权，则并非所有设备都可以被访问。这些被称为静态设备，基本上要求两个链接设备都经过互认设置（通常称为"握手"过程）。握手过程通常有两个部分：共享的兼容性和身份识别检查。动态设备可以在没有协议的情况下自动链接。然而，这些设备的安全性也可能要求经过一定级别的授权才能释放访问权限。

（2）上下文：对设备需要传输的"其他内容"进行定义。例如，如果一台汽车的设备需要连接到收费站，它可能还希望传达更多关于环境的信息，例如方向、速度、车牌、时间、日期等。

（3）协调：通常涉及一个程序，用于追踪系统中连接的设备之间的所有活动。在很多方面，协调程序可以比作调解器，因为它充当设备之间行为的中央存储库。

（4）招募非数字对象：我们需要考虑到并非所有对象都是数字的。对于像食物这样的非数字对象，我们需要采用一种间接的方法来进行跟踪和通信。为了实现这一目标，常见的间接对象包括无线射频识别（RFID）标签、条形码和数字水印（使用颜色的深浅）。

（5）预测性维护：智能物联网设备的另一个独特功能。这些设备可以通过自我测试和通信来识别需要维护的条件级别。借助网络，设备能够及时提供有关其运行状态的有价值反馈，从而使各种维护工作得以及时完成。这种预防性维护能力应作为过程规范的一部分，将硬件行为和条件与软件智能紧密联系起来。

显而易见，物联网分析师需要具备处理无数细节的能力。这些细节不仅限于传统的软件设计，还包括深入了解智能硬件设备的行为。

6.10 物联网系统开发生命周期

许多组织（包括所有现有的组织）都需要确定如何最好地推进物联网技术。除了许多组织变化，这还需要建立一个适应本章中讨论的各种需求的系统开发生命周期（SDLC）。因此，我们需要建立一个供经理和员工参考的生命周期模型。

（1）通过"面向对象"方法创建应用程序接口（API）规范的函数原语。

（2）移动或创建过程规范。

（3）识别新的和现有的数据元素。

（4）根据消费者体验使用新功能更新（2）和（3）。

（5）设计 API 等价物。

（6）添加可用的第三方应用程序接口。

（7）映射到物联网设备。

（8）根据设备类型（传感器、执行器、计算）选择物联网配置和接口。

（9）确定人工智能和机器学习功能。

（10）选择输入 / 输出（I/O）设备通信功能的类型。

（11）设计通信 API 或使用第三方库。

（12）添加 / 修改要添加到数据字典中的数据元素定义，包括依赖关系。

（13）考虑使用无线射频识别（RFID）与非数字产品的连接。

（14）确定雾计算或边缘计算所需的 API 和数据。

6.11 向物联网过渡

大多数企业最终实施物联网的方式是使用辛克莱尔提出的"物联网商业模式连续体"模型（Sinclair，2017）。该模型揭示了大多数公司无法简单对整个系统进行修复，而是必须从其核心业务和已建立的业务模型入手，并逐步增加物联网的功能，如图 6.12 所示。这种

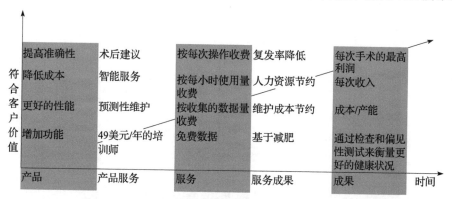

图 6.12　物联网商业模式连续体示例（Sinclair，2017）

持续的进化最终实现了最重要的目标：业务成果。图 6.12 中的示例将可达到的"每次手术的最高利润"定义为最大业务成果。它通过改进产品服务，进一步改进一般性服务，并逐步实现最大化的业务成果，最终实现单位利润的最大化。

6.12 总结

　　辛克莱尔（Sinclair）模型面临的挑战是，公司可能无法像它们想象的那样有效利用时间。我们已经目睹了数字化颠覆性革命在加速时间框架内发挥作用的情况。那些曾经拖延数字化进程的公司最终都以失败告终。实际上，我们可以列举出一长串的例子，比如玩具反斗城（Toys-R-Us）、诺基亚（Nokia）和西尔斯（Sears）等。首席执行官和董事会必须关注零售业发生的变化，历史数据显示，零售业仅将总收入的 2% 用于信息技术。更糟糕的是最近在通用电气（GE）身上发生的事情，它投资了一个名为 GE-Digital 的部门，该部门旨在为其客户提供新型数字服务。然而，他们最初的努力以失败告终，因为现有的业务部门使用新的数字部门来支持其遗留需求。归根结底，通用电气没有从新业务中获得预期的收入。这个例子告诉我们要谨慎对待现有的和占主导地位的核心业务，因为从历史上看，这些部门往往会无意识地尽一切努力来保留旧的做事方式！请记住，许多人认为大多数物联网产品都是在没有计划的情况下开发的！

　　接下来，我们需要了解区块链分析和设计以及它对安全性的贡献。

区块链分析和设计

7.1 了解区块链架构

　　区块链技术代表了一项有趣的架构创新，主要用于解决互联网中的网络安全挑战。正如我之前所讨论的，传统的中央数据库架构无法提供启动物联网系统所需的安全性。区块链被定义为一种"账本式"系统，其目的是跟踪所有交易并更新链中所有成员的记录。事实上，区块链设计是从链表数据结构演变而来的。链表最初被设计为一种数据结构，它通过存储关于值在内存中存储位置的信息来链接到另一个数据元素。它是一个指针系统，显示了前向链接和后向链接，如图 7.1 所示。

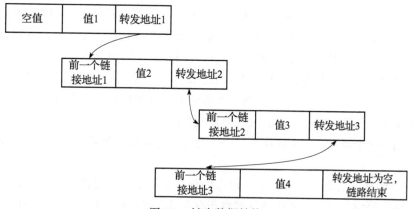

图 7.1　链表数据结构

链表数据结构所解决的问题是它能够存储相关的数据或数值，而不要求物理存储是连续的。换句话说，通过这些"链接"，相关文件元素实际上可以存储在存储的不同部分和不同的物理设备上，如图 7.2 所示。

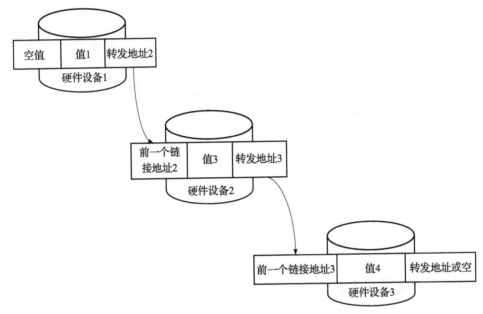

图 7.2　跨物理存储设备的链表数据结构

链表数据结构的重要性在于它允许将信息的逻辑文件存储在不同的物理位置上。但对用户而言，它是不可见的，并且允许系统最大限度地利用数据存储。然而，像任何数据结构策略一样，总会存在一些不足之处。将逻辑文件分配到多个物理设备上会降低性能。当一个大型逻辑文件在许多设备上分布，甚至在同一磁盘上碎片化存储时，其性能将明显降低。

区块链对链表模型进行了演进，以实现类似但不同的目标。图 7.1 所示的链表数据结构现在变得更加复杂，并被定义为信息"区块"。该架构允许动态添加新的区块，并在发生变化时同时更新每个区块。一个区块实际上代表的是一个账户或用户，而不是一个数据元素。因此，每个人在链中都有自己的区块。根据区块链（或区块链产品）的设计，用户在访问和更新链中其他区块的方式上可能拥有平等或不平等的权利。所有区块都包含交易的日期、时间和金额等信息。实际上，区块链架构充当修改后的链表，旨在跟踪交易而不是链接数据元素。出于这个原因，这个区块链是一个完美的管家解决方案，通常被称为基于账本的技术。

账本这个词真正来源于会计行业，账本的创建是为了跟踪通常被称为借方和贷方的详细交易。在任何给定的时间，会计师只需将所有交易金额项相加和相减，就可以计算出任何账户的余额。账本的重要特征在于其审计追踪功能，确保了对构成余额的每笔交易的了解。它始终像一个运行总数一样起作用。账本还必须具备每次重新计算余额的能力，以便测试给定余额的准确性。此外，账本中每笔交易的来源日期都有记录。在区块链中，账本就是账户；每个账户在链中都有一个唯一的账本。任何账本中的另一个重要因素是不允许修改任何交易。例如，当你需要调整一个会计分录时，你不能直接修改原始交易或分录，而是输入修改余额的"调整"分录。因此，在账本中，你只能创建或读取交易，但不能修改或删除！区块链遵循这一规则，这就是为什么它提供了两个重要的好处：①对区块中的所有行为进行完整的审计跟踪；②你不能逆转或修改交易，这确实限制了黑客。因此，每个区块链条目都被记录下来，而一个区块则存储了每笔交易的相关授权和日期/时间信息。

在区块链中，用户账本是通过"哈希"值密钥来识别的。哈希值是一个基于随机计算的数字，极难破译，因此它为区块链增加了强大的安全性。区块链的每个成员都可以访问所有区块，并在其驻留网络系统上保留区块链的单独副本。这意味着当一个区块被更新或添加一个新区块时，每个副本都必须更新，这当然又带来了性能延迟的挑战。然而，由于区块链没有中央控制副本，因此黑客很难操纵每个副本。这正是区块链为建立能保护用户的互联网架构带来希望的地方。

区块链协议是建立在"共识"概念之上的。由于延迟问题，共识协议始终假定在区块链版本中，最长的链代表了用户最信任的链。因此，在不断发生更新的复杂和大型区块链中，最长的链通常是在任何情况下都是最新的那一条。当然，共识的重要性与进入链的新区块的大小和数量直接相关。区块链也分私链和公链。从公开的角度来看，任何人都可以查看区块链的内容，但如果没有私钥，就不能访问账户，因为私钥的作用就是允许用户将项目转移到区块中。另一个需要注意的重要因素是，区块链基础设施提供信任（更恰当的叫法应是对区块的访问），但不直接在区块或用户之间提供信任，因为这可以最大限度地提升区块链的安全效益。确保你是真正的授权人员访问该区块的方法有很多种，在任何区块链产品中都会实施以下六种常见的证明方式：

（1）工作证明：为了避免黑客攻击，采取的方法是要求网络设备进行证明，这涉及对黑客来说无法获取的复杂算法。另外，网络设备必须具备特定的配置和空间，才能完成这些算法。其中，工作证明通常是对开发者最具吸引力的证明。

（2）权益证明：这种方法要求用户证明他们拥有特定金额的资金。在比特币区块链中，这种方法更为常见，因为它涉及加密货币的交易。简单来说，交易的所有者必须证明他们真正拥有他们打算交易的资金。

（3）持有证明：根据持有币的时间长短，用户拥有更多的权利。

（4）委托权益证明（DPOS）：这种方法允许被称为代表的用户在网络上生成新的区块。代表们会根据其他代表投给他们的最高票数来分配区块。委托权益证明在评估对区块链的访问时发挥重要作用，尤其是当拥有多个区块或账户的情况下。

（5）容量证明：这是要求用户以解决谜题的方式来完成挑战的算法。请求者拥有更多的存储空间可以更快地解决这个谜题。这个谜题是由服务供应商创建的。

（6）用时证明：用户被随机分配一个等待时间。那些等待时间较短的人首先获得访问权。

正如人们所看到的，这些访问证明非常有效地阻止了黑客，而不是阻止那些拥有用户权限的人。这就是区块链作为一种解决方案如此具有吸引力的原因，尤其是在物联网应用方面。

7.2　区块链增长预测

据预测，区块链技术的发展会有巨大的增长。德勤在 2019 年对 7 个国家的 1000 家公司进行了调查，发现 34% 的公司已经有区块链产生，另有 40% 的公司计划在 2020 年投资 500 万！这种兴趣的爆发在很大程度上可以归因于三个因素：

（1）2009 年比特币的推出是第一个成功的区块链实现。

（2）5G 的到来，解决了区块链架构的延迟诟病。

（3）需要能够保护物联网网络安全的基础设施。

肯定有一些特定行业是较早采用区块链的，特别是银行、医疗保健、财产记录、智能合约和投票等。

尽管区块链代表了一种有利于物联网设备的去中心化解决方案，但仍有一些具体的优点和缺点需要考虑：

优点：

❑ 验证的准确性。

❑ 消除第三方验证，降低了成本。

❑ 去中心化，实现了安全性。

❑ 透明度高。

❑ 物联网和 5G 功能。

❑ 可扩展性。

❑ 可审计性和可追溯性。

❑ 更好地访问数据。

缺点：

❑ 技术成本增加。

❑ 延迟和性能问题仍然存在。

❑ 对黑客具有吸引力。

❑ 结果的历史很短。

正如上面所看到的，尽管存在一些缺点，但区块链似乎有更多的优势，希望它能发展成为下一代新的架构设计。

7.3　区块链的分析和设计

许多区块链决策都集中在两个领域：①需求分析以确定区块链实施的可行性；②关于区块链本身的规则和基础设施治理的架构决策。虽然我将提供这两个问题的示例，但本节的重要目标是定义分析师在此过程中的责任，因为它与系统开发生命周期有关。

总的来说，评估区块链的应用案例时，首选的方法是设定和选择合适的区块链设计。区块链的应用案例必须首先关注一个行业中常见的特性和功能。随着特定行业的发展，可能还涉及处理规定、技术要求以及智能合约、加密货币和法律限制等方面。所有这些都必须是分析功能的一部分。此外，数据要求和响应速度是关键的技术问题，推动了区块链解决方案的可行性及可选择性。因此，这不仅仅是可行性，而是区块链本身的整体构造。尽管在金融行业，人们仍可以看到为什么区块链虽然很有吸引力，但当涉及性能容量和可扩展性的延迟问题时却值得关注。除此之外，分析师还需要考虑每个区块内的交易大小和存储需求。表 7.1 列出了分析师需要准备捕捉和记录的通用区块链业务流程需求。

表 7.1　通用区块链业务流程需求定义

通用需求	描述
数据存储	块内 / 块外
模式位置	在移动网络、物联网等中的关键节点位于何处
网络带宽	不同代际的功率（5G、4G 等）
区块链类型	公有链、私有链、混合链、联盟链
客户体验因素	用户友好性、健壮性和可访问性
系统总体目标	具体目标描述
参与者	人和机器对机器
权限级别	可信的、去中心化的
外部系统互联	其他网络
数据结构	外部接口
内部功能	编辑器
测试	安全评估
外部子系统	用户故事、插入新区块、系统验收测试、用户界面
前提条件	成为参与者的要求

本质上，分析和设计中的区块链类似于交易处理器的许可。这几乎就像为汽车选择一种发动机类型一样。发动机具有不同的功能和限制，具体取决于你希望拥有的汽车类型以及你希望如何驾驶汽车，诸如油耗、提速能力、耐用性、可靠性以及换挡方式等。为了安装区块链发动机，你还必须了解安装产品的最佳方式。安装又需要反映行业要求、性能偏好和监管限制。选择最终的区块链供应商和许可产品时，所需的设置是考虑因素之一。与所有第三方供应商一样，每个供应商在其许可产品中都有优缺点。当然，每个供应商都认为自己的产

品是最好的，但对于特定行业（如金融市场），可能有更适合的区块链选择，比如比特币。

在选择产品后，存在着数百个行业和技术应用案例原型，可帮助分析师进行区块链的安装和设置。这些案例原型甚至可能成为决策过程的一部分。举个例子，供应商不支持你行业所需的某个功能。Yrjola（2019）提供了一个关于公民宽带无线服务频谱的设计路线图示例用例。他的模型还包括接口流程图、交易生命周期流程以及设置区块链的决策图，如图 7.3 所示。

用例	共享写操作权限	信任缺失	去中介化	交易互动	保密性
SAS-SAS数据交换	+	+	+	+	混合
SAS市场	+	+	+	+	混合
感知即服务	+	+	+	+	混合
元素追踪	+	+	+	+	混合
中立主机	+	+	+	+	混合
运营商漫游	+	+	+	+	混合
CBSD测量	+	−	−	−	私有
FCC数据库	−	−	−	−	私有
ESC传感	+	+	−	−	私有

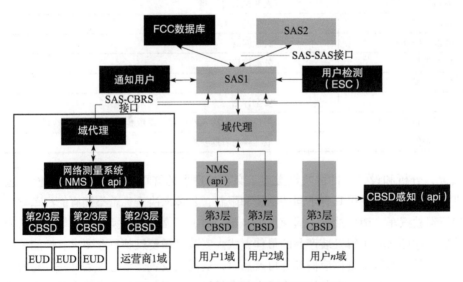

图 7.3　Yrjola 宽带无线服务频谱区块链

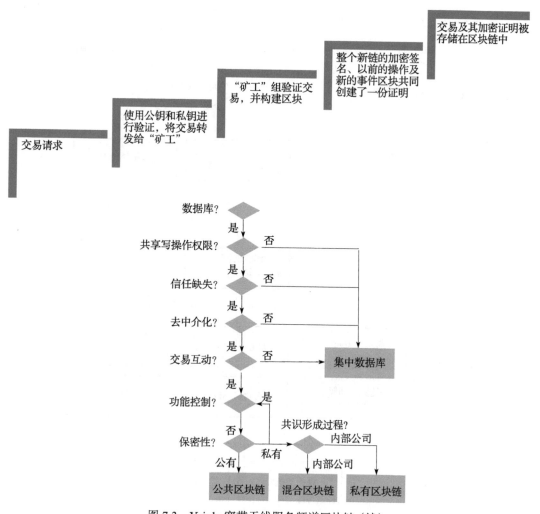

图 7.3　Yrjola 宽带无线服务频谱区块链（续）

另一种确定需求的建议方法是设计过程流，它是一种描述用户进入系统时发生的事件顺序和流程定义的决策树 / 数据流图。Xu 等人（2017）提供了一个示例设计过程，展示了分析师如何在图 7.4 中记录需求和逻辑流程。这样的逻辑流程设计也不可避免地揭示了对数据元素的需求。

区块链设计可以借助本书前面介绍的传统分析工具。Marchesi 等人（2018）创建了一个区块链智能合约系统的设计文档，其中涵盖了各种敏捷分析工具。他们的方法可以作为通用区块链系统开发生命周期的指南。在他们的解决方案中，作者采用了 UML 方法，但分析师可以选择任何结构化分析方法。

第 1 步：以几段话的形式说明系统的目标。

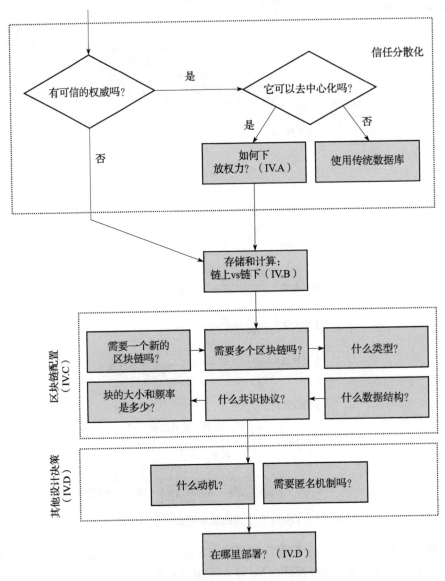

图 7.4　Xu 等人基于区块链的系统设计流程

第 2 步：确定最终代表输入和输出边界的参与者（人和机器）。

第 3 步：创建一个开发流程图，如图 7.5 所示。

第 4 步：使用高级用户故事视角编写系统开发需求，同时使用像散文一样生动的写作手法和用例图，如图 7.6 所示。

第 5 步：将用户故事视角转换为对象类图，如图 7.7 所示，其中显示了实体、数据结构和操作。

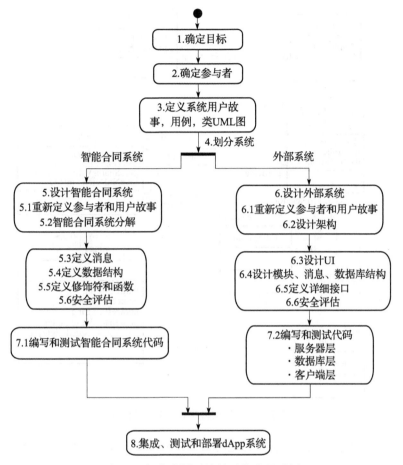

图 7.5　智能合同系统的开发流程示例

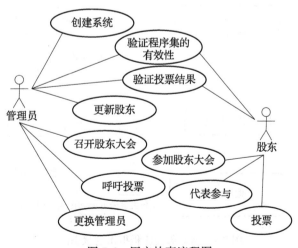

图 7.6　用户故事流程图

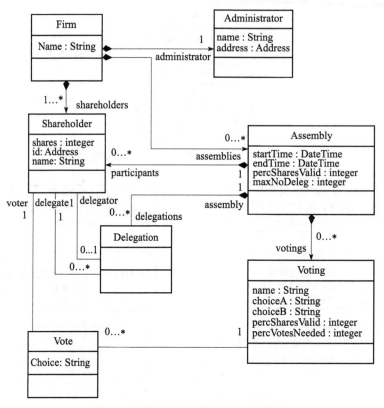

图 7.7　从用户故事中得出的对象类图

第 6 步：绘制状态转换图，显示可能的状态以及哪些流程会导致状态变化。图 7.8 中的例子反映了 UML 风格的状态图。

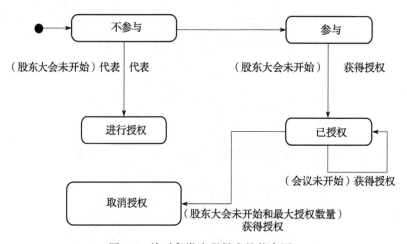

图 7.8　从对象类流程得出的状态图

第 7 步：根据用户故事视角创建功能的过程规范，如表 7.2 所示。

表 7.2　从用户故事中获取的功能的过程规范

功能	编辑器，参数	操作说明
构造函数	string nameFirm string nameAdmin（string nameSh. address addrSh, unit 16 noShares）	创建投票管理合同 输入公司名称、管理员姓名，以及每个股东的姓名、地址和股份数量。添加新股东，提供姓名、地址和股份数量
添加股东	onlyOwner string nameSh address addrSh unit16 noShares	增加一名新股东，提供姓名、地址和股份数量
删除持股	onlyOwner address addrSh	删除指定股东，并提供其地址。只有在股东没有主动参与股东大会的情况下才能执行
编辑股东	onlyOwner address addrSh string nameSh unit16 noShares	更新指定股东，提供其地址（不能更改）、姓名和数量。只有在股东没有积极参与股东大会的情况下才能进行
变更管理员	onlyOwner address newOwner string nameAdmin	提供新管理员的地址和姓名
召集会议	onlyOwner	召集会议，说明股东大会的开始、结束日期和时间，提供简短描述，规定股东大会有效所需的最低持股比例，以及单个股东可以获得的最大授权数量。现有会议不能与新会议重叠
添加投票	onlyOwner	向给定的会议添加投票通知，指定投票的名称、需要选择的两个选项，以及进行有效投票所需的最低投票股份比例和最低投票数。股东大会必须尚未开始
参加	onlyShareholder	在给定的会议中，如果股东大会尚未开始，并且发送者还未被授权给其他股东，或者已经注册过了，那么发送者可以参与注册
代表	onlyShareholder	将参与指定会议的权限授权给其他股东，前提是股东大会尚未开始，发送者尚未注册或未被授权给其他股东，被授权的股东已经注册参加该会议，并且尚未达到授权人数的最大限制
投票	onlyShareholder	根据给定投票中的选择进行投票，前提是发送者正在参与该投票所属的股东大会，并且该会议已经开始但尚未过期，且该投票尚未被投过
验证有效性视图	OnlyOwnerOrShareholder	读取参加给定股东大会的股份总数，并检查是否已达到最低数量。该股东大会必须已经结束
读取结果视图	OnlyOwnerOrShareholder	读取投票结果（选择 1、选择 2 或没有选择）。该股东大会必须已经结束
删除合同	onlyOwner	永久删除合同

Marchesi 等人的示例展示了在典型智能合约区块链的系统开发生命周期中需求文档的样貌。尽管可能会有很多变化，但重要的是要认识到传统分析工具在区块链引擎中的嵌入方式，该引擎将被插入任何复杂系统所需的各种其他过程和数据接口中。

7.4 总结

区块链是使物联网成为可行且安全引擎的重要架构组件，可以被整合到复杂的系统中。本质上，区块链充当使用会计账本的系统来验证和记录交易，以防止黑客攻击。没有这个引擎系统，物联网无法在各个行业和特定技术中广泛应用。尽管我们仍处于区块链发展的初级阶段，但预计会涌现许多第三方区块链产品，为特定行业相关产品的处理提供架构支持。

然而，我们要意识到延迟问题仍然是一个重大挑战。从更新过程来看，区块链架构的理念与旧的 IBM 令牌环结构非常相似。作为对网络设计的回忆，IBM 的计算机节点必须按照一个循环环形结构依次进行更新。然而，问题在于这种网络设计过于缓慢，无法成为联网个人计算机的可行解决方案。图 7.9 展示了 IBM 令牌环架构。区块链架构将个人计算机替换为区块。尽管更新区块比令牌环网络结构要快，但在扩展性方面仍然面临挑战，尤其是在移动网络系统中。虽然 5G 技术将使区块链更加可行，但在大型移动网络中的可扩展性可能仍然会限制其广泛应用。下一章将讨论一些潜在的解决方案，以最终增加处理能力，支持更可扩展的区块链开发。

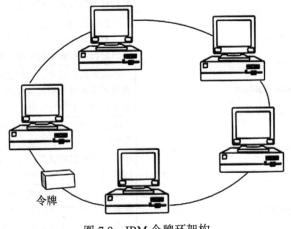

令牌

图 7.9　IBM 令牌环架构

7.5 问题和练习

1. 解释区块链与链表之间的关系。

2. 哈希值是什么意思？

3. 比较区块链的优势和劣势。

4. 区块链分析和设计的两个主要目标是什么？

5. 用例与区块链分析有何关系？

6. 用例图、散文写作和小程序之间有什么关系？

7. 小程序和伪代码之间有什么关系？

8. 如何使用用户故事视角来完成区块链建模工具的需求？

9. 状态转换图和区块链有什么关系？这点为什么很重要？

10. 为什么区块链架构在基于移动的物联网系统的设计中如此重要？

量子计算、人工智能、机器学习和云计算

正如第 1 章中所讨论的，量子计算虽然还未扩展，但它有潜力改变计算的处理能力，特别是机器学习和人工智能处理方面。在不涉及详细的硬件技术的情况下，量子计算的关键优势在于它可以同时评估许多潜在答案（叠加态），从而极大地提高计算速度。传统计算机的行为是逐序进行的，而量子允许多个计算同时进行，但这又同样产生了一个相关问题。这就像拥有多个处理维度，但却以某种方式提供了同一个解决方案。这既有优势，也有劣势。具体来说，量子计算对某些类型的计算问题提供了价值。但当算法不适合量子计算时，与传统的基于二进制的计算机相比，并没有性能上的提升。因此，量子计算的真正好处在于处理不确定性的问题，这些也被称为"量子算法"，可以以多种不同的方式解决复杂的方程。举例来说，由美国电话电报公司（AT&T）贝尔实验室的 Peter Shore 创建的因式分解的量子算法，证明了量子计算机可以在几秒钟内将大数分解成质因数，而传统计算机可能需要很长时间才能完成相同的任务。这种优势尤其适用于机器学习和人工智能领域的性能改进，因为这些领域需要处理大量的数据来解决问题或进行复杂数据集的分析。因此，可以明显看出量子计算是一种非常具有吸引力的替代方案，能够加速计算并在预测分析问题上获得惊人的结果。想象一下，当我们需要分析疾病的原因，或者在智能城市、交通系统、照明、计量设备、公共事务、建筑等领域进行最大化优化时，量子技术所带来的价值是巨大的。量子计算可以同时进行这些计算，并且仍然保持彼此之间的关联（称为纠缠）。相比之下，传统计算机需要逐个按顺序分析每个计算，最终限制了可扩展性。

8.1　数据集

借助巨大的处理速度，量子计算得以更快地分析和更好地整合分布式大型数据集。这

是通过广泛搜索和确定数据中存在的模式来实现的，否则这些模式将无法对业务应用产生影响。此外，量子计算机扩展了对大型数据库的检索能力，这些数据库可以分布在多个网络和机器平台上。最后，它可以对数据集、数据库和其他数据结构进行调查，以提供有价值的概率相关性。随着量子计算的发展，它可以显著改变硬件架构，加速物联网设备的普及，从而可能改变公司利用数据获取竞争优势的方式。

8.2　物联网和量子

根据 *Economist* 杂志的文章"Business Insider Intelligence"（2018）预测，到 2023 年，全球范围内将安装 400 亿台物联网设备。这将导致每天产生大量的数据。分析师面临的挑战是如何有效处理这些数据，并最终生成有用的信息和知识。对于物联网安全的重要性，我已经做了明确的强调。随着物联网设备开始生成可能非常敏感的信息，我们需要进一步考虑这一重要性。因此，为了充分发挥物联网的潜力，保护消费者数据的机密性不可或缺，甚至需要提供保证。量子计算机的另一个有趣的优势是利用量子反馈算法使用密码学生成安全系统，而这些算法需要非常庞大的机器来支持。正如之前提到的，这些机器通常不容易被黑客入侵。然而，从理论上讲，量子密码学应该能够生成完全随机、唯一且不可复制的密钥。利用量子计算的速度，每次交易都可以生成一个唯一的长密钥。

8.3　人工智能、机器学习和预测分析

在确立了量子计算的作用是帮助处理海量数据之后，下一个挑战是确定如何收集数据、存储数据，以及需要哪些算法来获取有价值的信息，以进行预测。人们必须接受这样一个事实，即庞大的数据量已经超出了人类从中获得有意义的预测数据的能力。

过去，获取数据并分析数据以进行预测需要拥有在数学、统计学和计算机科学等领域接受过培训的人员。然而，现在已经有了先进的应用程序接口（API），使得非技术人员也能够获得结果。因此，分析师需要重新思考数据，特别是确定数据的作用以及应该存放在何处。

预测分析的策略正在迅速变得更加关注人工智能的机器学习组件。这种发展的原因很简单：大多数组织可能对自己所拥有的数据并不了解或理解。是的，他们可能了解其所存储的业务要素，但机器学习提供了全新的机会。举例来说，许多商业环境被划分为不同的功能单元或部门。这些部门内的人员通常被隔离开来，他们了解自己的数据，但对其他部门中的重要相关数据知之甚少。这些数据不仅可以为各自的部门提供价值，还可以为整个业务提供价值。因此，他们对应该搜索什么并不清楚，因为他们了解的机会很有限。此外，大量信息往往没有以易于理解其价值的方式进行存储。交易数据会更新数据库，然后用于报告和分析的信息收集。这在涉及消费者的不同类型交易数据和由其行为产生的数据时尤其如此。任何在亚马逊或其他消费类网站上花过时间的人都有过这样的体验，即网站会根据他们的搜索行

为向他们推荐其他相关产品。这些行为以交易的形式存储，然后作为数据集输入，可以通过机器学习算法进行分析。

任何新软件机会的出现都会伴随着一些潜在的挑战，机器学习也不例外。以下是一些可能会发生的挫折：

（1）缺乏可靠且可推广的交易或示例，以得出结论。

（2）相似的输入有时会产生不同的输出。要进行有效的预测，输入和输出之间必须存在清晰的关系。

（3）当数据元素没有被适当定义时，数据分类错误就成了一个致命的问题，我们都亲眼看见了其中的困扰。

（4）在使用案例时，如果未考虑到某些因素对消费者习惯造成影响，就会出现错误或不适当的示例。我们可以看到当这种情况发生时，某些因素被忽略了，而这些因素本应在用例中考虑到。

（5）将数据进行标记，然后对其所有关系进行分类是一个具有挑战性的任务。

（6）在实施自然语言处理时，我们面临一个挑战，即如何将纯文本输入转化为分类的输出。具体而言，问题是如何将文本输入转化为正面或负面等输出值。

有两种类型的机器学习算法：

（1）训练：从实例中学习模型。这种算法也称为学习算法，因为它检查输入和输出的集合，并基于数据集创建一个新模型。

（2）预测：采用具有新输入的现有模型，并返回输出值，如图 8.1 所示。

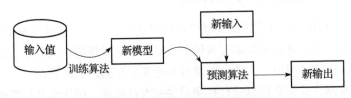

图 8.1　对预测算法的训练实例

图 8.1 提供了一种预测数据集中可能缺失的值的简单方法。这种情况通常出现在遗留数据或先前版本应用程序数据的转换过程中。通过检查新的应用程序数据，并利用机器学习建立一个模型，可以预测在旧系统中缺失的元素是什么，如图 8.2 所示。

旧数据库记录上的遗留项

姓氏	名字	平均成绩

新的数据库记录

姓氏	名字	平均成绩	毕业率

图 8.2　使用机器学习训练和预测算法更新遗留的数据元素

图 8.2 中，遗留系统没有存储或捕获学生的毕业率，而在新的系统中，添加了一个数据元素来捕获学生的毕业率。当进行遗留记录转换时，机器学习可以使用训练算法来检查 GPA 分数和毕业率之间的关系，以确定在新系统中的记录之间是否存在相关性。如果这种相关性具有可预测性，并且新系统中的数据集足够大，那么预测算法可以通过学生在旧系统中的 GPA 分数推导出一个毕业率并进行计算。从这个例子中，我们可以看到训练算法可以间接地用于创建一个按序的预测模块。根据统计理论的形式，可以确定一个合适的数据集大小。

8.4　服务环境中的机器学习

机器学习可以被设计为云服务。在这种设计中，一个机器学习程序和数据集可以存储在一个独立且强大的服务器上（最好是使用量子处理器！），以提供所需性能来实现快速结果交付的能力。根据 Dorard（2014）的说法，这种类型的网络架构可以利用以下三种机器学习应用程序接口（API）进行开发。

（1）专业预测：这些 API 执行非常特定的任务，比如确定文本中的语言类型。专业预测 API 通常可以从第三方库中获取。由于这些 API 是具体而常见的，它们通常更容易实现。

（2）通用预测：这个 API 表示图 8.2 中展示的训练预测算法示例。因此，通用预测需要两个算法，一个用于根据之前的数据创建训练模型，另一个利用训练模型处理新的输入。通用预测 API 在回归问题（预测实际值的算法）中特别有效。

（3）算法 API：尽管与通用预测类似，但这些 API 更专注于特定问题，因此参数必须非常具体。事实上，可以将算法 API 视为专业问题解决者。如果没有专门的算法 API 可用，则可以通过添加训练数据来使用通用 API。

8.5　分析机器学习用例

分析师可以通过为开发人员提供用例类型来参与机器学习设计。Dorard（2014）提供了一个可遵循的格式：

❑ 谁（WHO）：这个例子与谁有关？
❑ 描述（DESCRIPTION）：背景是什么？我们想做什么？
❑ 提问（QUESTIONS ASKED）：如何用通俗的语言写出预测模型应该给出答案的问题？
❑ 机器学习问题的类型（TYPE OF ML PROBLEM）：分类还是回归？
❑ 输入（INPUT）：我们在预测什么？
❑ 特征（FEATURES）：我们考虑输入哪些方面？在它们的表现中我们有什么样的信息？
❑ 输出（OUTPUT）：预测模型的结果是什么？
❑ 数据收集（DATA COLLECTION）：如何获得样本输入 – 输出来训练预测模型？

❑ 预测如何使用（HOW PREDICTIONS ARE USED）：何时进行预测？一旦做出了预
测，我们该怎么做？

正如人们所看到的，分析师提供了一个需要回答的问题指南，而不是这些问题的答案。
显然，机器学习设计需要主题专家来回答这些问题，或者需要一个消费者 / 用户群来明确定
义输出需求。

以下是使用多拉德（Dorard）的定价优化示例，并提供了对问题的实际答案的使用案例：

❑ 谁（WHO）：店铺、商店和卖家。

❑ 描述（DESCRIPTION）：我们正在推出一种新产品，该产品属于已经在销售的现有产
品类别，我们希望预测如何定价这个新产品。例如，这个产品可以是一瓶酒店中的
葡萄酒，或者是一栋新的待售房屋。

❑ 提问（QUESTIONS ASKED）："在这个给定（且固定）的类别中，这个新产品应该定
价多少？"

❑ 机器学习问题的类型（TYPE OF ML PROBLEM）：回归问题。

❑ 输入（INPUT）：产品。

❑ 特征（FEATURES）：关于该产品的特定类别信息。在红酒瓶的例子中，这可能包括
产地区域、葡萄种类或来自葡萄酒杂志的评级。在房屋的例子中，这可以是卧室数
量、浴室数量、面积、建筑年代或房屋类型。我们还可以包括文本描述，以及（适用
时）制造成本和销售数量（总数或按时间段）。

❑ 输出（OUTPUT）：价格。

❑ 数据收集（DATA COLLECTION）：每当销售同一类别的产品时，我们记录其售价。
请注意，同一产品可能会被多次销售（或者不销售），并且以相同或不同的价格销售，
这会影响训练数据点的数量。

❑ 预测如何使用（HOW PREDICTIONS ARE USED）：根据预测模型给出的数值，我们
将产品的价格设定为该值（无须额外考虑利润率，因为这已经包含在训练数据的性质
中）。请注意，如果销售数量是其中的一个属性，我们需要对新产品进行手动估计，
然后才能进行预测。此外，由于价格可能会随时间变化，经常使用新数据来更新预
测模型是非常重要的。

8.6 数据准备

明显可以看出，数据质量是机器学习最为重要的方面，也是企业面临的最具挑战性的
问题。很多传统公司从 20 世纪 60 年代初的业务计算开始，就在多个系统中分散存储大量
数据。虽然这些公司在中央系统中积累了大量数据，但从 20 世纪 80 年代开始，在局域网
系统中存储的本地数据也非常庞大。此外，还有大量存储在个人计算机上的数据库，例如
Excel、Foxpro 和 Access 等桌面产品。同时，文本文件中存储着丰富的数据。尽管这个挑战

似乎令人望而却步，但随着先进的自然语言产品的发展已经取得了一些突破，能够从非格式化的数据中提取出有用的信息。然而，我的观点是，分析师需要更加关注数据分析而不是过程本身。随着物联网的普及，对于机器学习来说，数据清洗比过程分析更加重要。请不要误解我的观点，我并不是认为过程分析不再重要或不再必要，而是认为相较之前，数据质量需要获得更多的关注。因此，从分析师的角度来看，数据处理应该关注以下几个步骤：

（1）确定企业中的数据存储位置。

（2）了解数据集的不同格式和 / 或数据存储的文件系统类型。

（3）确定构成文件记录的每个数据元素的含义。

（4）识别基于文本的文件，并查看自然语言处理是否可以帮助定义机器学习算法所需的数据。

（5）从各个数据集中提取用于机器学习的数据元素。

（6）根据从数据中提取出的结果进行质量评估。

（7）自动化提取程序，并实施机器学习应用程序接口。

数据提取的另一个方面是决定是否将数据放置在中央存储库云系统中。尽管在理论上听起来总是可行的，但实际上这是一项艰巨的任务，往往无法实现其目标，原因有很多。因此，目前我们把强大的中央数据库留待以后的章节讨论。将所有内容合并的论点除了创建机器学习解决方案之外，还有更多的优点和缺点。

8.7　云

随着 5G、物联网、区块链和潜在的量子技术的兴起，云计算在追求更快速度、集中化和安全性方面扮演着至关重要的角色。然而，如何最佳地设计云架构却是一个挑战，也就是选择私有云、公有云还是某种组合形式。此外，一旦基础架构设计完成，还需要确定应用程序和数据集的部署方式。显然，将云计算部署在量子计算机上，以支持机器学习和人工智能处理以及改进加密技术，将带来巨大的优势。

云架构毫无疑问是一种复杂的服务导向架构。尽管许多分析师和设计师了解云的概念，但很多人不知道如何充分利用其配置。具体而言，云不应该被设计为一个客户端 / 服务器的分层和紧密耦合的系统。云必须是分布式的，尤其是为了支持物联网的新需求。因此，云架构必须与物联网的需求平行发展，并以函数原语的形式提供独立的应用程序，这些应用程序可以独立于任何给定的系统执行服务。图 8.3 展示了客户端 / 服务器架构和云架构之间的差异。

将现有系统转变为云环境的过程将在第 10 章中详细讨论，为了更好地理解上下文，这里提供这个问题的预览。从遗留系统向云迁移的转型的第一步是将数据与遗留应用系统进行"解耦"。只拥有自己数据的应用程序在私有或公有云系统中效果不佳。完成这种分离后，分析师需要确定在网络云系统中放置应用程序和数据的位置。在网络中的多个位置复制应用

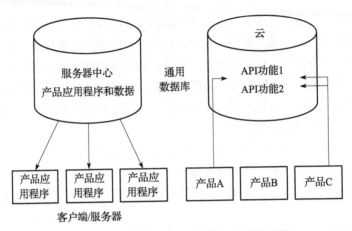

图 8.3　客户端／服务器架构和云架构的比较

程序更容易，但涉及数据时更加复杂。这两种分布式设备都可能具有显著的性能优势，特别是在确定应该将多少数据储存在边缘设备上时。显然，与更传统的客户端／服务器布局相比，数据集的分布对于区块链架构是非常基本的。另一个问题是，数据分布通常涉及敏感性和政策决策。许多公司可能对将数据存储在公有云上持敏感态度。在大多数情况下，性能是一个重要的决策因素，它仍然受到程序在处理过程中读取和写入数据库的数量的影响。虽然许多开发人员可以使用缓存系统来提高性能，但硬件延迟最终会影响设计决策。当然，拥有量子计算机会对延迟问题有所帮助，这取决于在服务器上执行的处理类型。总的来说，分析师的任务是尽量减少所有应用程序的输入／输出请求。请始终记住，计算机上最慢的操作仍然是硬件设备之间的通信交互。这种设计方法通常称为性能设计。事实上，研究表明，应用服务器的输入／输出函数过载可能会导致性能下降超过 80%！为了解决潜在的延迟问题，分析师应该配置监控工具，在高峰期处理期间可以用来调整负载均衡。

当然，性能决策中的另一个变量是安全保护的作用以及它在云分析和设计中的作用。我已经确定世界正在向移动化发展，而云是成功的无线基础设施的关键组成部分。然而，我们知道随着移动性的增加，网络安全风险也会增加。因此，云应用程序应该利用身份和访问管理来加强安全性。在设计过程中考虑安全性至关重要，特别是依赖于特定行业的风险协议，例如医疗保健领域的《健康保险流通与责任法案》(HIPAA) 合规要求。

8.8　云架构

建立成功的移动基础设施的一部分是设计适当的云架构，这取决于业务需求、技术服务要求以及可用的技术能力，如量子技术。根据这些变量，我们可以想象存在不同的云模型。根据 *Architecting Cloud Computing Solutions* 一书的摘录，我们可以考虑三种模型：基准模型、复杂模型和混合模型。

　　基准云计算被视为初学者的云架构的基础起点。基准模型是一种分层和分级的架构，大多数基准模型包含三个基本层级：Web 服务层、应用层和数据库层。每个层级都包含一定量的数据存储，具体量可能根据设计需求而有所变化。大多数云架构在某种程度上都涵盖了图 8.4 中展示的这三个层级的一些特点。

　　在基准架构中，有各种各样的配置。

　　（1）单服务器。这种设计由一个单独的服务器托管，可以是虚拟的或物理的，并包含上述三个层级。然而，由于这种架构中的一个层级可能会危及另一个层级，因此不建议使用它，否则会有安全风险。此外，由于这种设计不适用于移动部署，通常只限于作为内部开发机器使用。

　　（2）单站点。这种架构与单服务器具有相同的设计，唯一的区别是每个层级都有自己的计算机实例，从而提高了安全性，尽管所有资源仍位于同一台计算机上。单站点架构分为两种类型：非冗余架构和冗余架构。非冗余架构的设计主要是为了节约成本和资源，但容易出现"单点故障"。再次强调，尽管这种选项有多个实例，但不推荐在正式生产环境中使用。图 8.5 反映了这种设计。

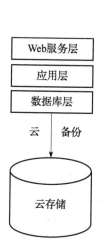

图 8.4　三层基准云架构

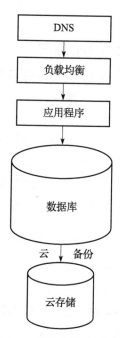

图 8.5　非冗余的三层架构

　　另一方面，冗余架构提供了故障切换和恢复保护的备份。因此，冗余设计提供了重复的组件，消除了单点故障，如图 8.6 所示。

　　显然，冗余架构更适用于生产系统，因为它具有多个处理决策能力，可以避免单点故障。

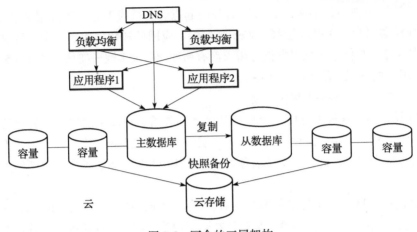

图 8.6 冗余的三层架构

复杂云架构解决了冗余性、弹性和灾难恢复等问题。复杂云架构的核心在于监控和调整多个站点之间的流量，并根据使用情况适当地进行负载平衡。存在多种类型的复杂云架构设计。

8.8.1 多数据中心架构

多数据中心架构允许分析师确定支持单站点和多站点设计所需的冗余基础设施的数量。分析师需要回答的主要问题有：

- ❑ 流量是如何被发送到一个或另一个位置的？
- ❑ 是否有一个活动站点和另一个备份站点，还是两个站点都处于活动状态？
- ❑ 如果发生故障，如何处理对主站点的故障恢复？
- ❑ 需要对弹性计划进行哪些更改？
- ❑ 在故障切换前后如何处理数据同步？

8.8.2 全球服务器负载均衡

这种架构允许对域名服务器（DNS）信息进行操作。域名服务器是电话簿或机器地址的互联网版本。全球服务器负载均衡（GSLB）可以在发生故障时进行预先计划。然而，尽管这种设计是有效的，但它的成本较高，并且通常需要人工参与。全球服务器负载均衡通常以公有云选项的方式提供，需要支付费用。图 8.7 展示了全球服务器负载均衡的配置。

8.8.3 数据库的恢复能力

这种设计提供了所谓的主动 – 主动数据库配置，具有双向复制能力，帮助保持两个数据库服务器上的数据同步。虽然这种设计增加了更多的复杂性，但也提供了更高级别的冗余和弹性。图 8.8 展示了这种设计。

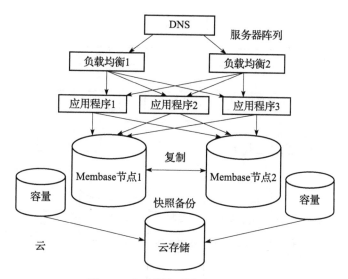

图 8.7　全球服务器负载均衡架构

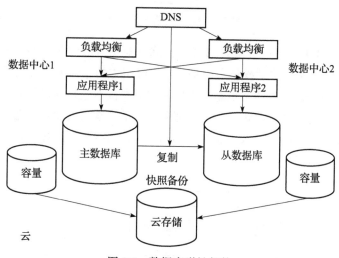

图 8.8　数据库弹性架构

数据库上的另一个选项是添加缓存功能，将数据保存在高速内存中。缓存选项利用基于算法的方式预测某些数据将会再次被请求。如果这种预测成功，它可以显著加快数据访问的速度。缓存的理念是，在一段时间内应用程序可能会对相同的记录进行多次输入和输出操作。图 8.9 展示了添加缓存内存的情况。

8.8.4　混合云架构

混合云是将私有云与一个或多个公有云服务结合起来的解决方案。混合云提供了更大的灵活性，因为你可以在多个云基础架构之间调整工作负载。另外，它还允许组织评估成本选择。

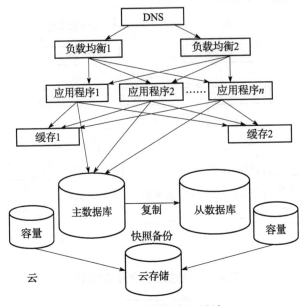

图 8.9　缓存数据库云设计

　　混合云可以通过提供多种故障转移选项，降低对站点故障的暴露。从很多方面来看，混合云对于物联网 / 区块链移动操作来说是非常有吸引力的，因为它可以提供冗余和多位置负载平衡。然而，复杂的架构通常也意味着更高的成本，不过通过利用第三方运营商来选择有竞争力的解决方案已经成为决策过程的一部分。除了成本和故障转移之外，灵活性也非常重要。混合云允许所有者在私有云中获得保护的同时，当需要更多容量时可以扩展到公有云中。这种模型如图 8.10 所示。

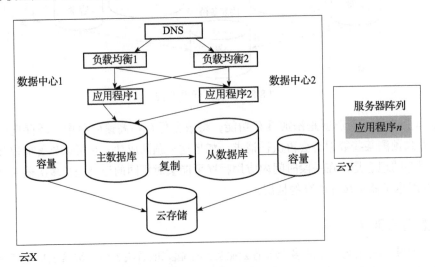

图 8.10　混合云架构

8.9　云、边缘和雾计算

随着物联网设备的普及，组织需要在边缘设备上存储更多的数据。边缘设备和其他网络设备需要与更为集中的云操作进行接口，这种被称为雾计算的新技术应运而生。雾计算的目标是在高峰需求期间将性能最大化，并保证可扩展性选项。许多组织考虑将它们的 IT 基础设施与其他数据中心合并，以节约成本。然而，需要注意的是，尽管边缘设备和云是当前的选择，但量子计算的潜在崛起，无疑将为存储和分析大量有价值的消费者数据提供一种有吸引力的补充方式。

8.10　问题和练习

1. 定义和描述量子计算。
2. 量子架构有哪些优势？
3. 量子架构与人工智能和机器学习有什么关系？请明确列出。
4. 量子密钥和哈希密钥是什么关系？
5. 什么是数据集？描述不同类型的集合。
6. 为什么预测分析如此依赖人工智能和机器学习？
7. 应用程序接口（API）如何提高预测分析的性能？
8. 机器学习有哪些缺点？
9. 什么是自然语言处理？它与数据集的关系是什么？
10. 定义两种类型的机器学习算法。
11. 从遗留数据更新数据元素时面临的挑战是什么？
12. 机器学习为数据库规范化带来了哪些困境？
13. 什么是云架构？为什么它对于基于移动的架构如此重要？
14. 比较客户端 / 服务器架构和云架构。
15. 为什么混合云架构如此吸引人？
16. 什么是雾计算？

Chapter 9 | 第 9 章

分析和设计中的网络安全

9.1　概述

　　构建更具弹性、能够更好地防御威胁的应用程序是一项具有挑战性的任务，这需要通过决策来解决曝光和风险问题。众所周知，没有任何系统可以得到百分之百的保护，这需要分析师在设计应用程序和系统时做出关键性决策。事实上，安全访问不仅对进入系统进行限制，还包括单个应用程序级别的安全。分析师如何通过良好的设计来参与安全应用程序的设计过程呢？众所周知，许多网络安全架构是由首席信息安全官办公室（CISO）设计的，这是组织中的一个新兴的角色。由于早期来自互联网的安全威胁、"9·11"恐怖袭击以及最近JP 摩根大通（JP Morgan Chase）、索尼（SONY）、家得宝（Home Depot）和塔吉特（Target）等公司遭受的大量系统信息泄露事件，使得独立于首席信息官（Chief Information Officer，CIO）之外的首席信息安全官办公室的角色变得越来越重要。

　　网络安全的挑战远远超出了架构的范畴。它涉及解决公司使用的自动化供应链中第三方供应商的产品，更不用说遗留应用程序的访问了，这些应用程序没有在较旧且弹性较差的技术架构中内置必要的安全性。为了应对这些挑战，组织需要采取企业级网络安全解决方案，以满足整个组织的需求。这种方法针对第三方供应商的设计和遵从性。因此，网络安全架构需要与公司的系统开发生命周期集成，特别是在包括战略设计、工程和运营在内的多个步骤中。目标是使用一个适用于所有这些组件的框架。

9.2　S 曲线中的网络安全风险

在第 2 章中，我们讨论了 S 曲线的重要性及其在确定需求来源时与准确性风险的关系。在网络安全架构的设计中也需要考虑 S 曲线。如上所述，在设计网络安全攻击防护时，不存在百分之百的保护。因此，在决策过程中必须考虑风险。许多安全专家经常问业务主管这样的问题："你期望多高的安全性，以及你愿意为此投入多少成本？"

当然，鉴于近期受到影响的公司的重要程度，我们对成本增加的容忍度要高得多。本节提供了利用产品在 S 曲线上的位置来确定适当安全风险的指南。

一般讨论安全风险时，通常以威胁的形式进行。根据 Schoenfield（2015）提出的分类，威胁可以被归类为以下几种类型：

（1）威胁来源：威胁来自哪里？由谁发起攻击？

（2）威胁目标：威胁者希望获得什么？

（3）威胁能力：威胁的方法或使用的类型可能是什么？

（4）威胁工作系数：威胁者愿意投入多少努力来渗透系统？

（5）威胁风险容忍度：威胁者为了实现其目标愿意承担多大的法律风险？

表 9.1 展示了一份指南。

表 9.1　威胁分析（Schoenfield，2015）

威胁来源	目标	风险承受能力	工作系数	方法
网络罪犯	金融	低	低到中	已知和证明

根据威胁及其相关的风险和工作因素，将为安全设计提供重要的输入，尤其是在应用程序设计级别。设计中的此类应用程序安全通常包括：

（1）用户界面（登录屏幕，访问应用程序的特定部分）。

（2）在线系统中的命令行界面（交互性）。

（3）应用程序间的通信，即数据和密码信息如何在跨系统的应用程序之间传递和存储。

9.3　网络安全分析中的分解

流程图和数据库范式化并不是功能分解的唯一工具。分解的概念与防御攻击的系统架构关系密切。简而言之，在功能分解的应用程序级别使用集成安全性可提升保护能力。但是，此级别的安全性不会消除威胁暴露，而是会降低风险。图 9.1 展示了分解过程中如何在各个级别实现安全性的方案。

图 9.1 展示了分析师需要如何做才能确保在包括前端界面、应用程序和数据库在内的多个层面上存在多种安全程序。这种安全级别是为了对威胁入侵系统的方式提供最大数量的抵抗力。事实上，一旦病毒进入，它就可以通过系统的多个部分找到它的进入路径——入口点

充当进入系统环境的网关。一些潜在入口点可能需要特殊的第三方应用程序来发现，但这些决策应与网络安全团队讨论。分析师必须继续关注系统的逻辑视图。

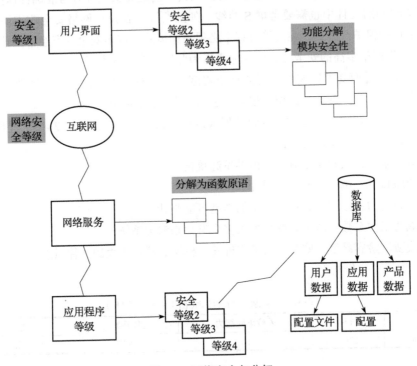

图 9.1　网络安全与分解

在每个分解的层次上，分析师应该考虑潜在威胁的具体清单。每个级别的安全接口数量以及所需的安全程度，将取决于实施的风险和相关成本。在确定安全级别之前，重要的考虑因素始终是它对用户界面和系统整体性能产生的影响。

9.4　风险责任

Schoenfield（2015）建议组织中的某个人担任"风险负责人"的角色。由于可能有许多风险负责人，这个角色可能会对系统的设计方式产生复杂的影响。例如，在当今许多组织中，最高风险负责人与首席信息安全官办公室或网络安全信息系统管理员有关。但是，许多公司还聘请了首席风险官（Chief Risk Officer，CRO）。这些角色的职责各不相同。

应用程序设计级别的风险分析需要不同的治理方式。应用程序安全风险需要企业和消费者共同参与，并整合到公司的风险标准中。具体而言，多级安全通常需要用户重新输入安全信息。虽然这可以最大限度地提高安全性，但通常会对用户体验和系统界面的稳定性产生负面影响。考虑到多层验证，显然也会牺牲性能。对于这一困境，没有一个绝对正确的答案，除非网络安全算法变得更加隐形和复杂，否则更多的安全检查点将降低用户和消费者的满意度。然而，即使采用这种方法，也可能削弱保护能力。与所有分析师一样，应用程序设计对 IT 团队、业务用户都提出了挑战，并且现在的消费者都必须参与决策，以决定需要多少安全性能，尤其是在 5G 和物联网时代。

正如我的哥伦比亚大学同事史蒂文·贝洛文（Steven Bellovin）在他的著作 *Thinking Security* 一书中所指出的，安全是一种心态。对我而言，这种心态与我们如何建立安全文化有关，以使分析师能够制定与新系统和现有系统相关的组织安全策略。根据 Bellovin（2015）的说法，如果我们获得分析师职位，并在我们的应用程序中设定安全目标，那么其中的一些关键问题将是：

（1）保护系统的经济效益如何？

（2）在你愿意花费的金额范围内，你能获得的最佳保护是什么？

（3）通过花费这笔钱能拯救更多的生命吗？

（4）你应该保护什么？

（5）你能估算保护你的资产需要多少投入吗？

（6）应该保护网络还是主机？

（7）你的云计算足够安全吗？

（8）你会推测入侵事件的可能性和成本吗？

（9）如何评估你的资产？

（10）你会像对手一样思考吗？

网络安全分析和设计的关键是认识到它是动态的，攻击者具有适应性和不可预测性。这种动态需要不断地变化架构，同时受影响的系统和复杂性也随之增加。因此，分析师必须参与到概念模型中，其中包括业务定义、业务流程和企业标准。但是，分析师还必须参与逻辑设计，它包括两个子模型：

（1）逻辑架构：描述了管理系统中各类信息所需的不同数据域和功能之间的关系。

（2）组件模型：反映了系统中提供各种功能的各个子模型和应用程序。组件模型还可以包括与系统接口的第三方供应商产品。组件模型在许多方面与分解过程一致。

总之，网络安全的分析和接口设计是一项复杂工作。它必须要利用高级和分解的图表，这些图表是构成安全需求的特定硬件和软件的参考。安全是相对的，因此分析师必须与首席信息安全官办公室、执行管理层和网络架构师密切配合，以在系统受到威胁时及时了解威胁和修复程序。

9.5 制定过程系统

当今，评判分析在软件生命周期中的作用确实是一个重要的挑战。人们普遍批评软件开发项目和人员缺乏纪律，而且我们的行业在按时交付优质产品方面的声誉并不理想。这一点在遭受网络安全攻击时表现得更加明显。尽管许多组织都有标准的过程（procedure），但很少有人真正遵循，而且很少有人能够衡量软件开发的质量和生产力。在实施生命周期之前，应首先制定过程系统，以确保其得到遵守。这些过程也需要进行持续的衡量。本书的重点仅限于提供一组适用于分析和设计功能的过程。

在组织中制定可衡量过程必须从参与其实施的人员开始。标准过程不应由高层管理人员创建，因为这些步骤将被视为控制机制，而不是质量实施。那么，我们如何让实施者创建标准呢？在研究这个问题时，我们必须参照其他行业，观察它们如何执行它们的标准。计算机专业人士与许多其他专业人士之间的第一个主要区别是，他们缺乏像美国医学协会（AMA）或美国注册会计师协会（AICPA）这样的标准管理委员会。如前几章所述，似乎不太可能在不久的将来成立这样的管理委员会。然而，更仔细地研究这个问题，我们仍然可以深入研究管理委员会的根本价值。标准管理委员会的真正作用在于建立行业的道德和专业责任。会计师、律师和医生将自己视为承担此类责任的专业人士。这并不意味着管理委员会可以解决所有问题，但至少他们可以提供帮助。无论是否存在标准管理委员会，组织内的分析师都必须相信他们属于某个行业。一旦出现这种认知，分析师就可以创建必要的过程来确保他们自己的职业质量。但将自己视为某行业一部分的分析师并不多。

如果分析师能够创造这种水平的自我实现，那么团队就可以开始制定质量过程了，这些过程可衡量未来的改进。标准过程应由团体本身以及集成到组织软件生命周期中的流程来管理。分析师应该鼓励其他部门遵循相同的过程来实施他们各自的质量过程。

9.6 物联网与安全

物联网和安全之间仍在寻找良好的关系。具体而言，这面临一系列的挑战，包括配对设备的安全性、链接的加密、设备的注册和认证、密钥和一般敏感信息的更新。正因为如此，尽管物联网具备许多优势，但也给安全带来了一系列独特的挑战。尽管网络安全问题在不同地区和行业可能有所不同，但物联网最重要的安全风险与其去中心化架构有关。此外，由于物联网是基于设备的，许多网络问题都掌握在构建和支持这些设备的第三方供应商手中。结果便是物联网迫使公司制定新的安全策略。这一安全挑战是分析师的另一项活动。

可惜的是，现在还没有保护物联网的标准。鉴于公有云和私有云在不同的部门和国家运行，这尤其令人不安。当然，另一个值得关注的领域是如何将物联网安全与遗留系统相整合。许多组织已经考虑通过"改造"来整合旧系统与基于移动的新架构。事实上，考虑到构建新系统的替代成本，改造是很有吸引力的。但保留旧系统最终会增加安全风险，因此公司需要评估风险并探索所有的选择。

然而，物联网去中心化的一个好处是它创建了更松散耦合的系统，它们的独立性降低了整个系统出故障的可能性。因此，物联网环境中的组织可能只会面临部分故障。此外，由于物联网和区块链架构中内置的冗余，分析师实际上可能应该拥有更强故障切换的能力。这从第 8 章提供的云架构数量可以明显看出，其中许多是为了应对电源或硬件故障以及网络安全攻击等问题而构建的，以便支持部分故障切换。

但网络问题不仅限于宕机的情况，它还涉及保护数据，尤其是保护消费者的数据。此外，由欧盟（EU）主导的各种重要法律，如通用数据保护条例（GDPR）[⊖]，对于数据泄露和系统被攻破的情况也有着严厉的处罚。

网络安全和分析师的角色与职责

运营分析师需要考虑承担以下角色和职责：

（1）应用面向服务的安全架构原则来满足组织的机密性和完整性。

（2）确保所有安全程序都已记录，并定期正确更新。

（3）确认内部和外部系统的软件补丁和修复均已完成。

（4）确保所有网络产品都设定了风险接受水平。

（5）实施安全对策。

（6）对开发的应用程序进行测试。

（7）进行安全审查并找出差距。

（8）就更好的系统网络设计提出建议。

（9）对灾后恢复、应急和运营连续性提供建议。

（10）确保每个系统的所有应用程序都具有最低限度的安全性。

（11）根据威胁和漏洞的可能性参与网络建议。

为了完成这些职责，分析师需要：

❑ 了解网络、协议和安全方法。

❑ 了解企业层面的风险管理知识以及了解评估和减轻风险不同的方法。

❑ 了解网络法律、法规、政策和道德规范（GDPR）。

❑ 具备应用网络安全和隐私概念的能力。

❑ 了解当前的网络威胁和报告的漏洞。

❑ 了解网络问题潜在的运营影响。

❑ 了解网络系统（包括物联网、区块链和云系统）中使用的算法。

❑ 了解系统安全测试和验收测试规划。

❑ 了解已识别安全风险的计数器测量知识。

❑ 了解嵌入式系统知识。

❑ 了解网络设计流程，包括物联网接口、区块链架构和第三方产品。

❑ 能够使用网络工具识别漏洞。

⊖　GDPR 是欧盟法律中关于欧盟和欧洲经济区（EEA）所有个人公民的数据保护和隐私的法规。它解决了欧盟和欧洲经济区以外的个人数据传输问题（维基百科，2019）。

❑ 能够将网络安全和隐私原则应用于与机密性、完整性、可用性、身份验证和不可否认性等相关的组织要求。

❑ 确定可能的网络攻击类型，并参与制定公司范围内的网络风险政策。

从以上职责中应该可以看出，分析师的工作量真的很大！还应该清楚的是，任何人都无法胜任所有的网络领域的工作。因此，需要强调的是，我们非常需要一个新的组织结构，拥有一支分析师团队，其职责类似于任何其他专业部门的。我将在第 13 章提供更完整的职责图（见图 13.2）。

9.7 ISO 9000 作为网络标准的参考

虽然通常不需要，但许多公司还是选择采用 ISO 9000 作为更正式的工具来实施可衡量程序的开发。ISO 9000 代表国际标准化组织，该组织成立于 1947 年，总部位于日内瓦，目前有 91 个与其相关的成员国。ISO 9000 的成立是为了建立专注于过程而非产品的国际质量保证标准。

为什么是 ISO 9000

ISO 9000 提供了一种基于商品和服务生产的标准化程序建立约定的质量水平的方法。许多国际公司要求其供应商符合 ISO 9000 标准认证。认证需要由专门从事 ISO 9000 合规性的独立公司进行审核。认证有效期为三年。除了认证问题之外，ISO 9000 的好处还在于，它通过员工授权建立质量计划基础。它还达到并维持特定的质量水平，并在其应用中提供一致性。ISO 9000 有许多子组件，其中 ISO 9001、ISO 9002、ISO 9003 规范了软件开发过程。特别是 ISO 9001 要求设计规范的标准，并定义了 20 种不同的系统类别，从而影响了分析师的角色。从本质上讲，ISO 9000 需要三个基本要素：

（1）说明你在做什么。

（2）说到做到。

（3）证明。

这些意味着分析师需要完整记录需求过程中发生的事情，以确保质量。在记录这些程序后，分析师需要根据组织制定和批准的标准开始实施。该过程必须是自我记录的，也就是说，它必须包含各种控制点，可以随时证明过程中的质量步骤，不仅完成了，而且是按照组织建立的质量标准完成的。重要的是要认识到 ISO 9000 并没有建立标准应该是什么，而只是组织可以遵守其选择采用的任何标准。这种自由正是 ISO 9000 如此有魅力的原因。即使组织不选择进行审核，它仍然可以建立一个良好的质量基础设施：

❑ 营造一个专业参与、承诺和问责的环境。

❑ 允许专业人士自由地在合理的质量测量范围内，记录过程本身的实际情况。

❑ 将质量责任下放到实施者，而不是执行者身上。

□ 确定分析师在软件生命周期范围内的位置。
□ 定位现有的程序缺陷。
□ 消除重复工作。
□ 缩小所需程序与实际做法之间的差距。
□ 补充可能存在的其他质量计划。
□ 要求参与该过程的个人符合其规定的岗位说明。

9.8　如何将 ISO 9000 纳入现有的安全管理和软件生命周期

ISO 9000 的一个特定组成部分是 ISO 9001，它侧重于考虑与数据可用性和网络安全相关的风险。还有一些相关标准，例如 ISO 27001，用于解决风险识别和缓解过程，包括了风险信息过程所需的法律、物理和技术控制。现在的问题是如何将 ISO 9001 类型的过程纳入分析师职能，并将其纳入现有的网络安全生命周期。下面列出了必须遵循的 9 个基本步骤：

（1）为分析师创建并记录所有的质量程序。
（2）在整个组织中遵循这些过程，观察它们如何与分析师的职能相关联。
（3）维护支持程序的记录。
（4）确保所有专业人员都理解并认可质量政策。
（5）验证没有丢失的进程。
（6）程序的变更或修改必须经过系统审查和控制。
（7）控制过程中的所有文档。
（8）确保分析师接受过培训，并保存他们的培训记录。
（9）确保由组织或通过第三方审核并进行持续审查。

ISO 9000 的另一个组成部分是 ISO 27032，它为网络管理人员提供了以下方面的指南。
□ 数据和隐私免受威胁。
□ 维护网络程序。
□ 制定最佳实践。
□ 改进安全系统和业务连续性。
□ 建立利益相关者的信心。
□ 事件响应和恢复。

为了实施 ISO 9000、ISO 9001 和其他网络相关指南，建议分析师首先提供如图 9.2 所示的质量过程的工作流程图。

图 9.2 反映了分析师在质量过程中使用的一些步骤。注意，某些步骤可能需要填写相应的表格，以确认步骤的完成情

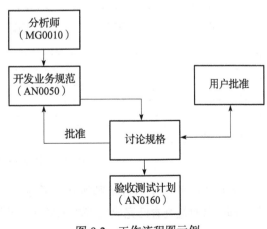

图 9.2　工作流程图示例

况，如图 9.3、图 9.4 和图 9.5 所示。

<table>
<tr><td colspan="3" align="center">项目状态报告
结束日期：/ / :</td></tr>
</table>

日期：	项目名称： 用户交付日期：	分析师：

之前目标：

目标	之前预定日期	完成日期或状态

当前项目目标：

目标		预定日期
开始　　完成		

财务业绩：	预算	实际花费	剩下比例（%）

\AN0010 Rev.3/21/19

图 9.3　ISO 9001 项目状态报告

　　这些表格代表了对分析师概述的质量工作流程中活动的确认。在生命周期的任何时间点，都可以通过查看已完成的表单来确认事件执行情况。

分析确认

用户名：_____

| 日期： | 分析师： | 请求日期： | 项目编号： |

确认类型	是/否	花费	预计天数	预计交付	可交付成果/备注
要求定义					
概念细节设计					
进展					
系统测试的增强功能					
用户接受的增强功能					

\AN0050 Rev. 3/21/19

图 9.4　ISO 9000 分析确认

质量保证验收测试计划

测试目的：			
测试计划编号：	产品：		编号：
	供应商： QA技术人员：		日期： 页码：1 of

测试编号	正在测试的条件	预期结果	实际结果	符合是/否	备注
1					
2					
3					

图 9.5　质量保证验收测试计划

　　为了符合文档标准，每个表格都应包含一张说明表（见图 9.6），以确保用户获得适当的说明。确认文件的实施可以以不同的方式进行。显然，如果表格是手动处理的，文件记录应包含项目中工作文件的实际存储方式。此类工作文件通常归档在类似于图书馆的文档存储室中，其中原始内容是安全和受到控制的。对文档的访问是允许的，但必须获得授权并记录。

有时，表单是使用文字处理套装软件（例如 Microsoft Word）组合在一起的。空白表格存储在中央库中，以便分析师可以通过网络访问主文档。完成的表格可以存储在项目目录中。实施 ISO 9000 最复杂方法是使用 Lotus Notes 类型的电子归档系统。在这种情况下，表格会自动填写并传递给相应的人员。确认的文件随后成为原始工作流程的固有部分。无论如何，这些类型的表单实施仅影响自动化，而不影响 ISO 9000 的整体概念。

名称： 　确认/服务确认	发布日期：3/8/19
表格说明	接替者：
	版本：1.00

　　本表单的目的是跟踪各种服务的状态，如需求定义、概念细节设计、开发、网络系统测试的增强功能和用户接受的增强功能。

　　必须附加适当的项目编号。必须检查每种确认类型的格式。

\AN0050i Rev. 3/8/11

图 9.6　ISO 9000 表格说明页面

9.9　关联 IT 人员

　　我们之前提到过 ISO 9000 需要合格的人员。这意味着组织必须提供关于每个工作职能部门详细的技能要求信息。大通常多数组织的职位描述都不是很详细，而且对于职位的具体要求往往含糊不清。此外，职位描述很少提供可用于衡量真实绩效的信息，诸如"程序员每天应该生成多少行代码？"之类无法有效衡量的问题。还有一个问题是代码行数是否应该成为衡量的基础。解决这个困境的方法是创建一个职位描述矩阵，为每个工作职责提供具体细节以及必要的绩效衡量标准，如图9.7所示。

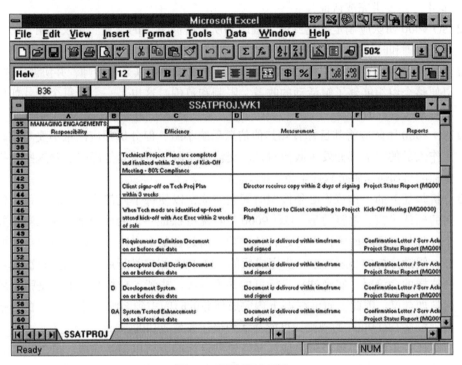

图9.7 职位描述矩阵

上面的文件是分析师的职责矩阵。请注意，分析师在管理业务（项目）职责范围内有许多效率要求。这里的效率意味着分析师必须以某个指定水平执行任务，才能被认为对该任务有生产力。在某种程度上，效率通常决定了交付任务的时间限制。衡量定义了用于确定是否满足效率的方法。报告仅仅是分析师用于证明任务已完成以及完成任务的基础的简单工具。

职位描述矩阵代表整个职位描述的一个子集，它严格关注个人职位的程序和流程方面。它不仅满足ISO 9000，还代表了一种在信息系统（Information System，IS）环境下综合评估个人绩效的更健康的方式。在审查期间的任何时候，大多数人都应该清楚地了解自己的绩效表现。此外，矩阵是更新新建或变更工作任务时的便捷工具。

9.10 致力于 ISO 9000

我们已经讲述了实施ISO 9000组织的顺序步骤。然而，仅仅遵循这些步骤并不能保证成功，通常只是按照建议的步骤进行操作就会导致另一个没有人真正遵守的软件生命周期。

为了取得成功，必须做出更具战略意义的承诺。以下是一些指导方针，以帮助分析师履行其职能：

❑ 召开分析师小组会议，成立一个管理机构，制定符合 ISO 9000 标准所需遵循的程序（这不一定要求完成认证）。

❑ ISO 9000 团队应制定要达到的里程碑和所需时间承诺的预算。建议使用甘特图来制定里程碑和时间表，将其视为一个类似于项目的预算估算。

❑ 然后，ISO 9000 团队应将他们的目标传达给组织中的其余分析师，并协调审查会议，以便整个组织能够了解活动的收益、限制和范围。这也是一个让每个人就如何完成项目发表意见的机会。因此，会议应制定完成 ISO 9000 目标的最终时间表。

❑ ISO 9000 团队应将其目标告知其他信息系统小组，但分析师应注意不要与信息系统工作人员的其他部分发生政治对抗。交流应仅限于帮助其他部门了解这些分析师质量标准将如何与整个软件生命周期交互。

❑ 分析师任务的工作流程必须按照时间表完成，以便每个人都能同意验证每个任务所需的确认步骤。重要的是，ISO 9000 流程能够保证一定的成功率，这意味着并非每个过程都必须在时限内百分之百的成功，而是在某个容错级别内是可以接受的。例如，假设分析师必须在上一步完成后的 48 h 内与用户举行后续会议。每次都需要召开这样的会议时，实现这一目标可能并不现实。毕竟，分析师不能总是强迫用户及时参加会议。因此，如果在 48 h 内完成任务的时间占到 80%，即在 20% 的容错范围内，根据 ISO 9000 的规则，可能会认为该任务是成功的。

❑ 所有任务步骤都必须经过验证，并需要制定标准表格以确认完成。虽然我们之前已经展示了这些表格的示例，但是 ISO 9000 团队应该注意不要生成过多的表格，避免过度烦琐的流程。许多软件生命周期遭受的问题之一就是设置了过多的检查点。请记住，ISO 9000 是专业标准，应满足训练有素的专业人士的需求。因此，ISO 9000 团队应审查初始确认表格，并将其合并为较小的子集。也就是说，经过多个任务的验证，最终的表单应该设计得尽可能通用。例如，表格 AN0010（见图 9.3）代表通用项目状态报告，用于确认不同任务相关的各种类型的信息。

❑ 应与分析小组举行会议，重点讨论本章前面概述的自动化确认表格的备选方案。这个主题应该由小组共同确认，因为该计划的成功需要他们的充分合作。

❑ 留出更改过程和表格的时间。第一份材料肯定不会是最终版本，所以 ISO 9000 团队必须计划会议，满足并审查必要的变更，以确保其有效实施。分析师应该认识到，只要符合 ISO 9000 的基本目标，就始终存在变更的机会。

❑ ISO 9000 项目从时间表的制定到实际完成的过程，应至少为期一年的计划。事实上，一个组织必须证明 ISO 9000 至少要 18 个月才能获得认证。

❑ ISO 9000 小组对分析师的工作描述更改，需要提前准备和授权。这可能需要向执行管理团队或人力资源部门提交请求和授权。重要的是不要忽视这一步骤，因为无法改变组织结构，可能会阻碍 ISO 9000 实施的成功。

从上述步骤我们可以看出，建立 ISO 9000 小组是一项重大保证。它的好处是可以拥有一个可以控制质量标准的专业组织。这些标准可以持续改进，以确保符合企业的业务目标和要求。认证虽然不是我们的讨论重点，但显然是需要达到的另一个层次。大多数追求认证的公司这样做是为了获得市场优势，或者是满足客户的要求。实施 ISO 9000 不要求整个公司立即达到要求，分阶段、逐部门地实施是一种优势。ISO 9000 概念的好处是可以填补许多信息系统组织在明确定义质量标准方面的不足。

9.11　问题和练习

1. 为什么首席信息安全官办公室（CISO）角色在移动系统中如此重要？
2. 为什么 S 曲线在确定网络安全风险时很重要？
3. 什么是威胁分析？
4. 请解释网络安全与分解的关系。
5. 什么是风险责任？
6. 什么是通用数据保护条例（GDPR）及其在数据保护中的重要性？
7. 解释物联网与网络安全的关系。
8. 列出并定义网络安全风险分析师的五个角色和职责。
9. 提供设计应对网络安全攻击的系统时的关键问题。
10. 参与网络安全设计时，分析师的角色如何变化？
11. 解释为什么 ISO 9000 代表一个规程系统。
12. ISO 9000 试图建立的三个基本事物是什么？
13. ISO 9000 的整体优势是什么？
14. ISO 9000 如何融入生命周期？
15. 什么是 ISO 27001 和 ISO 27032？
16. 为什么工作流程是开发 ISO 9000 模型最关键的方面？
17. 为什么在 ISO 9000 中使用表格？
18. ISO 9000 对人员有何影响？
19. 什么是职位描述矩阵？
20. 组织采用 ISO 9000 需要哪些步骤？
21. 请阐述是否需要在所有业务领域实施 ISO 9000。

Chapter 10 第 10 章

遗留系统转换

10.1　概述

　　遗留系统是指运行中的现有应用系统。尽管这已经是一个明确的定义，但依然有一种看法认为，遗留系统是指在大型机上操作的旧的或过时的应用程序。实际上，Brodie 和 Stonebraker（1995）指出："遗留信息系统是任何显著抵制修改和进化的信息系统。"他们将典型的遗留系统定义为：

- 拥有数百万行代码的大型应用程序。
- 通常运行时间超过十年。
- 用 COBOL 等传统语言编写。
- 它们要么围绕遗留数据库服务（如 IBM 的 IMS）构建，要么不使用数据库管理系统，而使用较旧的平面文件系统，如 ISAM 和 VSAM。
- 应用程序非常独立。遗留应用程序往往独立于其他应用程序运行，这意味着应用程序和应用程序之间的接口非常有限。就算这些应用程序之间存在接口，这些接口通常也只是基于数据的导出和导入模型，因此这些接口往往缺乏数据一致性。

　　尽管许多遗留系统确实符合上述情景，但也有许多系统不符合。那些不符合的系统仍然符合遗留系统最初的定义，也就是说，在运行中的任何应用程序都可以被视为遗留系统。这意味着遗留系统的"各代"（generation）可以存在于任何组织中。因此，对于遗留系统的定义要比 Brodie 和 Stonebraker 的描述更加广泛。更重要的问题是遗留系统与套装软件系统的关系，特别是随着物联网设备、区块链产品和云计算等发展带来的独立 API 的爆炸式增加。套装软件系统通常由第三方供应商提供支持，并包含内部和外部应用程序。因此，现有的内部生产系统，以及第三方外包的产品，都应该是任何应用程序策略的一部分。此外，许多遗留系统也在执行与外部功能有关的任务，尽管不是直接通过网络接口完成。

本章定义了现有遗留系统的类型，并为如何将其与套装软件应用程序集成及转换为支持物联网的新架构提供了指导方针。项目经理或分析师必须确定是替换、增强还是保持现有遗留系统。本章还提供了应对这三种选择的程序，并探讨了它们对构建或购买系统整体架构决策的影响。总的来说，本章建议所有传统遗留系统在某种程度上都需要重新开发，以支持移动性和最大程度的网络保护。

10.2　遗留系统的类型

遗留系统的类型往往反映了系统开发生命周期。软件开发通常在一个称为"代"的框架中定义。大多数专业人士认为编程语言有五代：

（1）第一代：第一代编程语言被称为机器语言。机器语言被认为是一种低级语言，因为它使用二进制符号与硬件进行指令通信。这些二进制符号在机器语言命令和机器活动之间形成了一对一的关系，也就是说，一条机器语言命令执行一条机器指令。目前遗留系统中很少会有第一代软件。

（2）第二代：这一代系统由汇编语言编写。汇编语言是一种专有软件，它将高级编码方案转换成多种机器语言指令。因此，为了将符号代码转换成机器指令，设计一个汇编程序是必要的。大型机的软件仍然可能存在大量的汇编代码，特别是执行复杂算法和计算的应用程序。

（3）第三代：这些语言延续了高级符号语言的发展，由编译器将其转换为机器代码。第三代语言的示例包括 COBOL、FORTRAN、BASIC、RPG 和 C。这些语言使用更多类似于英语的命令，并能够从一条命令中生成更多的机器语言。第三代语言也更加专业化。例如，FORTRAN 更适合用于数学和科学计算，因此很多保险公司使用 FORTRAN 来进行精算数学计算。而 COBOL 被设计为商业语言，具有特殊的功能，使其能够处理文件和数据库信息。COBOL 应用程序在数量上超过其他任何编程语言。许多大型机遗留系统仍然使用 COBOL 应用程序。另外，RPG 是另一种专门为 IBM 的中低端机器设计的语言，这些机器包括 System 36、System 38 和 AS/400 计算机。

（4）第四代：这些编程语言不像第三代语言那样程序化。相反，第四代编程语言符号更像英语，更加强调期望的输出结果，而不是需要如何编写编程语句。由于这个特点，许多非技术人员也能够学会使用第四代编程语言进行编程。第四代编程语言的最强大特性包括数据库查询、代码生成和图形用户界面生成功能。包括 Visual Basic、C++、PowerBuilder、Delphi 以及其他许多语言。此外，第四代编程语言还包括被称为查询语言的特殊类型语言，因为它们使用类似于英语的语句，可以通过直接访问关系数据库来产生结果。最流行的第四代编程查询语言是结构化查询语言（SQL）。

（5）第五代：这些编程语言结合了基于规则的代码生成、组件管理和可视化编程技术。在 20 世纪 80 年代末，随着人工智能软件的发展，基于规则的代码生成开始变得流行。这代软件使用了一种称为基于知识的编程方法，意味着开发者不再告诉计算机如何解决问题，而是将问题本身告诉计算机（Stair & Reynolds，1999）。程序自己想出解决问题的方法。尽管基于知识的编程在特定领域如医疗行业等特殊应用中变得流行，但在商业中并没有如此流行。

大多数遗留应用程序通常是基于第三代或第四代编程语言的系统。因此，分析师需要采用一种流程和方法来确定如何进行应用程序的转换和重新架构。

10.3 第三代语言遗留系统集成

如前所述，大多数第三代语言遗留系统都是使用 COBOL 开发的。使用 COBOL 语言开发是为了提供一种方法来强迫程序员对他们的代码进行自我文档化，以便其他程序员能够维护它。不幸的是，COBOL 需要文件描述表（FD）。文件描述表为 COBOL 程序使用的每个文件定义了记录布局。换句话说，每个文件都是在程序中描述的，并且必须与实际的物理数据文件的格式匹配。这意味着对文件结构的任何更改都必须与使用该数据文件的每个COBOL 程序同步。因此，COBOL 在某种程度上是折中的：数据描述和程序逻辑没有真正的分离。在 COBOL 程序中，数据格式的更改可能需要更改程序代码。这就是 COBOL 程序代码耦合程度非常高的原因。耦合是指一段代码对另一段代码的依赖。

COBOL 程序可以使用关系数据库作为数据源，也可以不使用关系数据库。本书前面定义了另外两种常见格式，称为 ISAM（Indexed Sequential Access Method，索引顺序访问方法）和 VSAM（Virtual Storage Access Method，虚拟存储访问方法），它们都是平面文件格式，意味着所有数据元素都包含在一条记录中，而不是像关系数据库模型中那样包含在多个文件中。尽管如此，也有许多 COBOL 遗留系统已经被转换为使用关系数据库，比如 IBM 的 DB2。在这种情况下，文件描述表需与数据库的文件管理器之间接口，以便两个实体可以相互通信。图 10.1 展示了程序和数据库之间的接口。

当处理 COBOL 遗留系统时，不论使用数据库接口还是平面文件，分析师需要确定是替换应用程序、增强它，还是让它保持原样。

10.4 替换第三代遗留系统

在替换第三代遗留系统时，分析师必须同时关注数据和过程。由于这些系统的年代久远，很可能几乎没有可用的文档，而存量的可用文档又很可能已经过时。实际上，缺乏适当的文档是导致替换遗留系统速度慢的主要原因。在没有文档的情况下重新编写代码可能是一

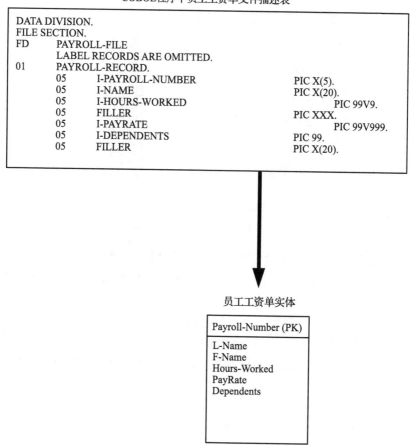

COBOL程序中员工工资单文件描述表

```
DATA DIVISION.
FILE SECTION.
FD      PAYROLL-FILE
        LABEL RECORDS ARE OMITTED.
01      PAYROLL-RECORD.
        05      I-PAYROLL-NUMBER                        PIC X(5).
        05      I-NAME                                  PIC X(20).
        05      I-HOURS-WORKED                                  PIC 99V9.
        05      FILLER                                  PIC XXX.
        05      I-PAYRATE                                       PIC 99V999.
        05      I-DEPENDENTS                            PIC 99.
        05      FILLER                                  PIC X(20).
```

员工工资单实体

Payroll-Number (PK)
L-Name
F-Name
Hours-Worked
PayRate
Dependents

图 10.1　COBOL 程序与数据库管理器接口的文件描述

项艰巨且耗时的任务。不幸的是，我们的目标是要替换掉所有代码，因为推迟替换时间会导致系统无法保持竞争力。接下来的几节将逐步介绍基于 COBOL 语言的遗留系统问题。

10.5　逻辑重构方法

在 COBOL 应用程序中，重构逻辑的最佳方法是将数据与过程分离。这可以通过为每个程序创建数据流图（Data Flow Diagram，DFD）来完成。使用数据流图定义应用程序的所有输入和输出。这个过程可以通过以下步骤来完成：

（1）打印每个应用程序的源代码（用 COBOL 编写的真实代码）。每个应用程序将包含一个"文件描述表"部分，它定义程序的所有输入和输出。文件描述表可作为数据流图的数据存储（见图 10.2）。

```
FD       REPORT-FILE
         LABEL RECORDS ARE OMITTED.
01       REPORT-RECORD.
         05       O-PAYROLL-NUMBER          PIC X(5).
         05       FILLER                    PIC XX.
         05       O-NAME                    PIC X(20).
         05       FILLER                    PIC XX.
         05       O-HOURS-WORKED            PIC 99.9.
         05       FILLER                    PIC XX.
         05       O-PAYRATE                 PIC 99.999.
         05       FILLER                    PIC XX.
         05       O-DEPENDENTS              PIC 99.
         05       FILLER                    PIC XX.
         05       O-GROSS-PAY               PIC 999.99.
         05       FILLER                    PIC XX.
         05       O-TAX                     PIC 999.99.
         05       FILLER                    PIC XX.
         05       O-NET-PAY                 PIC 999.99.
```

图 10.2　COBOL 文件描述表

（2）数据流图应该被分解至函数原语级别（最好是一个输入，一个输出）。通过这样的拆分，可以对旧应用程序进行功能分解，并为将其转换成面向对象解决方案的框架奠定基础。

（3）通过检查代码，为每个函数原语编写过程规范。

（4）按照第 3 章中列出的步骤来确定数据流图中的哪个函数原语成为特定类的方法。

（5）捕获每个函数原语数据流图所需的所有数据元素或属性。将这些属性添加到数据字典中。

（6）获取每个主要数据存储并创建一个实体。按照第 4 章的程序进行范式化及逻辑数据建模，并适当地将这些元素与套装软件系统结合。

（7）将表示报告的数据存储与示例输出进行比较。可以使用报告编写器（例如 Crystal Reports 或数据仓库产品）对这些报告进行重新开发。

（8）检查遗留系统中的所有现有数据文件和数据库，并将这些元素与在逻辑重构期间发现的元素进行比较。在第三代产品中，可能存在大量冗余的数据元素或字段，或者它们被用作逻辑的"标志"。逻辑标志由用于存储描述数据特定状态的值的字段组成。举个例子，假设一个记录已经被某个特定程序更新。为了知道是否发生了这种情况，一种方法是让应用程序设置某个字段来标识该记录已被更新。而在关系数据库产品中，不需要使用这种方法，因为文件管理器会在记录被最后一次更新时自动保存更新日志。这个例子说明了第三代遗留技术与更现代技术之间的不同之处。

毫无疑问，替换第三代遗留系统是一个非常耗时的过程。然而，上述步骤被证明是准确和有效的。在许多情况下，用户会认为重新审查其遗留过程是有意义的，特别是在决定将应用程序重写以集成物联网和区块链系统时。这个过程被称为业务流程重组，"业务流程重组"实际上是"增强遗留系统"的同义词。

10.6　增强第三代遗留系统

　　业务流程重组（BPR）是增强第三代应用程序的一种常用方法。业务流程重组的正式定义是"研究基本业务流程的需求，独立于组织单位和信息系统支持，以确定基础业务流程是否可以显著简化和改进。"（Whitten，2000）。业务流程重组不仅意味着将新技术应用于旧系统而重建现有应用程序，而且是一个允许应用根据面向对象系统范式设计新过程的事件。在这种情况下，业务流程重组用于增强现有应用程序，而无须用另一种编程语言对其进行重写。分析师需要对系统进行更改，使其功能更类似于对象组件，即使它是用第三代语言编写的。为了完成此任务，分析师需要创建用于遗留操作的基本组件。基本组件代表一个单元的核心业务需求。将基本组件视为单元存在的原因（它所做的事情）以及出于什么原因可以作为定义核心业务需求的另一种方式。例如，图 10.3 描述了银行的基本组件。

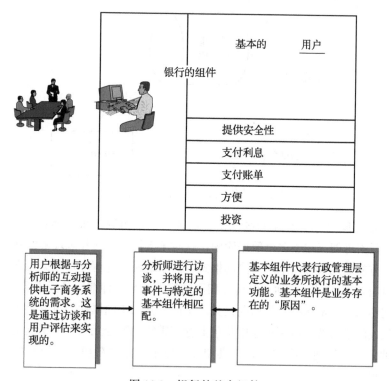

图 10.3　银行的基本组件

　　一旦创建了基本组件，就需要将遗留应用程序放置在适当的组件中，以便它可以与相关的套装软件应用程序进行链接，或者将其分解为原始 API。

　　成功将业务流程重组应用于遗留应用程序的第一步是开发一种方法来定义现有系统并提取其数据元素和应用程序。这一过程类似于替换第三代遗留应用程序时所描述的流程，因为它涉及将数据捕获到数据存储库，并定义应用程序以与基于基本组件的新模型进行比较。

10.7 数据元素增强

分析师需要设计转换程序来访问不符合关系数据库格式的数据文件，并将其存放在数据存储库中。最终的目标是用关系数据库替换遗留文件中的所有现有数据文件，使其能够与套装软件数据库进行链接。这种方法与替代遗留系统的方法不同。在替代工程中，数据文件直接集成到套装软件系统中。这意味着遗留数据通常被用于增强套装软件数据库，或者与各种云数据库产品进行集成。增强遗留系统的过程意味着遗留数据将保持独立，除非转换为关系数据库或对象数据库模型。对于已经使用关系数据库的遗留问题，除了与套装软件数据库建立链接之外，通常无须进行重组。图 10.4 展示了替代遗留数据和增强遗留数据之间的差异。尽管已经存在这些处理步骤，但一旦确定了这些数据元素，分析师应该考虑按照以下步骤在物联网和区块链架构上复制哪些元素。

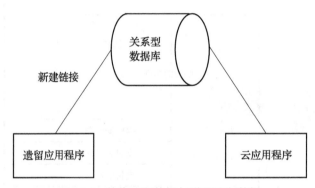

图 10.4　替代遗留数据与增强遗留数据

这两种方法之间另一个有趣的区别是，增强后的遗留数据很可能特意保留数据冗余。这意味着同一元素可能存在于多个数据库中，这对于支持物联网和区块链的新分布式系统来说是必要的。重复的元素可以采用不同的格式。其中最明显的情况是数据元素具有别名，这意味着元素具有许多不同的名称，但具有相同的属性。另一种情况是元素具有相同的名称，但却具有不同的属性。最具挑战的情况是具有不同名称和不同属性的重复元素。虽然在与套装软件产品集成的增强遗留应用程序中仍可能存在重复的数据元素，但识别重复的数据关系仍然非常重要。这可以通过在 CASE 工具和数据库中可能存在别名的物理数据字典中记录数据关系来实现。

应用程序增强

业务流程重组通常涉及一种称为业务领域分析（Business Area Analysis，BAA）的方法。业务领域分析的目的是：

❑ 建立将与新架构或套装软件系统链接的各种遗留业务领域。
❑ 重新设计每个业务领域的新旧需求。

❑ 开发为每个遗留业务领域提供面向对象视角的需求，这意味着不需要将其需求映射
到现有的物理组织结构。

❑ 定义在所有遗留业务领域和套装软件业务领域之间创建关系的链接。

这是通过将业务领域映射到特定的基本组件来实现的。套装软件系统设计的应用程序
也必须映射到一个基本组件。一旦这样做，遗留应用程序和套装软件应用程序就必须被设计
为共享公共进程和数据库，如图 10.5 所示。

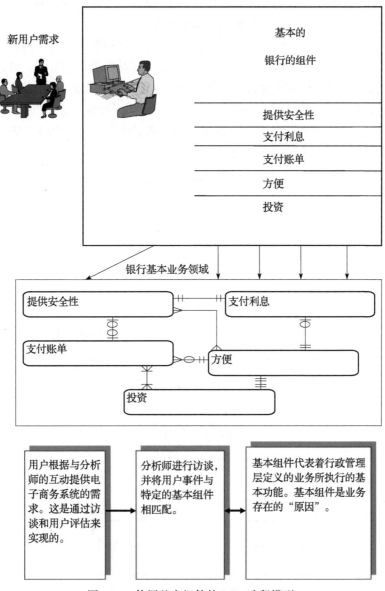

图 10.5 使用基本组件的 BPR 遗留模型

　　一旦将遗留系统和套装软件应用程序放置在它们适当的基本组件中，它们需要进行链接，即相互通信，以实现内部物联网和外部系统的集成。有两种链接方式：参数消息传递和数据库接口。参数消息传递方式要求修改遗留程序，以接收参数形式的数据。这使得应用程序系统能够直接向遗留程序传递信息。同时，遗留程序可能需要将信息返回到套装软件系统。因此，遗留应用程序需要进行增强，以便能够格式化数据消息并将其发送给套装软件系统。数据库接口本质上与参数消息传递相同，只是实现方式不同。应用程序不直接将数据发送给另一个程序，而是将其作为数据库文件中的记录转发。如果采用这种方式，我们需要修改遗留程序以便将返回的消息转发到可能的云数据库。

　　使用这两种方法各有利弊。首先，使用参数传递的开销很小，易于编程。它们不提供可重用的数据，也就是说，一旦接收到消息，它就不再对其他程序可用。但是，参数的大小会有一定限制。其次，数据库允许程序将信息发送到多个目的地，因为信息可以被多次读取。但问题是，系统很难控制哪些应用程序或查询可以访问数据，这就产生了数据安全性的问题。此外，应用程序必须记住删除数据库中不再需要的记录。图 10.6 反映了在遗留系统和套装软件应用程序之间传输数据的两种方法。

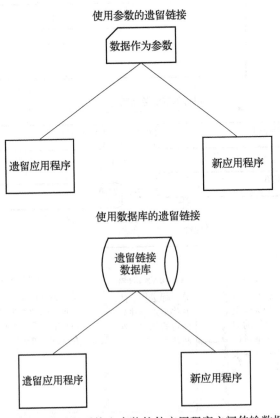

图 10.6　在遗留系统和套装软件应用程序之间传输数据

一旦遗留应用程序和新应用程序都被映射到基本组件，分析师就可以使用 CRUD 图来帮助他们协调是否找到了所有的数据和过程。CRUD 图的重要性在于它确保了：

- 一个基本组件可以完全控制它的数据。
- 所有的实体至少可以被一个过程访问。
- 这些过程正在访问数据（见表 10.1）。

表 10.1　CRUD 矩阵样例

数据主体或实体	过程或业务功能			
	处理订单	验证产品	装运	委员会
客户	R		R, U	
订单	C, U		U	R
项目	R	C, U, D	R, U	R
库存	R, U	C, U	U	
支出部分				
市场人员	R			U

尽管 CRUD 不是完全准确的，但它确实揭示了上述潜在问题。即使没有使用 BPR，CRUD 图仍然是一个很好的工具，可用于确定基本组件或对象所需的过程和数据。一旦完成 CRUD 图，对象和类就会被创建（见图 10.7）。其中一些对象可能仍以第三代 COBOL 程序的形式存在，而其他对象则可能采用基于 API 的套装软件格式。需要注意的是，U（更新）和 D（删除）在区块链应用程序中是不允许的，因为分类账系统不允许修改现有的交易。

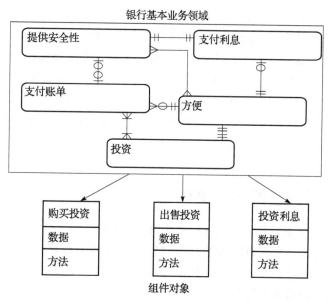

图 10.7　基本组件对象图

10.8 "保持原样离开"——第三代遗留系统

将第三代语言（例如 COBOL）转移到面向对象和 API 范式可能是不可行的。第三代过程性程序语言设计可能导致面向过程和面向对象的理念之间存在概念鸿沟。例如，分布式面向对象程序需要更详细的技术基础设施知识和图形操作，这超出了遗留系统所需的范畴。继承、多态和封装等原生的面向对象特性在传统的第三代过程性设计中并不适用。在将 COBOL 直接迁移到 JAVA API 的过程中，引入新的对象概念和理念是很困难的，甚至有时是不可能的。如果尝试在不进行重大重组的情况下进行转换（正如前面的章节所介绍的），生成的产品可能会包含执行更慢、难以维护的代码。

在迁移过程中可能会出现编程文化差异。经验丰富的 COBOL 程序员和相对较新的 JAVA API 开发人员可能不理解彼此的技术，这通常会在转换过程中产生偏差。此外，学习新技术的 COBOL 程序员可能会感到对其文化地位造成自我威胁。与新一代编程语言相比，COBOL 和 RPG 应用程序的优势在于经过更长时间的测试、调试和整体优化。虽然 JAVA 更加灵活，但它的稳定性较差，而且与 COBOL 或 RPG 不同，调试和修复问题的过程有很大不同。因此，在迁移过程中，分析师会保留遗留系统的"原样"，只创建套装软件链接来在两个系统之间传递所需的信息。尽管这类似于为增强遗留系统而提出的"链接"，但实际上是不同的，因为除了增加外部链接来传递信息，遗留程序并没有得到增强。具体情况如图 10.8 所示。

图 10.8 "原样"遗留链接

在这个过程中，仍然可以使用参数或数据库链接来连接信息，但分析师必须认识到遗留数据格式不会改变。这意味着遗留应用程序将继续使用它们的原始文件格式。另一个描述"链接"的概念是"桥接"。这个词的意思是，桥接是用来连接套装软件系统和遗留应用程序之间的鸿沟。桥接也意味着临时性的连接。通常情况下，"保持原样"（as-is）可以被视为一种临时状态，因为遗留转换不可能一次全部完成，所以它通常是分阶段计划的。然而，当系统的某个部分正在转换时，可能需要临时的桥接，直到真正增强它们。你可以将其类比为在公路施工时出现的临时"路障"或绕道。

10.9 第四代语言遗留系统集成

将第四代语言遗留系统与套装软件技术集成起来要比将第三代语言集成起来容易得多，原因有两个方面。首先，大多数第四代实现已经使用了关系数据库，因此将数据转换到套装软件系统中并不那么复杂。其次，第四代语言应用程序通常使用基于 SQL 的代码，因此将其转换为面向对象系统也不太复杂。

10.10　替换第四代遗留系统

如前所述，就套装软件的转换而言，相比第三代语言，第四代语言系统的替换更为简单。与任何系统的替换方式一样，替换第四代语言系统也应该将数据和过程分离。幸运的是，在第四代语言系统中，由于其架构的特性，过程和数据往往已经被分离。具体来说，第四代语言通常使用关系数据库，而关系数据库在架构上已经实现了数据和过程的分离。因此，在替换遗留系统时，更多的是对现有流程进行审查，并确定应用程序需要进行重新设计的地方。

10.11　逻辑重构方法

逻辑分析的最佳方法是打印出程序的源代码。如果源代码是用 SQL 编写的，那么分析师应该搜索所有 SELECT 语句。SQL SELECT FROM 语句定义程序使用的数据库，如图 10.9 所示。

```
Select  IdNo, Last-Name, First-Name
from    employee
where  IDNo = "054475643"
```
图 10.9　第四代语言应用程序中的
SELECT 语句

在第三代语言逻辑重构中，分析师应该为每个程序生成如下的数据流图（DFD）：

（1）SELECT 语句定义程序所使用的所有输入和输出。每个 SELECT 语句都会在数据流图中以数据存储的形式表示。通过检查应用程序的逻辑，可以确定数据是被创建、读取、更新还是删除（CRUD 操作）。

（2）将 DFD 分解到函数原语层，建立面向对象系统的框架。

（3）对于每个 DFD 复制相关的 SQL 代码，并在必要时进行修改以增加程序的面向对象功能。这意味着可能需要添加一些新的逻辑来将代码分解为方法，如图 10.10 所示。

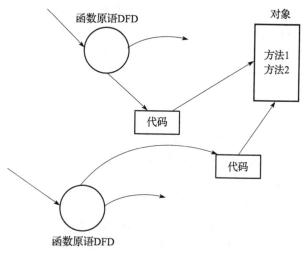

图 10.10　SQL 代码转换为对象方法

（4）检查现有的系统对象，并确定函数原语 DFD 作为新方法是否属于现有的类，或者它是否真正表示套装软件系统中的新对象。

（5）捕获新方法所需的所有数据元素，并将它们添加到各自的对象中。确保套装软件的数据字典得到了适当的更新。

（6）确定是否有任何新对象需要成为 TP 监视器（中间件）中的可重用组件、客户端应用程序中的可重用组件，或者作为数据库级别的存储过程。

（7）检查遗留数据库并进行逻辑数据建模，以满足实体的第三范式（third-normal form，3NF）要求。

（8）将数据元素与套装软件数据库结合并集成，确保来自遗留系统的每个数据字段与套装软件数据元素正确匹配。必要时，将新元素添加到适当的实体中，或者要求为它们创建新的实体。

（9）使用第三范式的引用完整性规则将新实体与现有模型链接起来。

（10）确定哪些数据元素是冗余的（如用于计算的数据），这些数据元素将被删除。然而，其计算的逻辑将作为一种方法添加进去，如图 10.11 所示。

图 10.11　将冗余数据元素转换为过程规范

10.12　增强第四代遗留系统

增强第四代语言遗留系统实际上是将其转换为面向对象的客户端 / 服务器系统的过程。业务流程重组（BPR）也用于第四代语言遗留系统来完成此转换。这个过程比第三代语言要简单得多，但在这两种类型的系统中，确定基本组件的过程是相同的。一旦建立了基本组件，就需要对现有应用程序进行适当的分解和重新组合。这是通过使用业务领域分析（BAA）完成的，它也用于第三代遗留应用程序。第四代语言不像第三代语言那样具有过程性，这一事实大大帮助了这种转变。第四代语言系统通过查看 SQL SELECT 语句，可以确定应用程序使用了哪些数据文件。使用逻辑模块化规则，分析师可以基于使用相同数据的应用程序建立内聚类。这可以在不使用 DFD 的情况下完成，尽管使用 DFD 的重组对于分析师来说总是一种更彻底的方法。

第四代语言遗留与套装软件应用程序的链接需要在应用程序重组完成后才能实现。与第三代语言系统相似，可以通过使用数据参数或创建特殊的数据库来实现此目标。然而，对于第四代语言，应用程序集成往往会使用数据库，因为两个系统都会在它们的本地架构中使用数据库。分析师通常会发现，使用第四代语言的应用程序通信并不总是为了系统链接而设计独立的数据库。更具吸引力的集成解决方案是识别两个系统之间通用的数据元素，这样可以在一个中央数据库中共享，从而使所有应用程序都可以使用这些元素，如图 10.12 所示。

图 10.12　第四代语言遗留共享数据库架构

尽管在第四代语言中，对 CRUD（创建、读取、更新、删除）操作的使用相对较少，但它仍然是适用的。如果分析师认为代码过于程序化，他 / 她应该重新实现它。换句话说，代码的架构更类似于第三代语言，而不是第四代。

10.13　"保持原样离开"——第四代遗留系统

将集成限制为仅共享数据的过程类似于我在第三代语言系统中使用的设计架构。实际上，连接独立且不同软件系统的架构，只有通过共享公共数据才能实现。为实现这一目标，可以使用数据参数或数据文件来共享这些数据

由于许多第四代语言系统采用与套装软件系统相同的架构（例如使用 Windows NT 或 Unix/Linux 等操作系统的三层客户端 / 服务器架构），因此利用某些操作系统级别的通信设施有时会带来一些好处。例如，Unix 允许应用程序使用一种称为"管道"（pipe）的操作系统工具来传递数据。管道类似于一个参数，它允许应用程序将消息或数据传递给另一个应用程序，而无须创建一个新的真实的数据结构（例如数据库）。此外，管道采用 FIFO（先入先出）的访问方法，与参数使用的访问标准相同。FIFO 还要求一旦数据被读取，就无法再次读取。使用管道的主要优势在于，消息 / 数据可以在创建消息的应用程序终止后长时间保留在内存中。因此，物联网、套装软件和第四代语言应用程序之间的信息联系可以在执行时在 RAM 中完成，这就是所谓的"应用程序内部通信"。如图 10.13 所示，这种功能减少了开销，也无须设计单独的模块来处理数据通信。

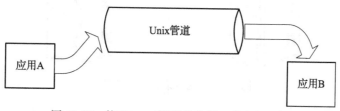

图 10.13　使用 Unix 管道的应用程序内部通信

10.14　混合方法：网关方法

　　到目前为止，在本章中，我重点关注了特定类型的遗留系统与物联网、区块链和套装软件系统之间的接口。每种类型都根据它们的"代"进行定义。然而，在现实中，遗留系统并非都是自定义的。许多大型组织都存在着不同的"遗留层"，意味着在整个企业范围内存在多个代。在这种情况下，试图将每个代都集成到一个中央套装软件系统中是困难且耗时的。实际上，迁移和集成遗留系统本身就很具挑战性。在这些复杂的模型中，另一种用于迁移遗留应用程序的方法是使用称为"网关"的"混合"方法。网关方法意味着引入一个软件模块，用于协调套装软件系统和遗留应用程序之间的请求。在很多方面，网关执行类似于事务处理系统（TP 系统）的任务。因此，网关充当应用程序之间的代理。

　　具体来说，网关：

- ❑ 将来自不同代的语言的组件分离并集成。它支持多代语言系统之间的联系。
- ❑ 在多个组件之间转换请求和数据。
- ❑ 协调多个组件之间的操作，以确保更新的一致性。这意味着网关将负责同步冗余数据元素。

典型网关架构的设计如图 10.14 所示。

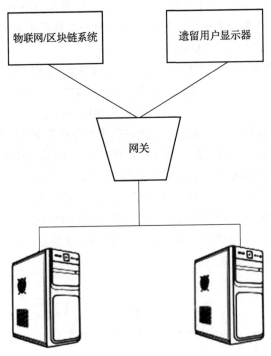

图 10.14　遗留集成的网关架构

　　网关最有益的作用是允许逐步替换遗留组件。基础设施通过为数据和应用程序建立一致的更新过程，提供了一种增量转换方法。

10.15 增量式应用程序集成

网关在图形用户界面（Graphical User Interface，GUI）、基于字符的界面和自动界面（批处理更新）之间建立了透明度，以在套装软件系统中呈现相同的外观。因此，网关隔离了遗留系统，使其与套装软件系统的接口看起来是无缝的。这是通过一个接口实现的，该接口将过程功能的请求进行转换并将它们路由到相应的应用程序，无论是哪一代软件还是在套装软件迁移的特定阶段。图 10.15 描述了网关系统的过程功能。

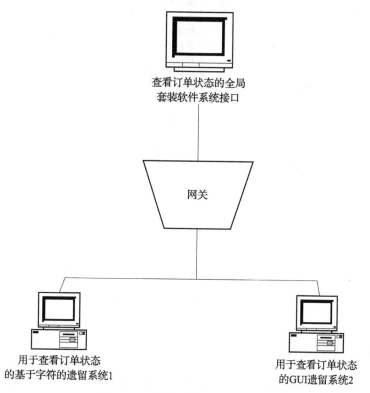

图 10.15 网关系统的过程功能

网关方法最显著的优势是与面向对象范式和应用程序可重用性的概念保持一致。具体而言，它允许任何模块以类似可重用组件的方式工作，无论其技术设计如何。在这种架构理念下，特定的程序（例如第三代语言系统）可能会最终被替换、放置到网关中，并建立临时桥梁，直到整个迁移过程完成。

这个过程还支持企业的"全局"视图，而不是只关注某个特定的子系统。图 10.16 描述了使用网关架构的集成过程的概念。

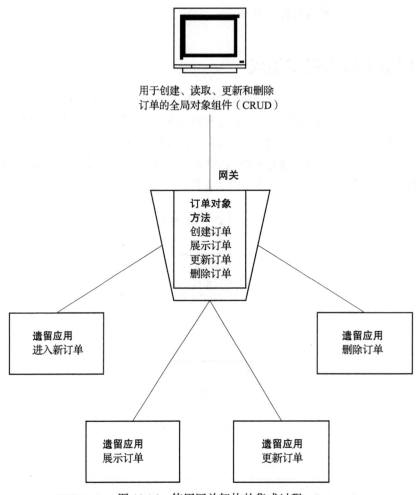

图 10.16　使用网关架构的集成过程

10.16　增量式数据集成

增量式数据集成的关注点是在整个套装软件系统中保持多组数据的协调性。

与数据集成相关的两个主要问题是：查询和更新。查询问题涉及跨多个系统访问数据集（相关数据元素的集合）的完整信息。许多查询问题可以通过使用数据仓库或数据挖掘架构来解决。网关作为基础设施来确定有多少个数据副本以及它们的位置。

数据集成更困难、更重要的概念是，网关能够协调跨数据库和平面文件系统的多个更新。这意味着一个组件中数据元素的更改将"触发"其他组件的自动更新。关于数据元素的不同定义可能存在四种不同的情况：

（1）每个系统中的数据元素具有相同的名称。这至少允许分析师确定系统中存在多少个元素副本。

（2）数据元素名称不匹配。因此，分析师需要设计一个"映射"算法，以跟踪每个别名与对应名称的关联。

（3）数据元素按名称匹配，但不按属性匹配。针对这种情况，分析师需要追踪不同系统中的属性定义，并将更新传递给数据元素。这些属性的差异可能非常大。其中一个显而易见的差异是数据元素的长度。如果数据元素的长度小于已更新的数据元素，就会出现字段截断的问题。这意味着，当值传递给一个定义了较短长度的系统时，字符串的起始值或结束值会丢失；如果目标长度较长，就需要在字符串的开头或结尾添加填充，以确保元素具有完整的值，如图 10.17 所示。

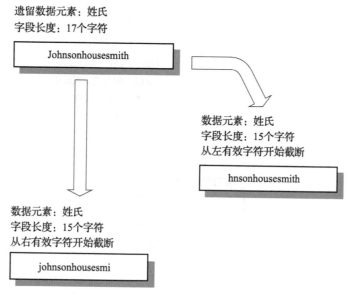

遗留数据元素：姓氏
字段长度：17个字符

Johnsonhousesmith

数据元素：姓氏
字段长度：15个字符
从左有效字符开始截断

hnsonhousesmith

数据元素：姓氏
字段长度：15个字符
从右有效字符开始截断

johnsonhousesmi

图 10.17　传递不同字段长度的数据元素

此外，同一个数据元素可能具有不同的数据类型，比如一个是字母，而另一个是数字。在这种情况下，分析师需要了解，根据数据类型的不同，某些值（如前导零）可能不会以相同的方式存储。

（4）数据元素之间不存在一对一的关系。这意味着在一个系统中的数据元素可能是基于计算结果的（派生数据元素）。这需要更深入的分析和映射，通常通过创建复制业务规则来计算数据元素的值的存储过程来解决。因此，在这种情况下，可能会存在元素的简单副本从一个系统移动到另一个系统，其中这个数据元素的值需要先进行计算，然后跨多个系统传递。例如，如果在一个系统中输入了数据元素"Total-Amount"，但在另一个系统中它是通过将数量乘以价格来计算的，那么这个值的传递就变得非常复杂。首先，分析师必须确定是否在结果值之前执行计算。在这种情况下，"Total-Amount"将被重新输入到另一个系统中，如果这是真的，那么传递过程就会更加简单：计算完成后，结果将被复制到"输入"元素中。反之，情况则会更加复杂。如果输入了"Total-Amount"，但没有输入数量和价格的值，那么在输入数量和价格之前很难进行传递。如果对数量、价格或总金额进行了调整，示例将变得更加复杂。对于任何更改，系统都需要自动"触发"以重新计算值，以确保它们保持同步。图 10.18 生动地展示了这个过程。

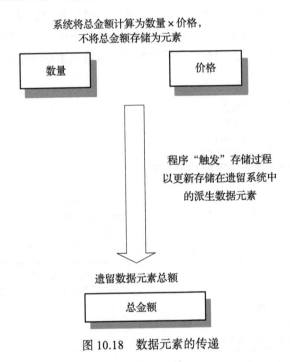

图 10.18 数据元素的传递

10.17 转换遗留的基于字符的屏幕

如果认为大多数遗留系统都不是基于字符的屏幕，那就太天真了。基于字符的屏幕是指那些不使用图形用户界面的屏幕。虽然大多数现有的基于字符的屏幕都是由第三代语言的大型机实现的，但也有许多早期的第四代语言系统先于 GUI 范式出现。不幸的是，基于字符的屏幕往往不容易映射到对应的 GUI 屏幕。分析师必须格外小心，不要试图简单地复制遗留软件中的屏幕。图 10.19 显示了一个典型的基于字符的遗留屏幕。请注意，在右上角最多可以输入四个合同／采购订单。用户需要在单独的屏幕上输入每个合同／采购订单的信息。

而图 10.20 所示的替换 GUI 屏幕使用了视图栏，允许在窗口中滚动。因此，GUI 版本只需要一个物理屏幕，而不是四个。

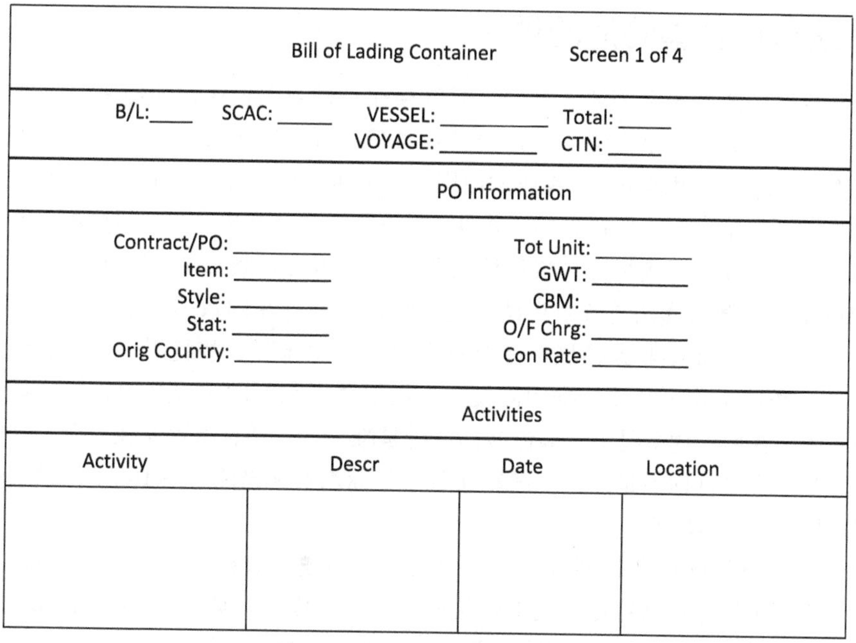

图 10.19　基于字符的遗留屏幕

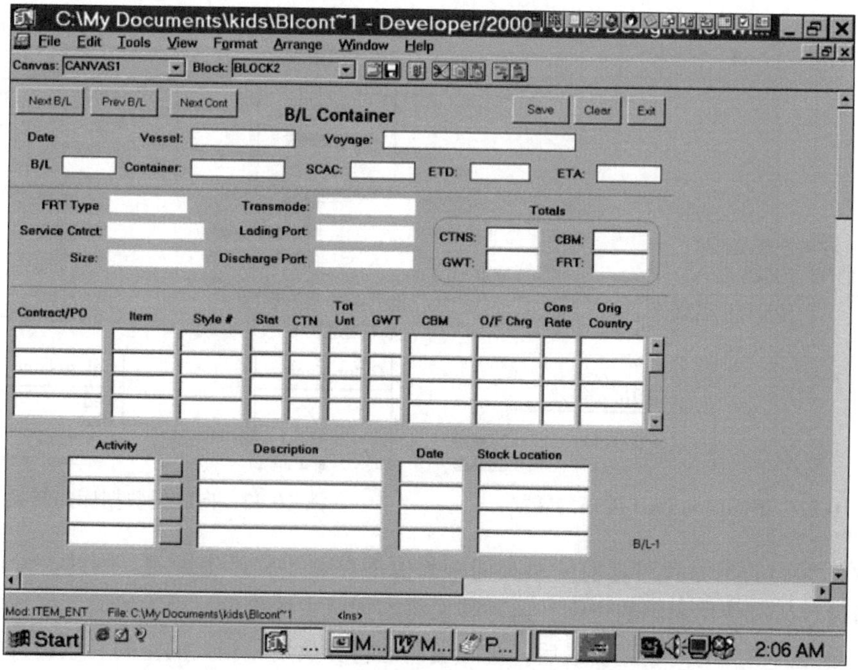

图 10.20　字符屏幕向 GUI 屏幕的转换

10.18　遗留屏幕编码值的挑战

在大多数遗留的基于字符的屏幕中，通常存在一种习惯做法，即使用编码来表示更有意义的数据值。例如，数字代码（如1、2、3、4等）可能用于表示产品颜色，如蓝色、绿色、暗红色等。遗留应用程序使用编码的原因是它们可以减少在屏幕上输入值所需的字符数量。在当时，还没有能够实现常见 GUI 特性（如下拉菜单和弹出窗口）的技术。事实上，许多人只是出于习惯或为了满足计算机系统的要求而使用编码值。在过渡到 GUI 系统时，特别是在 Web 上，明智的做法是逐步淘汰任何以编码形式存在的数据元素，除非编码是由用户定义的，并且在行业或业务领域中是有意义的。这意味着一些编码，如州的缩写（NY，CT，CA 等），可能会作为行业标准编码使用，而那些用来帮助实现某种软件的彩色代码的编码则被淘汰。在后一种情况下，颜色名称本身是唯一的，并且将存储在一个实体中，该实体仅使用其描述性名称而不是编码，编码随后用于标识实际描述。图 10.21 显示了基于字符和图形用户界面的屏幕转换。

更改基于字符的屏幕中的编码值将对数据字典和逻辑数据建模产生涓滴效应。首先，消除编码值将不可避免地从数据字典中删除数据元素。其次，编码通常是关键属性，即实体的主键。因此，删除编码就会删除实体的主键。新的主键可能是元素名称，这将涉及对实体关系图的修改，然后将其投入生产中（见图 10.22）。

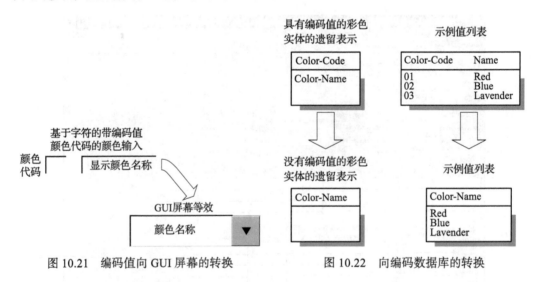

图 10.21　编码值向 GUI 屏幕的转换　　　图 10.22　向编码数据库的转换

再次，编码的消除会对之前使用查询编码值的存储过程产生影响。因此，分析师必须确保重新设计所有使用编码的查询。这种转换将增加巨大的价值，因为编码元素通常会增加查询的不必要开销和时间延迟。最后，消除编码值将释放出相当大的空间和索引开销，进而提高遗留系统的性能。

10.19　遗留迁移方法论

正如前面所提到的，所有遗留系统不可避免地会达到其原始生命周期的终点。因此，尽管某些组件可能会保持其"原貌"或得到增强，但 IT 管理人员最终必须计划将其迁移到另一个系统。本节将介绍如何建立一个迁移生命周期，该生命周期考虑了替换企业计算机系统中各种遗留组件的增量式方法。之前的部分提供了一个框架，介绍了遗留系统可以执行的操作，以及遗留系统与其他系统的集成方式。本节提供了一个分步模板，可以帮助分析师制定遗留迁移的计划，包括临时性和永久性的集成。这种方法是增量式的，因此分析师可以将其作为遗留迁移生命周期中进展的清单。总共分为以下 12 个步骤：

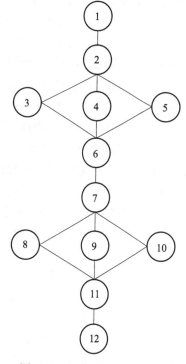

（1）分析现有的遗留系统。

（2）分解遗留系统，以确定迁移计划和链接策略。

（3）设计"原样"系统链接。

（4）设计遗留增强。

（5）设计遗留替换。

（6）设计和集成新的数据库。

（7）确定新的基础设施和环境，包括网关。

（8）实现增强。

（9）实现链接。

（10）迁移遗留数据库。

（11）迁移替换遗留应用程序。

（12）增量式切换到新系统。

上述步骤如图 10.23 所示。

请注意，有两个步骤流，即步骤 3～5 和步骤 8～10 可以同时发生。在这些步骤中，可以做出三种遗留迁移选择：替换、增强和保持"原样"。尽管这个迁移生命周期看起来很简单，但实际上，规划、管理和调整这些步骤及其之间的交互对于大多数迁移来说都是一个重大挑战。实际上，创建迁移计划并充分协调增量和并行步骤是一个艰巨的任务。后续的章节将提供关于这 12 个步骤的详细信息。

图 10.23　遗留迁移生命周期

步骤 1：分析现有的遗留系统

显然，分析师能够完全理解系统中存在的所有遗留组件是很重要的。分析遗留系统的目标是提供每个系统的要求以及它与系统的关系。分析师必须记住，几乎任何文档都无法完全表示遗留系统的架构。然而，分析师应该收集尽可能多的可用信息，包括但不限于：

❏ 用户和编程文档

❏ 现有的用户、软件开发人员和管理人员

❑ 遗留系统所需的输入、输出以及已知的服务

❑ 对系统本身所有历史观点

无论现有的信息和文档是什么，都必须使用逆向工程的某些方法。分析过程应该使用各种 CASE 工具，使分析师能够创建数据存储库和特定级别的代码分析，特别是对于第三代语言迁移。分析师应该为过程分析创建数据流图和业务流程图，以及用于数据表示的逻辑数据建模和实体关系图。分析师还应该确定哪些遗留组件是可分解的，哪些是不可分解的。不可避免的是，不管决定是立即替换、增强还是保持"原样"，最终只有很少一部分现有代码会在遗留系统的迁移中幸存下来（Brodie & Stonebraker，1995）。

步骤 2：分解遗留系统，以确定迁移计划和链接策略

当分析师使用分解工程时，最容易完成遗留系统的逐步迁移。前几章概述了功能分解的过程，它是基于将系统分解为功能组件，从而实现了代码的可重用性。由于可重用性是套装系统的基本前提，分解过程是遗留迁移生命周期中的强制性组成部分。因此，分析师应该将所有的数据流图分解为函数原语。过程分析继续进行，并为每个函数原语编写过程规范。这些函数原语可以通过重写现有代码或文档，或者从分析过程的功能中重新创建。分析师需要从遗留代码中消除所有链接模块的依赖逻辑，因为依赖逻辑是程序之间耦合的体现。通常，可以通过查找遗留代码中的过程调用来识别模块之间的依赖关系。最终，每个过程规范会转化为一个方法，而所有方法都会映射到类，并识别每个类所需要的属性。虽然这听起来很简单，但在分解过程中可能会遇到许多问题，特别是对于过于复杂且需要重新设计的遗留代码。在这种情况下，分析师可能需要与用户进行交流，了解所需的功能，而不仅仅依赖于已编写的遗留代码。

从数据的角度来看，实体关系图需要进行范式化。需要注意的是，步骤 1 中生成的数据字典和实体关系图可能不符合第三范式，而仅仅是现有系统的映像。因此，这一步将导致新的实体或数据元素的传递。此外，还将发现数据冗余以及应从逻辑模型中删除的派生元素。然而，在执行这些步骤时，分析师需要明确范式化过程是对数据进行全新设计的蓝图。实际删除元素或重新构建物理数据库需要根据整体迁移工作进行分阶段计划。因此，步骤 2 提供了分解的框架，而非实现的时间表。

最后，分析师必须时刻注意分解带来的问题，特别是过度分解，因为这可能会导致形成过多的类，进而对系统性能造成损害。在这里需要综合考虑混合分解的层次，这些层次将成为新迁移架构的基础。

步骤 3：设计"原样"系统链接

除了与其他套装软件组件间的必要链接之外，这个步骤涉及确定和设计哪些组件会保持不变。这些模块被确定为不包含在初始迁移计划中，但它们需要在套装软件系统的基础架构中发挥作用，因此是其架构的一部分。决策的一部分涉及如何将数据迁移到套装软件框架中。在大多数情况下，"原样"组件会继续使用它们的遗留数据源。必须考虑遗留数据如何与套装软件系统中的其他组件进行通信。分析师需要考虑基于参数的通信系统，或者前面所

述的共享集中数据库存储。

步骤 4：设计遗留增强

这个步骤决定哪些模块将被增强。在业务流程重组的指导下，将设计每个业务领域的新特征和功能。分析师需要识别基本组件，并确定需要采用哪些更改，以使现有系统的行为更像一个面向对象的系统。在这个步骤中，还需要进行公共过程和数据库的映射，以确保遗留软件系统和套装软件系统之间共享资源的使用和设计。此外，这个步骤还需要建立新的链接，分析师必须决定是使用参数传递方式还是使用数据库方式，或者两者都使用，以实现应用系统之间的通信。

设计遗留增强可能还需要根据需要更新用户屏幕，特别是删除编码值或将某些基于字符的屏幕迁移到图形用户界面。许多遗留应用程序的增强都是根据步骤 1 中的分析实施的。一旦完成了对遗留系统的整体迁移，任何修改都必须在更新的平台上进行。分析师需要认识到，额外的需求意味着增加风险，并应尽量避免。然而，在考虑增强时，几乎不可能忽视新的需求。因此，分析师需要将风险评估作为遗留迁移生命周期的一部分。

步骤 5：设计遗留替换

分析师必须关注在后期软件架构中如何重构逻辑。因此，理解代际语言设计的差异非常重要。本章介绍了两种类型的遗留软件系统：第三代语言和第四代语言的遗留软件系统。第三代语言通常被认为更加过程化，更难以转换。

分析师必须设计目标应用程序，以在新系统环境中支持业务规则和过程的操作。由于这种集成，大多数替换遗留迁移都需要进行大量的工程活动。这些活动需要包含新的业务规则，这些规则可能在遗留系统投入生产后发展起来。此外，只要能满足套装软件系统的需求，就可以创建新的业务规则。

遗留迁移的另一个重要组件是屏幕设计。当替换遗留系统时，分析师必须将迁移过程视为同化过程，也就是说，旧系统正在逐渐成为新系统的一部分。因此，需要检查所有现有的套装软件屏幕，以便设计人员可以确定是否需要对其进行修改，以适应一些遗留功能的引入。然而，并不是说所有遗留系统的屏幕都会被完全吸收到现有的套装软件系统中。相反，这个过程将添加新的功能并将已吸收的功能与目标环境进行组合。

步骤 6：设计和集成新的数据库

从企业的角度来看，分析师必须收集现有遗留系统的所有布局，并制定一个计划，以确保数据能够集成到一个统一的源中。对于保持"原样"的解决方案，遗留数据文件很可能与套装软件分离，直到完成对整个遗留数据的迁移。然而，增强和替换遗留数据的目标应该是创建一个中央数据库源，该源将为整个套装软件企业系统提供服务。实际上，中央数据库源可以减少数据冗余并显著提高数据的完整性。

数据集成的过程只能通过"合并用户视图"来完成，这是一个将多个重叠的数据元素定义进行匹配、识别数据冗余和替代定义的过程。为了完成这个过程，需要创建数据元素的存储库，并使用实体关系图表示数据。一旦每个系统都按这种方式表示，分析师必须按照第

9 章中的规定进行逻辑数据建模。最后的结果是创建一个中央数据库系统集群，该集群能够提供实现套装软件所需的各种集成类型。

虽然这是所有分析师的目标，但走向成功的道路是充满挑战的。第一，范式化的过程需要删除一些数据元素（例如编码值），然后添加其他数据元素。第二，直到在所有的替换屏幕都完成，才能实现完整的数据集成。第三，必须重新设计应用程序，以便假定存在一个数据源中心。由于这个过程非常耗时，因此一次尝试完整的数据库迁移是不可行的。因此，可能需要对遗留数据进行逻辑分区，以促进数据库增量迁移。这样会创建遗留数据子集，以保持与中央数据库的独立，直到认为以后的迁移阶段可行为止。当然，这种策略需要设计临时的"桥梁"，让整个套装软件系统看起来与用户是内聚的。

规划数据迁移时，确定对遗留数据本身的了解程度是另一个重要因素。可用的知识越少，遗留数据和套装软件数据需要单独和并行运行的时间就会越长。

步骤 7：确定新的基础设施和环境，包括网关

在迁移任何系统之前，需要规划和安装必要的硬件和软件基础设施。在遗留迁移中，一个常见的错误是忽视为提供这些基础设施所需的时间和精力。此外，这个过程可能会创建一个新的网络环境，需要确定软件在三层客户端 / 服务器平台中的位置。这意味着可能需要进一步分解所有的过程，尤其是对象类。你可能还记得在第 8 章中，根据跨网络分布应用程序的需求，对象类可能需要进一步分解。

另一个重要因素是性能。在许多情况下，网络工程师很难预测大型应用系统环境的性能。在设计阶段的早期，可能需要计划进行几个性能基准测试。基准测试是建立一个复制生产网络环境的过程，以便在必要时可以对系统的设计进行修改以提高性能。

现在必须做出的另一个决策是是否创建网关基础设施来协调遗留层。这个决策在很大程度上取决于迁移的生命周期。随着时间的推移，逐步引入的遗留层越多，就越有可能需要网关处理器来处理数据和应用程序。不仅从软件设计的角度，而且从网络基础设施的角度来看也是如此。建立一个网关是非常昂贵的，需要从头开始编写系统或定制商业产品以满足迁移需求。此外，它还需要额外的硬件以优化网关服务器的性能。然而，网关的好处是显而易见的，因为它可以提供一个可靠的架构，逐步地迁移所有组件到新的系统环境中。

步骤 8：实现增强

在此步骤中，需要确定遗留增强将在何时成为生产系统的一部分。许多分析师认为，首先应投入生产最简单的模块，以便能够快速有效地处理任何意外问题。此外，如果出现问题，这些简单模块通常对处理或性能没有重大影响。然而，也涉及其他方面的一些协调配合。例如，具有相同数据来源或使用相同子系统的增强很明显应该在同一时间实施。

其次，应考虑其对其他子系统的影响。这意味着优先级可能会受到其他系统所需或依赖的影响。再次，应考虑遗留链接的性质。如果链接非常复杂或者依赖于其他子系统的增强，那么它可能会对进度产生影响。最后，增强的本质与决策密切相关，而不仅仅取决于应用程序的复杂性。可能存在一些对套装软件系统至关重要的简单增强，反之亦然。

步骤 9：实现链接

正如我在步骤 8 中提到的，遗留链接的确定极大地影响了迁移周期的调度。一旦在步骤 8 中确定了这些链接，就必须将相关的遗留链接放置在适当的位置。这可能意味着如果设计了网关，那么网关必须处于运行状态，因为许多链接可能经过网关基础设施进行过滤。因此，遗留链接的实现既涉及硬件方面，也涉及软件方面。无论是否存在网关，数据库链接通常需要单独的服务器。在许多情况下，由于这些服务器与互联网相连，因此需要安装防火墙以确保安全。

从软件的角度来看，几乎可以将遗留链接视为转换程序。同样需要进行大量的测试以确保它们正常工作。一旦遗留链接投入生产，就像数据转换一样，它们往往会持续工作。记录遗留链接也非常重要。事实上，所有链接最终都会根据增量迁移计划进行更改。请记住，大多数遗留链接是通过建立临时的"桥梁"方式实现的。临时性的概念可能是危险的，因为随着时间的推移，许多这样的链接往往变得更为持久。实际上，它们的临时寿命有时可能超过永久部件的预期寿命。因此，这段话的意思是，遗留链接虽然是临时解决方案，但在设计时应遵循与其他软件开发组件相同的强度和质量要求。

步骤 10：迁移遗留数据库

数据迁移是非常复杂的，因此应该将其作为迁移生命周期中的一个独立且独特的步骤来处理。数据对系统中的所有组件都有影响，如果数据没有正确地迁移，通常会导致严重的问题。首先，分析师必须根据应用程序迁移的进度决定数据迁移的阶段。数据迁移的过程应与步骤 8 和步骤 9 并行进行。

数据迁移中最具挑战性的方面是物理迁移步骤。新实体的迁移和模式更改都是复杂的任务。例如，对数据库进行更改可能需要删除表，使其脱机；数据字典需要更新；修改存储过程和触发器需要耗费大量时间等。数据迁移中最麻烦的是质量保证过程。虽然某些测试可以在受控环境中完成，但大多数最终测试必须在系统实际投入生产后进行。因此，与用户早期协调测试系统至关重要。此外，必须有备份过程，以防数据库迁移后发生故障。这意味着在出现重大问题时，需要有备用的故障安全计划来重新安装旧系统。最后，开发团队应准备好处理任何出现的问题，而无须重新安装旧版本系统。这个过程还包括发现应用程序中的"bug"，这些 bug 可以在合理的时间内修复，并且对于操作来说并不是关键问题（这意味着通常存在问题的"解决方案"）。分析师必须明确，每次进行新的数据库迁移时都必须遵循这个过程！

当有一个网关时，数据库迁移就会更加复杂。原因是，从增量的角度来看，网关在每次进行迁移时都包含越来越多的数据库责任。因此，对于每次迁移，可能受到潜在影响的数据量都会增大。此外，集成的数据数量通常呈指数级增长，因此规划和转换过程成为成功的迁移生命周期的关键路径。由于随着项目的进展，遗留数据库的迁移变得更加困难，因此生命周期的结束就变得更具挑战性。这就是许多迁移从未完成的原因！

步骤 11：迁移替换遗留应用程序

一旦数据库迁移完成，剩余的遗留应用程序可以迁移到新系统中。这些应用程序通常是替代组件，经过重新设计以符合面向对象范式。因此，这些程序会针对目标数据库进行操作，并具备套装软件系统所需的新功能。由于替代应用程序通常不创建链接，它们对网关操作的影响通常较小。然而，在这个工程中，质量保证过程更具挑战性。用户需要意识到，尽管经过了预生产测试，这些相对较新的代码仍然可能存在问题。因此，在系统转换后的几周内，程序员、数据库管理员和质量保证人员应该随时待命，以解决任何可能出现的问题。

步骤 12：增量式切换到新系统

如上所述，测试和应用程序周转率是经常被忽视的两个领域。由于项目通常会超出预算和进度，像测试和验证这样的最终过程往往会被缩短。然而，这个决定可能会对成功的遗留迁移造成毁灭性的影响。由于许多套装软件系统庞大而复杂，突然停止使用是不现实且不负责任的。因此，分析师应考虑提供测试场景，使他们更加相信系统准备好被切换。这种方法称为"验收测试"，要求用户参与决定在系统准备投入使用之前必须执行哪些测试。因此，验收测试计划可以定义为一组测试，如果通过了这些测试，就可以确定软件可以在生产中使用。验收测试计划需要在产品生命周期的早期建立，在系统分析阶段就应该开始。按照这个逻辑，验收测试计划的开发应该由系统分析师参与。与需求开发一样，分析师必须参与用户社区。只有用户才能对测试计划的内容和范围做出最终决定。验收测试计划的设计和开发不应与系统开发生命周期的测试阶段混淆。

验收测试的另一种方法是将其制作为一份正式的检查表，定义增量迁移系统的最低标准。然而，人们必须认识到没有任何新产品是完美无缺的。进行各种各样的测试将导致时间表的完成不可接受，并且成本过高。因此，验收测试计划是一种策略，通过对最重要的组件进行全面测试以投入生产。图 10.24 展示了一个验收测试计划的示例。

质量保证验收测试计划					
产品：联系人—按Enter键				编号：	
测试计划：1G	供应商： 质量保证技术人员：			日期：	
测试编号	正在测试的条件	预期结果	实际结果	符合 Y/N	备注
1	输入新联系人的姓氏，按Enter键，重复并输入名字，按Enter键	接受并提示公司地址			
2	从列表中选择公司地址	接受并提示下一字段			
3	输入系统中已有的联系人的姓和名	接受并提示公司地址			

图 10.24 验收测试计划

10.20 问题和练习

1. 什么是遗留系统？解释一下。

2. 描述五代语言。每一代增加了什么？

3. 什么是基本组件？

4. 面向对象范式是什么意思？

5. 面向对象如何与业务领域分析相关联？

6. 什么是遗留链接？

7. 解释逻辑重建的概念。

8. 什么是 Unix 管道？

9. 解释遗留集成如何通过网关架构进行操作。

10. 传递是什么？

11. 基于角色的屏幕和 GUI 之间的本质区别是什么？

12. 什么是编码值？

13. 对象和 API 之间的关系是什么？

14. 区块链架构中 CRUD 的限制是什么？为什么这种差异在一个基于账本的系统中如此重要？

Chapter 11｜第 11 章

构建与购买

11.1　概述

本章将讨论一个艰难且有争议的决策，即当组织寻求满足其需求的软件解决方案时需要做出的决策：是根据特定需求自行开发新软件，还是购买定制产品，尽管这些产品可能无法完全匹配我们的所有需求。通常，"构建"决策被称为"制造"的替代方案，其中制造指的是在内部开发产品，而"购买"指的是外包概念。然而，我并不认为这些简单的标签是准确或适当的。产品是构建还是购买，与这个过程是否外包无关，因此我们需要谨慎地标识这两种备选方案。

Inman 等人（2011）认为，需要在战略和运营层面上做出构建或购买决策。Burt 等人（2003）就购买的战略原因提供了一些指导，并将其与外包的定义联系起来，给出了不外包的三个具体的理由：

（1）该项目对整个产品的成功至关重要，公司的客户也这样认为。

（2）该项目需要专门的设计和技能，这些技能在组织中是有限的。

（3）该项目有利于提高公司的核心竞争力，但需要在未来加以开发。

从历史上看，许多组织选择购买产品，因为他们认为这样可以降低成本。然而，事实上，超过 70% 的所有权费用通常产生于在产品购买后的维护阶段。那么，成本究竟出在哪里呢？它主要产生于内部团队不断修改和发展产品时。现成的概念倾向于保持更低的成本，因为从理论上讲，汇集所有客户需求可以提供更好的软件。另外，公司应始终首先寻找一种方案，因为常见的业务挑战包括：

❑ 成本。

❑ 上市时间。

❑ 政治环境。

❑ 架构差异。

❑ 现有员工的技能集。

然而，Gartner 咨询公司 2003 年发布的一份报告显示，这种趋势正在改变，越来越多的公司开始内部构建应用程序。Gartner 列举了以下原因：

❑ 使用新兴技术的竞争优势不断上升。

❑ 充分发挥有才能的软件开发人员的才能。

❑ 先前使用的套装软件名声不好——它不够敏捷，部门使用起来很困难。

❑ 为了适应独特的和不断变化的业务需求而不断增加的需求。

Ledeen（2009）和 Moore（2002）对如何处理构建与购买的分析非常有用。他们建立了一个循序渐进的标准来帮助组织做出最佳决策。这一标准包括以下内容：

❑ 核心与外围。

❑ 覆盖范围。

❑ 方向。

❑ 总拥有成本。

❑ 规模。

❑ 时间。

❑ 标准。

11.2 核心与外围

这个决策点与应用程序的战略重要性有关。应用程序的战略性越强，组织内部开发软件的可能性就越大（Langer，2011）。概念很简单：如果应用程序与会计、人力资源或工资表中的基本功能有关，那么它就不是核心。然而，沃尔玛使用的软件尽管只是一个与会计相关的软件，却被用于供应链管理，推动其具有竞争优势的各个方面正常运转。结果，沃尔玛将供应链发展为核心和独特的应用程序。摩尔图（见表 11.1）提供了一个有趣的矩阵，可用于确定核心应用程序。

表 11.1　构建与购买摩尔图

	核心汇聚	外围分离
关键任务（控制）	制造	外包
支持任务（委托）	合伙人	合同

表 11.1 反映了关键任务应用程序应该在内部开发，面向外围的应用程序则可以修改购买的套装软件来满足要求。

11.3 覆盖范围

覆盖范围评估度量套装软件解决方案与业务需求的匹配程度。通常的规则是，一个套装软件解决方案至少应该具备组织需求的 80% 的特性和功能。然而，Ledeen 指出这可能是一个陷阱，因为这意味着套装软件不仅应满足业务直接需求，还应考虑业务之外的功能的重要性。这是有关联的，因为业务需求是不断发展的，组织必须意识到应用程序不仅要满足当前业务需求，还要适应未来的业务需求。此外，套装软件解决方案中的某些功能实际上可能提供了比当前业务所使用的更好的替代方案。因此，这确实是一个复杂的问题。

11.4 方向

与方向相关的关键因素包括灵活性、可维护性和软件在整个生命周期的可扩展性。最终，方向与组织对产品的控制程度有关，尤其是对那些可能需要进行更改的产品，指软件功能的可变性（volatility）。例如，如果产品是一个基本的会计系统，那么它在生命周期内很可能不会发生重大更改。然而，如果产品是受政府监管的医疗保健系统，且在高度脆弱的市场中运作，那么方向就成为一个关键的决定因素。这在很大程度上取决于产品本身的设计和架构。它是否容易进行修改？用户是否有较大的控制权来进行修改？所有这些因素对评估是否明智地选择一个套装软件都非常重要。

11.5 总拥有成本

总拥有成本（Total Cost of Ownership，TCO）代表全部成本。这些成本包括产品许可费、维护费、产品定制费和支持费等。在 TCO 中，自定义修改是主要的变量。供应商通常会提供一个估计范围，但管理人员需要小心"范围蔓延"的情况，即在项目的设计阶段，原始的定制需求可能会大幅扩展。有一个很好的方法可以帮助做出决策，那就是确定组织中不需要的套装软件特性和功能的数量。如果套装软件解决方案具有许多不必要的特性和功能，则可能意味着应用程序与组织的需求不太匹配，可能是为不同的用户设计的。需要注意的是，许多套装软件最初是针对特定客户定制的，然后又根据其他客户的需求进行了定制。这种演变过程是市场上众多套装软件的典型情况。因此，了解套装软件的开发历史可能会为TCO（以及两者之间的匹配程度）提供指引。

11.6 规模

套装软件的规模是一个考虑因素，特别是当它包含许多模块时。这一点在大型企业资源规划（Enterprise Resource Planning，ERP）产品中尤其重要，因为这些产品需要具备高度大规模的互操作性。这些模块化的产品还允许客户在后期购买业务组件，并轻松地进行更新。然而，如果组织没有计划进行扩展，那么大型集成套装软件可能是多余的。

11.7　时间

很多人相信套装软件解决方案能够更快地实现，但需要小心，通常并非如此。套装软件解决方案可能会在系统开发生命周期中增加步骤，从而延长产品上线的时间。Ledeen 认为，尽管商用部件法提供了更高的可预见性，但同时也限制了灵活性并强加了限制。不管是哪种情况，我都强烈建议不要仅仅根据完成速度来决定是进行构建还是购买，因为组织可能会对结果感到惊讶。可以肯定的是，组织对基础套装软件的接受程度越高，实施速度就越快。然而，接受套装软件的现状并不一定意味着它对企业来说是最佳选择。

11.8　标准

Ledeen 将标准定义为不同系统之间的一致性，我认为这个问题更多地体现在组织架构的一致性上。这意味着对于套装软件来说，硬件平台和软件架构（包括中间件、办公产品等）应该保持一致，以最大化其优势。如果组织存在多个不同的架构，那么套装软件的价值就没有那么明显了。特别是如果套装软件需要适应所有系统的架构，情况就更加如此了。这就是开放系统对组织如此有吸引力的原因。然而，不幸的是，在跨国公司中拥有多个不同架构的情况并不罕见，其中大部分可能是由公司收购其他公司导致的，每当收购一个新企业时，通常就会获得一个全新的系统架构——包括硬件和软件。

11.9　其他评价标准

上述问题固然很重要，但在做决策时也需要考虑其他评价标准：

- ❑ 产品的复杂性：越复杂的软件应用程序，商用部件法就越难胜任。复杂的产品往往会缩短生命周期，并具有更多的不断变化的需求。
- ❑ 先进技术：用户往往希望通过套装软件解决方案来获取先进的产品。然而，他们可能会感到失望，因为套装软件在这方面存在一些独特的限制。首先，套装软件供应商需要考虑到拥有旧版本和需要提供支持的硬件的用户群体。这就导致了向下兼容的难度，例如微软在升级操作系统和软件时所面临的问题。过去，IBM 经常向那些未能随着时间的推移升级产品的客户发布"不支持"通知。有的供应商会强制用户进行升级，但这往往会导致一场混乱。
- ❑ 维护：商用部件法通常涉及产品升级和新的维护版本。维护版本有时包含错误修复方案和解决套装软件中发现的问题的解决方案。维护工作可能非常棘手，尤其是在组织进行产品定制时。例如，组织如何从供应商那里加载定制版本的新版本？这是一个挑战，尤其是在更新涉及监管要求的情况下。定制的商用现成产品不可避免地需要经历一次更新，其中定制部分必须进行"重新定制"以适应套装软件的升级。这无疑将增加整个套装软件生命周期中的某些成本。

虽然上述建议提供了思考和衡量的指导方法，但这个过程仍然很复杂，没有真正的科学方法可以最终决定是构建还是购买，或者是既要构建也要购买。然而，Langer（2011）提出了另一个概念，即驱动者 / 支持者理论，在这个理论中，"购买"决策只会针对那些被认为是"支持者"的应用程序做出。图 11.1 将支持者描述为已达到"规模经济"圆圈中所示商品阶段的物品。

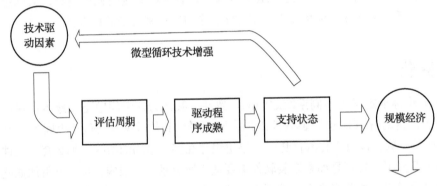

图 11.1　Langer 的驱动者 / 支持者生命周期

从图 11.1 中可以看出，所有的技术需求开始都是驱动者，但最终都变成了支持者，从而失去了它们在市场上的独特性。这就好像你通过实现一个新的电子邮件系统来创造一个战略优势，但这并不能真正为组织提供竞争优势，而是作为一个促成竞争的因素，这是不同的概念。在这里，我提出的观点是，新的电子邮件系统可能是通过"购买"来实现的，而且可能由外包供应商来执行。根据 Burt 等人的理论，这将被视为"购买"，而不是"构建"。

11.10　驱动者 / 支持者

我认为驱动者 / 支持者的概念对于理解构建与购买决策是必要的。本节将进一步介绍这种理论和实践，以更好地确定构建还是购买。

综上所述，驱动者 / 支持者在组织中具有两种基本的部门职能：驱动者职能和支持者职能。这些职能与部门对组织目标的贡献方式和特性有关。我第一次接触驱动者和支持者的概念是在 Coopers & Lybrand，该公司当时是一家大型会计师事务所。我研究了驱动者与支持者的概念，因为它与我们的电子数据处理（Electronic Data Processing，EDP）部门的角色有关。该公司试图将电子数据处理部门划分为驱动者或支持者两类。

驱动者是指那些从事一线活动或直接创收活动的部门。支持者则是指那些不直接产生明显收入，而是为一线活动提供支持的部门。例如，内部会计、采购或办公室管理等运营部门都属于支持部门。由于支持部门的性质，评估其效力、效率或规模经济是非常重要的。

相反，驱动者部门有望为公司产生直接收入和其他投资回报（ROI）。我对此感兴趣的原因是，驱动者往往被要求更加大胆和积极，因为他们直接为企业带来回报。因此，驱动者会参与 Bradley 和 Nolan（1998）提出的"感知和响应"行为和活动。

让我解释一下这个概念。因为市场存在竞争力量，所以营销部门经常需要通过投资或"感知"机会来开展新业务。因此，他们必须能意识到机会的存在，并迅速做出响应。感知机会并以有竞争力的产品或服务做出响应是组织需要支持的一个循环中的某个阶段。在"感知和响应"循环中，失败是可预见的。以秋季新电视节目的推出为例，每个主要电视台都会经历一个"感知"可能吸引观众兴趣的节目的过程。他们会通过研究和评估一些新节目来做出"响应"。然而，只有很少几个节目会取得成功，有些几乎立即就失败了。虽然成功的节目相对较少，但这个过程是可以接受的，并且被管理层视为有效竞争的一套步骤的结果，即使成功节目的比例非常低。因此，可以肯定地说，驱动者组织被期望从事风险较高的业务，其中许多项目将会失败，但其中一些最终会创造出成功的产品或服务。

之前的例子引发了两个问题："感知和响应"如何与信息技术领域相关？它为什么重要？信息技术的独特之处在于它既是驱动者又是支持者。它作为支持者的角色在许多公司中是被广泛接受的。实际上，大部分信息技术功能的设立都是为了支持各种内部职能，比如：

- ☐ 会计和金融。
- ☐ 数据中心基础设施（电子邮件、桌面等）。
- ☐ 企业级应用程序（ERP）。
- ☐ 客户支持（CRM）。
- ☐ 网络和电子商务活动。

正如我们所期望的，这些信息技术功能被看作与开销相关，并在某种程度上被视为一种商品。因此，以规模经济为基础对其进行持续管理至关重要——也就是说，我们应该如何使这些操作更加高效？特别是要关注成本控制。

那么，什么是信息技术驱动者功能呢？根据定义，它们是那些能够直接产生收入并具备可辨识投资回报（ROI）的功能。我们如何在信息技术中定义这些功能呢？（当然，这里不包括那些从事实际应用产品营销的软件应用开发公司。）我将其定义为那些一旦实施将改变组织与其客户之间的关系（也就是说，这些活动直接影响市场的经典定义）的项目，其中客户（需求方）和供应商（供方）之间的关系决定供需力量。

因此，任何驱动者应用程序产品都不应该通过完全外包来实现，而应该由公司内部构建并拥有。但是，这并不意味着只要所有权仍在公司内，某些服务和组件就可以转包出去。

11.11 购买决策中的支持者一方

根据驱动者的定义，支持者可能确实表示需要购买套装软件。由于支持者功能按照定义是"可调整的"，因此它们被认为是一种商品，可以使用更标准化的应用软件来实现。因此，套装软件的所有优点都适用。此外，对定制的需求应该更少。例如，考虑构建电子邮件系统的选择——如果需要提供竞争优势的独特功能，就只能内部构建它。也就是说，电子邮件系统将是一个驱动者应用程序，因为它将改变买方和卖方的关系。这正是发生在沃尔玛的情况，通常被认为是商品会计系统的东西变成了有巨大战略优势的应用程序。另外，能够提供这种优势的电子邮件系统对大多数组织来说是不太可能的，因此他们会寻找一种能够满足大多数组织所需要的电子邮件系统功能的产品，作为支持者解决方案。

11.12 开源范式

开源软件是指在一个强烈信奉自由软件运动的社区中开发的自由源代码软件。最早成功的开源产品包括 Linux 和 Netscape Communicator。开源运动是在 OSI（Open Source Initiative）的支持下进行的，OSI 成立于 1998 年，旨在为开源软件提供指导和应用标准。

正如我之前提到的，开源范式在软件行业中取得了巨大的进展，可以作为替代方案被用来开发软件。开源的概念也可以表示一种选择，即"构建"还是"购买"。这个选择并不一定是二元的，也就是说，并非只能选择其中之一，还可能是一个混合型决策。例如，组织可以选择通过开源代码来开发自己的应用程序，也可以选择授权第三方产品，这些第三方产品同样包含开源代码。最后，还可以对这些套装软件进行许可，从而将它们作为桥梁或与各种开源模块进行集成。无论哪种情况，在确定最佳应用程序解决方案时开源都可以扩展选择范围。

但是，开源用户必须同意以下使用条件，并向他人提供使用条件：

❏ 自由分配。
❏ 包含源代码。
❏ 许可证必须允许修改和派生作品。
❏ 允许在原始软件的许可下重新发布修改。许可证可能要求派生作品使用不同的名称或版本，以保护原始作者的完整性。
❏ 不歧视任何特定群体或领域的努力。
❏ 许可证不能限制任何软件，并且是技术平台中立的。

在某种程度上，开源代码为组织提供了使用套装软件的选择，这些软件可以被自由修改，并且修改后的版本可被提供给那些需要它的人，因而它是一个组织可以共享需求的平台。然而，共享的负面影响是，修改部分有可能包含了代表公司竞争优势的专有算法。此外，软件还必须与硬件无关，这对于运行在专有系统上的应用程序来说是一个挑战。尽管如此，开源应用程序仍然越来越受欢迎，特别是在云计算上。

此外，开源代码可能会引发一些意想不到的法律问题，特别是涉及软件所有权的情况下。假设公司的专有应用程序中使用了一个开源程序或模块，然后该公司要被另一个实体收购了。问题是，谁将拥有这个产品？从法律角度来看，开源的部分是无法被公司拥有的，这给组织的 IT 管理人员带来了一些意想不到的困境。这种困境尤其与供应商的软件产品相关。

11.13　云计算选项

正如我之前讨论过的那样，云计算是物联网和区块链技术的基础，它是一种基于服务器的范式。简单来说，云主机拥有支持你的业务或企业所需的所有硬件、软件、服务和数据库。组织只需拥有终端设备和打印机即可完成工作。图 11.2 显示了云计算的高级配置。

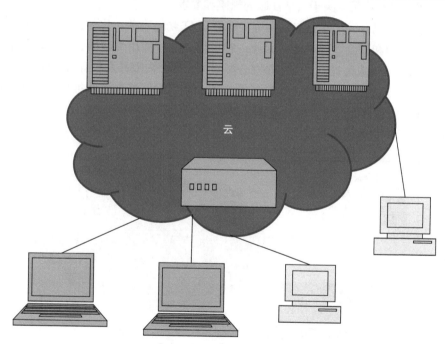

图 11.2　云计算的高级配置

除了连通性之外，云计算实际上是为了降低成本，也许还为了使用物联网设备等其他设备共享的产品。这并不意味着云产品不能有专有的应用程序，而是它们有能力混合和匹配云中可用的应用程序，以满足组织的特定需求。由于许多应用程序都可以在云中共享，因此拥有成本大大降低。使用云计算的最大好处可能是节省了基础设施和运营人员成本，否则他们将需要在内部进行运营。从第 8 章我们知道云有许多基本的和复杂的配置。我们有必要回顾一下这些模型，以帮助我们做出"构建"还是"购买"的决策。

11.14　部署模型

云计算实际上有五种部署模型：

（1）公有云/外部云：这是云计算的基本模型，它允许用户通过互联网访问网络，通常根据使用情况或应用程序访问情况付费。它类似于1970年的分时概念。这个模型显然与"购买"决策有关。

（2）私有云/内部云：私有云在许多方面类似于内部网的概念，因为它是组织内部开发的共享服务。就像内部网一样，私有云要求组织设计网络并像支持公共网络一样支持它——当然复杂度要低一些。这个模型更倾向于"构建"决策。

（3）社区云：这种配置表示一群组织共享资源。实际上，它类似于一个受限制的公有云，只有特定的组织才能使用它。社区云对于具有类似需求或相互关联的特定行业非常有吸引力。具体采用哪种决策取决于共享社区的规模和要求。

（4）混合云：混合云实际上与提供特定的管理IT功能有关，比如为公有云和私有云部署提供备份、性能和安全管理功能。因此，它更像是一种实用类型的云服务，通常由内部IT服务或Oracle等供应商提供。可能是混合型决策，即由内部开发私有云，外包公有云。

（5）组合云：这是应用多种类型的云的方法，使组织能够享受到每种云为业务提供的最佳服务。决策根据情况而定，这种方式可能是最灵活的。

图11.3展示了这些云部署模型。

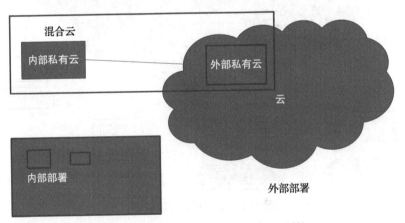

图11.3　云部署模型（来源于维基百科）

显然，云计算有其劣势——它基本上将大部分操作外包给第三方处理——这始终存在风险，因此应该进行以下评估：

□ 安全性：尽管所有第三方服务供应商都承诺保证安全性，但历史表明，它们仍可能受到外部攻击。因此，安全性仍然是私人和敏感数据所关注的重要问题。例如，在云中存储医疗保健信息和其他个人信息可能存在很大的风险。

❑ 政治问题：如果存储的数据在其他国家的监管和控制下保存在其他地点，这些数据可能会受到限制，可能被带走或不让需要访问的人知道。由于法律体系和政策的变化，这些数据也可能会被泄露。我们经常在跨国公司中看到这类问题。

❑ 停机时间：供应商能够在不停机的情况下提供多长时间的持续服务？云服务能够在多大程度上具备故障转移能力？这些服务的代价是什么？

❑ 迁移：如果需要从一个云服务供应商迁移到另一个云服务供应商，迁移应用程序会面临哪些风险和问题？在数据转换方面可能会出现哪些兼容性问题？

11.15 总结

本章研究了"构建"或"购买"应用程序解决方案的复杂性。包括第三方套装软件和内部开发的应用程序的混合解决方案是一个非常实际的选择。开源范式和云计算的发展为设计和创建混合系统提供了机会，提供了比以往更广泛的选择。此外，驱动者 / 支持者的概念提供了一种更科学的方式来决定是"构建"还是"购买"与物联网和区块链架构一致的软件解决方案，以支持移动环境。

11.16 问题和练习

1. 解释什么是核心与外围。
2. 为什么总拥有成本如此重要？
3. 描述 Langer 的驱动者 / 支持者理论。
4. 驱动者 / 支持者和"构建与购买"之间的关系是什么？
5. 定义开源的概念。开源如何改变"构建与购买"决策过程？
6. 什么是云计算？解释不同类型的云。

下一代分析师和项目管理

12.1 概述

本章提供了关于下一代系统的系统开发生命周期方法论和项目管理最佳实践的指导。它涵盖了项目组织、角色和职责等方面。下一代系统（如 5G 系统、物联网系统、区块链系统）的许多方面是通用的，但在管理这些移动系统时，肯定存在许多独特的挑战。因此，本章解释了这些独特挑战在系统开发生命周期中发生的位置，还侧重于为实现最佳实践而必须解决的持续支持的问题。

具有传统软件开发背景并了解软件开发各阶段的项目经理可能可以很好地监督套装软件项目的进度。事实上，传统的项目经理将关注预算、进度、资源和项目计划等方面。不幸的是，由于套装软件系统涉及业务的许多部分，因此需要不仅仅监视和管理软件开发过程。换句话说，物联网的项目管理需要更多地关注内部和消费者社区。它必须将传统开发与业务创建结合起来，并且由于套装软件预先存在，它还需要深入研究内部组织结构，并要求项目经理参与开发和实施周期的每个阶段。正是因为这些原因，我提倡传统分析师考虑扩展技能以包括项目管理技能。这里选择这个职位的主要原因是它增加了与消费者接口的接触。大多数传统的项目经理都来自软件开发领域，而本书中讨论的新一代开发更多地关注建立消费者视角。下面列出了一些移动开发项目的独特组成部分。

（1）复杂项目的项目经理：套装软件项目需要在传统用户社区之外建立多个接口。这些接口可能包括与作者、编辑、营销人员、客户和消费者之间的接口，这些人都是系统取得成功的利益相关者。

（2）更短、更动态的开发时间表：由于套装软件系统的动态特性，开发过程不是线性的。由于经验较少且涉及的利益相关者较多，人们往往会低估完成任务所需的时间和成本。

（3）新的未经测试的技术：有许多专门为 Web 开发人员提供的新技术，以至于人们开始尝试使用尚未成熟的软件版本进行开发。通过 Web 分发，获取这些新软件变得非常容易，因此一旦新版本发布，人们可以相对轻松地进行尝试。我们现在仍在使用 DevOps，它支持应用程序发布后的修复和持续开发工作！

（4）范围变化的程度：由于移动应用程序涉及消费者的多个方面，以及需求的不可预测性，这些应用程序往往更容易发生"范围蔓延"的情况。项目经理需要与内部用户、客户和消费者密切合作，告知他们变化对进度和项目成本的影响。不幸的是，范围变化可能无法避免，因为它们受市场趋势变化的影响。因此，管理范围变化而不是试图阻止它们是一个好策略的一部分——因为阻止范围变化可能是不现实的。

（5）对套装软件系统进行成本核算是很困难的：在软件行业中，对项目进行成本核算一直是一项具有挑战性的任务。而对于第三方系统来说，这个任务变得更加困难，因为涉及许多变量、未知因素以及新技术和程序的使用。区块链产品、物联网和云计算可能会由外包和供应商主导。

（6）缺乏标准：软件行业仍然缺乏统一的管理机构，因此真正的强制性标准在该行业并不存在。尽管存在一些建议和最佳实践，但其中许多尚未经过验证，并且无法跟上发展的步伐。由于缺乏成功的套装软件项目，因此很少有成功案例用来建立新的和更好的最佳实践。

（7）专门化的角色和职责较少：软件开发团队倾向于拥有具有不同职责的员工。与传统的软件项目不同，在移动环境中操作时，角色和职责的分离更加困难。例如，定义分析师的确切角色可能非常棘手：他们可能既是程序员、数据库开发人员，又是内容设计师。事实上，所有这些角色都承担着开发人员职责的一部分。

（8）谁来承担费用：谁应该承担套装软件系统的费用常常存在普遍的不确定性。这涉及利益相关者在内部组织中就分配资金达成共识。当出现延误和成本超支时，情况变得更加复杂，因为利益相关者很难就责任归属和额外成本承担达成共识。

（9）项目管理职责非常广：移动架构的项目管理职责超越了传统的 IT 项目经理职责的范畴。使用第三方接口需要更多的管理服务，而不仅仅是传统的软件人员。正如第 1 章中所描述的那样，分析师需要与外部用户以及开发团队的非传统成员（例如内容经理和社交媒体员工）进行更多的互动。因此，项目经理面临更多的障碍，这可能导致管理工作失败。

（10）产品永远不会结束：应用程序的构建和部署本质上意味着它们是活跃的系统。这意味着它们具有很长的生命周期，需要持续进行维护和增强。因此，传统的项目开始和结束的概念不适用于套装软件项目，因为它们的实现固有地持续在整个阶段进行。

表 12.1 总结了传统软件项目和套装软件项目之间的差异。

表 12.1　传统软件项目和套装软件项目之间的比较

套装软件项目	传统软件项目
项目经理并不总是经过培训的客户经理	不同
项目开发时间表往往很短	相似
通常实施新的未经测试的第三方软件	通常不实施
实施过程中发生范围变化	相似
定价模型并不真正存在	不同
套装软件标准不存在	相似
团队角色非专门化	不同
用户难以承担开发成本，特别是在规划期间	不同
项目经理职责很广	不同

　　需要回答的问题不仅限于过程和责任应该是什么，还应该包括这些工作由谁来承担？作为业务分析师，我的职责是负责从项目的初始阶段到完成阶段的管理。业务分析师的职责和责任是理解项目管理的复杂性的重要先决条件。作为分析师，他们的角色要求他们与组织保持联系，并理解驱动业务的政治和文化因素。我并不是建议每个分析师都应该成为项目经理，而是建议让其中一个分析师同时担任项目经理的角色。为了确定匹配程度，定义成功项目管理所需的技能集是非常重要的。以下是一些建议：

❑ 具有软件方面的经验。
❑ 了解预算、调度和资源分配。
❑ 具备优秀的书面和口头沟通技巧。
❑ 具备组织和主持会议讨论的能力。
❑ 能够以细节为导向，但同时又具有大局观。
❑ 务实。
❑ 具备天生的幽默感，无须刻意表演。
❑ 危机期间能够保持冷静和清醒。
❑ 具有网络技术、多媒体和软件工程方面的经验。

　　不幸的是，很难找到具备所有这些特征的项目经理。在许多情况下，从内部选拔人员并在内部培养他们的专业技能是一种明智的选择。这种做法特别有效，因为内部人员已经是熟悉组织的人，更有可能适应组织的文化。最重要的是，这些人能够被组织文化所接受。然而，培养内部人才需要时间，并且有时这些经过培训的人才会在培训后离开公司。引进外部人员也有其好处，因为他们可以带来全新的视角，能够提供更客观的意见来指导项目按时完成所需的行动。

12.2 定义项目

项目经理的首要任务是为项目确定使命宣言，旨在协助管理者和用户 / 消费者关注三个核心任务：

（1）确定项目目标。

（2）确定用户和消费者。

（3）确定项目的范围。

12.3 确定项目目标

项目目标被定义为在项目期间必须达到的结果。根据 Lewis（1995）的观点，项目目标必须是具体的、可测量的、可实现的、现实的和有时间限制的。其中，"可测量的"和"可实现的"往往是最具挑战性的要求。最终，目标陈述了期望的结果，并关注组织如何判断何时达到目标。通常情况下，目标是由项目的利益相关者来设计的，这些利益相关者通常是高管和经理，他们可以在成功实施套装软件系统时获得最大的收益。然而，不幸的是，尽管这听起来不错，但它很难实现。现实是许多高管很难清楚地表达他们所期望的结果。事实上，套装软件系统只是迫使许多高管创建产品，因为他们认为这将为公司带来竞争优势。从本质上讲，这意味着高管们可能是出于恐惧而采取这种做法的，即他们觉得他们必须做一些事情，认为做总比什么都不做好。

套装软件的目标是不断发展的，并且在项目的早期阶段会导致许多迭代事件发生。好的目标通常以简短的句子形式被书写下来。采用这种格式，项目经理能够牢记目标，避免"范围蔓延"。目标应该被分发给所有利益相关者和项目成员，以确保每个人都能理解它们。

12.4 确定用户和消费者

第 2 章探讨了用户的重要性以及他们对项目成功的重要性。在本章中，我定义了三种类型的用户：内部用户、客户和消费者。对于项目经理来说，了解每个用户的输入价值至关重要。实际上，网站的内容最终取决于访问该网站的用户。然而，管理人员和开发人员常常在需要从用户那里获取多少输入的问题上出现分歧。在套装软件项目中，由于用户的多样性和必须做出的决策的复杂性，这变得更加复杂。此外，时间总是有限的，因此套装软件项目的项目经理需要在获取用户输入的方式、进行的访谈类型以及衡量用户输入价值的方法上尽可能提高效率。

衡量网站是否成功的唯一方法是确定它是否实现了设定的目标。因此，在确定接受采访的人员以及他们的输入价值时，应该与最初设定的目标进行对应。除了内部用户之外，项目经理真正面临的挑战是确定哪些用户清楚地知道他们想从套装软件系统中获得什么。除了进行一对一的访谈外，项目经理还可以通过市场调查和焦点小组等渠道获取信息。

有许多公司提供市场调查服务。这些公司有与用户偏好和行为相关的信息数据库。它们还收集关于套装软件解决方案以及用户对这些解决方案的期望的信息。每个套装软件系统都应该对应一个市场调查公司给出的预算，这样项目经理就可以获得关于用户偏好的客观意见，特别是在某个特定细分市场。焦点小组是一种经济高效的方式，可从直接用户那里获取客观信息，在试图评估消费者偏好时特别有用。焦点小组由被认为代表典型用户的样本消费者组成，他们被要求在使用套装软件系统时回答与偏好相关的问题。会议过程会被录像并在镜子后进行拍摄。为确保研究问题得到回答，通常需要一位主持人控制会议议程。在所有会议中，项目经理向与会者明确定义套装软件系统的目标非常重要。这些目标应以书面形式提出，并在每次会议开始和结束前进行审查。此外，目标还应该写在白板或挂图上，以在某些用户开始讨论相关主题时提醒参与者项目的范围。

12.5   确定项目的范围

项目的范围与可用的时间以及预算密切相关。由于时间和资金的限制，项目的范围必须与用户需求相匹配。因此，这个范围涵盖了在特定时间和成本承诺下包含在软件系统中的功能和特性。制定范围说明的最佳方法是首先创建一个工作分解结构，其中应包含使命说明，列出目标，并确定完成每个目标所需的任务和子任务。因此，工作分解结构实际上是将目标细分为所需功能的一种形式。一旦利益相关者和项目经理就目标及完成哪些任务达成一致，就可以确定项目的范围。图 12.1 给出了一个工作分解结构示例。

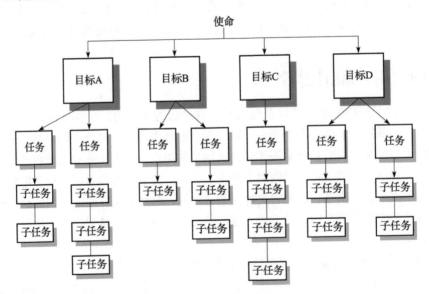

图 12.1   工作分解结构示例

　　确定了任务和子任务之后，套装软件项目经理需要确定完成每个组件所需的时间和成本。因此，工作分解结构将包含整个项目的每个目标中每个任务的成本。然后，管理层和项目经理可以开始协商，以决定哪些任务可以在时间和预算范围内完成，并通过适当删除一些子任务或任务来调整。

　　构建套装软件项目的另一个有价值的方法是分阶段交付。由于套装软件项目往往永远无法完全完成，因此建议先交付系统的某些部分，并在后续版本中逐步添加功能。当然，这种方法可能并不总是可行的。有些第三方软件系统是无法分阶段交付的，要么全部提供，要么完全不提供。但是，我相信几乎所有项目都可以有某种程度的阶段性开发，从长远来看，这对整个项目范围是有益的。实际上，套装软件解决方案的第一个版本通常都需要进行修改，而第二个版本可能是添加某些特性和功能的更好时机。

　　正如我前面提到的，最终的工作分解时间表代表了项目的范围。通常，套装软件项目经理会准备一份范围说明文档，其中应包括工作分解结构并详细描述如何将该结构转化为可交付成果。在许多方面，范围文档充当了管理报告，并与项目计划一起重申了项目的任务和目标。图 12.2 显示了一个典型的项目计划示例，它是在 Microsoft Project 中制定的。

ID		Task Name	Duration	Start	Finish	Predecessors	Jul 31, '11	Aug 7, '11	Aug 14, '11
1		**Packaged Software Project**	**50 days**	**Fri 8/5/11**	**Thu 10/13/11**				
2		**General Activities**	**50 days**	**Fri 8/5/11**	**Thu 10/13/11**				
3		**Planning**	**12 days**	**Fri 8/5/11**	**Mon 8/22/11**				
4		Initial Meeting Formulate Scope	1 day	Fri 8/5/11	Fri 8/5/11				
5		Vendor Selection	3.5 days	Fri 8/5/11	Wed 8/10/11				
6		Planning	2 days	Thu 8/11/11	Fri 8/12/11				
7		Planning Packaged Vendor	3 days	Mon 8/15/11	Wed 8/17/11	6			
8		Minutes of Vendor meeting	1 day	Thu 8/18/11	Thu 8/18/11	7			
9		Vendor Meeting	2 days	Fri 8/19/11	Mon 8/22/11	8			
10		**Department 1**	**25 days**	**Wed 8/24/11**	**Tue 9/27/11**				
11		Planning Meeting	1 day	Wed 8/24/11	Wed 8/24/11				
12		Interviews with Users	5 days	Mon 8/29/11	Fri 9/2/11				
13		Business Specifications	10 days	Mon 9/5/11	Fri 9/16/11	12			
14		Meetings with Users	2 days	Mon 9/19/11	Tue 9/20/11	13			
15		Finalize Specifications	3 days	Fri 9/23/11	Tue 9/27/11				
16		**Department 2**	**24 days**	**Wed 8/24/11**	**Mon 9/26/11**				
17		Planning Meeting	5 days	Wed 8/24/11	Tue 8/30/11				
18		Interviews with Users	11 days	Mon 8/29/11	Mon 9/12/11				
19		Business Specifications	3 days	Mon 9/5/11	Wed 9/7/11				
20		Meetings with Users	1 day	Mon 9/19/11	Mon 9/19/11				
21		Finalize Specifications	2 days	Fri 9/23/11	Mon 9/26/11				
22		**Send out Requirements Docume**	**44 days**	**Mon 8/15/11**	**Thu 10/13/11**				
23		Prepare Specs	3 days	Wed 9/28/11	Fri 9/30/11				
24		Review with User Dept 1	4 days	Mon 10/3/11	Thu 10/6/11	23			
25		Review with User Dept 2	4 days	Mon 10/10/11	Thu 10/13/11				
26		Finalize Document	5 days	Mon 8/15/11	Fri 8/19/11				

图 12.2　第三方软件项目计划

12.6　管理范围

　　项目计划有时也被称为工作分解结构，如图 12.2 所示。它描述了项目的每个步骤，并且可以在任务和子任务之间强制设置依赖关系。这非常重要，因为计划的改变可能会影响其他任务。工作分解结构工具（如 Microsoft Project）可以自动追踪变更，并确定其对整个项目的影响。一种流行的变更追踪方法称为"关键路径分析"。关键路径分析涉及对可能影响整个项目范围的任务进行监控，这意味着它可以影响时间框架和交付成本。关键路径被定义为一项任务，如果延迟该任务，将导致整个项目延迟。可以延迟项目的任务被称为关键任务。对关键任务进行有效管理对成功管理套装软件项目至关重要。项目经理经常面临一些任务延迟的现实。当面临这种困境时，项目经理需要决定是否投入更多资源来确保任务按时完成。但是，项目经理首先需要评估的是该任务是否对关键路径有影响。如果是，项目经理必须努力调整资源来避免范围延迟。如果任务不是关键任务，那么它的延迟可能是可以接受的，不需要更改项目计划。图 12.3 显示了一个关键任务和一个非关键任务。

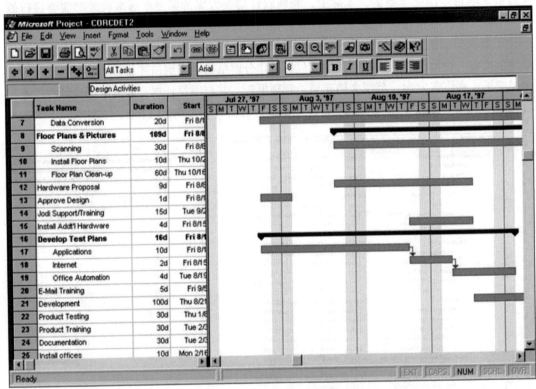

图 12.3　使用 Microsoft Project 标注的关键任务和非关键任务

12.7　预算

预算编制是项目经理重要的职责之一。项目经理需要有效地为必须交付的任务定价并将其纳入项目的成本水平。然而，我们必须认识到，所有的预算都是估计值。因此，它们从来都不是 100% 准确的，否则，它们就不是预算了。预算的概念是，一些任务的成本可能会超过预算，而另一些可能会低于预算，它们之间可能会产生抵消效应，总体上与最初计划中所假设的相平衡。预算通常是基于费用类别建立的。图 12.4 显示了项目应该追踪的一些常见预算类别。

如上所述，项目预算基于一系列假设。典型的预算假设包括：

❑ 所有内容将以机器可读的形式提供。

❑ 内容经理将在 24 小时内批准内容设计。

❑ 网站设计团队将提出两种备选设计模式。

❑ 网站的图形设计已经完成并做好了集成准备。

项目预算示例　　　　2010/12/12

描述	低	高	备注			
硬件						
服务器	$ 150 000	200 000				
工作区	400 000	600 000				
调制解调器	25 000	30 000				
检测装置	5 000	20 000				
硬件总计	580 000	850 000				
软件						
基础产品	250 000	350 000	供应商基础软件产品费用			
数据库	100 000	250 000	数据库供应商软件许可			
办公自动化	40 000	100 000	表单排除和电子邮件内部网			
CAD/CAM扫描	40 000	100 000	扫描软件			
媒体制作软件	90 000	150 000				
软件修复	75 000	125 000	修改供应商产品直至满足需求的费用			
软件总计	595 000	1 075 000				
服务						
网络和软件设计	5 000	8 500	系统分析和设计			
顾问	240 000	285 000	可能需要的专家			
扫描文档	125 000	135 000	将所有计划放入系统的服务			
数据转换	120 000	130 000				
安装	45 000	87 000	低：300×150 高 300×250 及服务器			
培训	25 000	85 000	培训师给每个人培训			
服务总计	560 000	730 500				
合计	$ 1 735 000	2 655 500				

图 12.4　电子商务项目预算费用类别示例

对于项目经理来说，创建一个包含假设列表的预算文档是一个好主意，因为它可以让经理跟踪不正确的假设是否会导致项目范围内的延迟。不幸的是，还有一些隐性成本往往没有包含在项目预算中。以下是一些被项目经理忽视的常见的隐性成本：

- 会议成本。
- 电话成本。
- 研究成本。
- 编制文档和状态报告成本。
- 项目管理成本。
- 会议审查成本。
- 向管理层作简报的成本。

如前所述，一些项目经理会在预算中增加 10% ～ 15%，以应对常见的隐性成本。尽管我不赞成这种做法，但如果将其明确列为一个预算项，而不是将它分散在每个预算项中，那是可以接受的。

12.8　项目团队

项目团队在许多方面与传统的项目组织不同，其中最显著的区别是引入了套装软件的职责。如今，开发和支持套装软件的团队的角色和职责变得更加复杂和专业化。随着业务经理认识到技术对于改变业务实现方式的重要性，项目团队也在不断发展。然而，传统的角色和职责没有改变，并且可以在软件开发项目中起到推动作用。

虽然项目团队的结构会因项目类型、系统规模和完成时间的不同而有所变化，但典型的项目团队通常包括以下角色和职责：

- 项目经理：项目经理负责管理工作范围，制定项目计划，安排工作表，分配资源，控制预算，管理团队，与用户进行交互，以及向管理层汇报进度。项目经理还需要处理项目涉及的政治问题和商业问题，例如合同谈判、第三方产品许可获取和员工招聘等。在某些情况下，项目经理还负责处理与套装软件系统设计与开发相关的客户需求和消费者需求。也许对于套装软件项目经理来说，最重要的职责就是时刻了解已完成的工作，并清楚了解接下来需要完成的工作。
- 客户经理：客户经理通常是负责多个项目的高级经理。客户经理通过从销售新产品到提供客户支持的多种方式为客户提供服务。在许多情况下，客户经理充当内部开发团队与客户需求之间的桥梁。他们可能需要与客户进行沟通，了解他们的需求，并反馈给内部团队，以确保系统能够满足客户需求。
- 技术经理：技术经理是项目中的高级技术专家，通常来自开发团队，拥有丰富的经验。他的角色是确保正确的技术被正确地使用和部署。技术经理负责管理程序员、数据库开发人员和其他系统集成人员。他会监督每个任务的开发状态，并向项目经理提供反馈和报告。

❑ 程序员：程序员负责为项目编写应用程序，除非项目整体外包，否则需要对应用程序进行一些定制修改。他会按照规范编写代码，可能使用多种技术，包括服务器脚本、数据库应用程序、applet 和 ActiveX 控件等。第三方软件项目中使用的开发语言各不相同，但常见的 Web 开发语言包括 Java、JavaScript、Visual Basic、VBScript、SQL 和 C/C++ 等。通常，技术经理会管理程序员，但在大型项目中可能会有多个级别的程序员。在某些情况下，初级程序员要向高级开发人员汇报，高级开发人员则充当他们的导师。

❑ 业务分析师：业务分析师负责收集所有用户需求，设计系统的逻辑模型和架构，包括过程模型、数据模型、交易系统设计和过程规范。最终，业务分析师承担着站点架构、导航、搜索和数据检索等方面的责任，同时负责交互设计。有时，这个角色也被称为信息架构师。

❑ 设计师：设计师负责创建屏幕的外观和用户体验。他们利用各种工具来设计模板内容和整体屏幕结构。设计师需要与项目经理进行沟通和汇报，因为项目经理负责整个项目。

❑ 数据库管理员：数据库管理员负责物理数据库的设计和开发。他们的职责还包括调优数据库以确保其高效运行。其他职责包括数据分区、数据仓库设置、数据复制和报表生成等。

❑ 网络工程师：网络工程师负责设计网络配置，以支持套装软件系统的运行。他们可能还兼具安全专家的角色，负责注册域名、设置电子邮件服务器和聊天室等任务。

❑ 安全专家：安全专家在大型套装软件项目中可能是一个独立的角色，尽管有时会与网络工程师角色重叠。他们专注于保护在线交易和系统集成内容，并采用专门的安全技术和加密算法。安全专家的职责还包括制定应用程序安全策略，并向项目经理提供相关建议。

❑ 质量保证专员：质量保证专员负责创建测试脚本，以确保套装软件系统按规范正常运行。测试计划（有时也称为验收测试计划）的目的是提供最小的测试集，软件只有在通过了这些测试后才能进入生产环境。质量保证专员的报告结构可能因部门而异。有些人认为他们应该是开发团队的一部分，因此会向技术经理报告，有些人则认为他们应直接向项目经理报告，也有些人认为质量保证专员应向首席信息官（CIO）报告。报告结构取决于部门对测试功能独立性的重视程度。

❑ 测试人员：测试人员只负责执行质量保证专员制定的测试计划。他们通常向质量保证专员报告工作进展。然而，在某些情况下，测试人员会与客户经理合作，作为用户来协助进行产品测试。这些测试人员在某种意义上扮演着 beta 测试的用户角色，这意味着他们在实际生产环境中对软件进行测试。

　　虽然这是一个比较全的潜在项目职位列表，但并不是每个第三方软件项目都会涉及这些职位。在现实中，更重要的是确保每个职位所承担的职责得到履行，而不是关注谁来负责履行这些职责。为了更好地了解每个职位的角色和责任，表 12.2 提供了一个比较矩阵，用于比较这些角色和职责。

表 12.2　项目团队的角色和职责矩阵

项目活动类型	员工构成
市场营销与媒体	客户经理、项目经理、创意经理、设计师、文案、制作美工、质量保证专员
项目交易记录	项目经理、技术经理、业务分析师、创意经理、数据库管理员、测试人员
输入 / 输出数据	项目经理、技术经理、创意经理、数据库管理员、业务分析师、网络制作专家、质量保证专员
移动应用	项目经理、技术经理、创意经理、网络工程师、互联网生产专员、质量保证专员

　　表 12.3 确定了项目团队中每个关键成员的必要技能。

表 12.3　项目团队成员的必要技能

技能集	描述
项目管理	能够与员工、高管和用户进行沟通。保持项目如期进行
架构设计	能够设计用户界面并与技术开发人员进行交流
平面设计	能够将需求转化为可视化解决方案
图形制作	能够开发高效图形以供 Web 浏览器使用
内容开发	能够设计和开发文本和互动内容
编程	能够使用 HTML、Python、JavaScript 等

12.9　项目团队动态

　　对于第三方软件开发项目而言，使用多个站点和多个接口进行操作并不罕见。这种情况可能需要团队成员之间进行更频繁的组织和沟通。

12.10　为沟通制定规则和指导方针

　　当项目成员因地理位置或工作日程而分开时，确保每个人清楚自己的角色和其他成员的职责非常重要。项目经理应制定沟通指南，并要求每个成员提供简短的项目进展陈述。尽管这可能对团队成员来说有些烦琐，但这对项目经理非常有价值，因为它可以迫使每个成员尽职尽责，并及时汇报他们各自的进展。此外，它要求项目成员以书面形式明确记录他们已完成的工作、亮点以及计划完成的事项。图 12.5 展示了一个跟踪之前目标和当前目标的状态报告示例。每份报告的完成时间不应超过 15 min。

XYZ CORP
项目计划
项目状态报告

日期：1/31/11　　　供应商：XSP　　　顾问：
Art Langer

之前目标：

目标	之前预定日期	状态
发送软件建议书	1/23/19	已完成
发送硬件投标文件，检查人工率	1/25/19	2/6/19
让XSP修改详细设计合同，包括可交付成果的细节	1/23/19	已完成，等待批准
与产品顾问交谈，签订日期和布局合同	1/25/19	2/3/19
完成网络设计要求文件	1/23/19	2/3/19

当前项目目标：

目标	预定日期
从XSP获取关于硬件认证机器的规范	2/05/19
腾出空间做采访和复习	2/10/19
确保记账功能集成在规格中	2/10/19
采访Joe	2/03/19
检查MAS创建输出文件的能力，并在Web上显示	2/06/19
作为采访的一部分，确定并与经纪人见面	2/03/19
获得扫描网页浏览平面图价格	2/10/19

出席者　　A. Langer & Assoc.　　Art Langer　　XSP

图 12.5　项目状态报告示例

12.11　审查网站

项目经理应创建一个外联网（extranet），允许项目团队成员查看项目进展情况。这样的外联网还应能让工作通过网络进行虚拟审批。除此之外，授权的项目团队成员以及利益相关者和用户都可以查看状态报告和一般公告。通常，外联网的文档可以与定期电话会议相结合，这样项目成员就可以就报告、网站设计示例等议题进行公开讨论，并相应地确定新的里程碑。然而，管理一个外联网审查网站需要资源，并且需要具备相应能力的人来负责。这意味着项目团队中的某个成员或指定的行政人员需要担任这一责任。另一个挑战是如何处理那些不遵守程序、需要被提醒定期提交状态报告的团队成员。虽然这是不幸的，但又是现实所需。但是，这也可以帮助项目经理识别哪些成员需要更密切地关注和跟进。

12.12　使用用户资源

用户是一个有趣但充满挑战的资源。他们虽然需要进行审查和质量保证，但并未被正式指派到项目中，因此不在项目经理的控制之下。不幸的是，如果用户无法及时响应项目团队的需求，这可能会导致问题。这可能是非常具有破坏性的，因为工作人员依赖于从这些资源中获取及时反馈。用户对项目缺乏响应能力也会导致他们与项目团队疏远。事实上，没有比用户对项目表现出漠不关心更有害的了，因为该项目是为了满足他们的需求而设计的。因此，在处理用户资源时，套装软件项目经理需要注意所做的承诺。显然，项目经理希望用户能直接向他汇报，并成为全职资源，但这可能只是一厢情愿的想法。拒绝协助当然是危险的。尽管看起来似乎处于两难境地，但这是可以控制的。第一，套装软件项目经理应该在项目的早期确定需要用户帮助的需求，并在需求文档中加以记录（可作为假设部分）。第二，如果用户确实只是兼职资源，项目经理可能需要限制分配给他们的工作量。

12.13　外包

正如之前的章节所讨论的，不是所有的套装软件项目都适合使用内部人员来完成。事实上，大多数都不适合。对于许多项目来说，利用外包资源是有意义的，特别是那些需要非常独特和专业人才的项目，但这些人才却不适合被雇佣为员工，或者雇佣他们为全职员工并不划算。另外，人才短缺也是聘请顾问的首要原因。有时，外包关系是以战略伙伴关系的形式来管理的，这意味着外部公司定期为公司提供特定的服务。项目的战略伙伴关系可以在项目的不同领域或阶段建立。外包公司可以根据需求提供视频或音频工程师，或网络支持人员来协助完成整个套装软件解决方案。然而，整个项目不应完全外包，因为这可能导致虚假的舒适感，认为公司的员工无须承担责任。我认为，从长远来看，这是错误的。请记住，外包公司也有他们自己的命运和发展需要被管理。

12.14　计划和过程开发

为了在项目计划和预算范围内实施项目，有必要创建一个分阶段的执行指南，以帮助团队成员了解他们在整个过程中的角色和位置。然而，项目任务计划通常过于详细，难以实际使用。因此，对项目经理来说，开发一个可在项目开发期间使用的高级文档是一个好主意。这个高级文档通常包括四个阶段：策略、设计、开发和测试。图 12.6 展示了软件开发的主要阶段，并列出了每个阶段的活动和产出物。

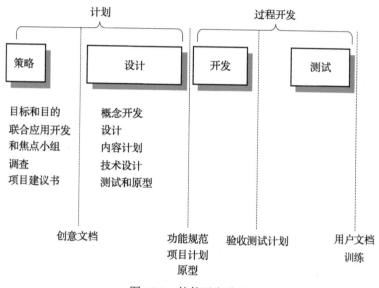

图 12.6　软件开发阶段

策略阶段：这个阶段需要利益相关者、客户经理、用户和项目经理开展会议，以就目标受众的目标、需求、关键里程碑和需求达成共识。该阶段的活动包括目标和目标的确定、来自用户的反馈、来自外部来源的研究和项目建议文档。这些步骤的最终结果应总结在一份文件中，供项目团队使用。这份文件有时也被称为创意简报。创意简报实际上是对原始建议进行总结的模板，以便项目团队成员可以快速参考和获取所需信息。图 12.7 展示了一个创意简报模板的示例。

创意简报允许项目经理与员工进行有效的头脑风暴会议。文档作为一个议程，也是一个检查点，以确保讨论不会超出项目的目标，并且产品是根据目标受众的需求设计的。

设计阶段：设计阶段是项目的第二个主要阶段。它包括参与用户界面设计、技术规范分析、系统整体架构等所有工作。设计阶段的结果是功能规格说明、详细的项目计划时间表和预算，以及网站和报告的原型。在设计阶段结束之前，通常需要涉众和其他用户审阅并签署规范文档。当然，设计文件的审批过程可以分阶段进行，这意味着部分文件可以获得批准，以便在有限的基础上继续进行。在设计套装软件系统时，项目团队能够访问所有屏幕和程序的内容非常重要，特别是对于那些由多个设计团队创建内容的大型项目而言。正如前一章所述，内容的开发是一个迭代过程，因此团队成员需要经常访问当前的网站架构和设计方案。因此，在 CASE 工具和内容系统中拥有技术规范是非常重要的，这样所有成员都能立即访问项目的最新状态。

```
┌─────────────────────────────────────────────────────────────┐
│                      创意简报模板                               │
│                      XYZ, INC                                 │
├──────────────────┬──────────────────────┬───────────────────┤
│ 日期：            │ 部门：                │ 用户：             │
│                  │                      │                   │
└──────────────────┴──────────────────────┴───────────────────┘

┌───────────────────────────────────────────────────────────────┐
│ 目标群体：                                                      │
│ 项目范围：                                                      │
│ 目标：                                                          │
│                                                                │
└───────────────────────────────────────────────────────────────┘

┌───────────────────────────────────────────────────────────────┐
│ 图片：（解释系统必须传达给用户的形象）                            │
│                                                                │
│                                                                │
└───────────────────────────────────────────────────────────────┘

┌───────────────────────────────────────────────────────────────┐
│ 当前品牌：（向用户解释企业当前品牌和形象）                        │
│                                                                │
│                                                                │
└───────────────────────────────────────────────────────────────┘

┌───────────────────────────────────────────────────────────────┐
│ 用户体验：（解释用户在使用系统时最重要的体验）                    │
│                                                                │
│                                                                │
└───────────────────────────────────────────────────────────────┘

┌──────────────────────────────────┐
│ \gminutes Copyright © 1995-2019   │
│ A.Langer & Assoc,inc              │
└──────────────────────────────────┘
```

图 12.7　创意简报模板示例

　　开发阶段：开发阶段包括实际进行网站构建所涉及的所有活动。项目经理面临的挑战是控制对初始规范的更改。通常情况下，这种更改会在第一次原型评审后出现，此时用户开始改变或增强他们最初的需求。尽管变更规范并非不可能，但这确实具有一定的风险，并且可能导致项目范围蔓延。

　　测试阶段：在这个阶段，开发人员和用户对网站进行测试并报告错误。错误是一个棘手的问题，它们需要根据其特定领域和严重程度进行分类。例如，一些错误可能会导致应用程序崩溃，这被认为是严重错误。其他错误可能是美学上的问题，可以安排修复，但不严重到需要立即解决。还有一些错误可能并不是实际的错误，而是设计上的缺陷。这意味着程序按照规范执行，但没有按照用户期望的方式执行。所有这些问题都需要成为整体测试计划的一部分，该计划确定什么类型的错误是关键的，以及它们如何影响开发过程。图 12.8 展示了一个典型的测试计划的示例。

	质量保证验收测试计划		

测试计划编号：1G 目的：确保提供良好数据时，接触屏能正常运行。计划输入模式是屏幕上没有任何东西。	产品：联系人–按Enter键		页码：1/4
			编号：
	供应商： QA技术人员：		日期：

测试编号	正在测试的条件	预期结果	实际结果	符合 Y/N	备注
1	输入新联系人的姓氏，按Enter键，重复并输入名字，按Enter键	接受并提示公司地址			
2	从列表中选择公司地址	接受并提示下一字段			
3	输入系统中已有的联系人的姓和名	接受并提示公司地址			

图 12.8　质量保证验收测试计划

12.15　技术计划

　　技术计划是项目团队制定工作策略的过程，确定了如何使用套装软件系统的各种特性。这些特性包括开发所需的各个组件，如数据库、编程语言、事务系统、多媒体和脚本等。技术计划的核心概念相对简单：如何将这些技术组件整合在一起，它们之间如何相互作用，并规定实现的时间表。由于套装软件系统采用了面向对象的方法，因此独立的程序员团队可以相对容易地开发各个组件。然而，最终所有组件都必须整合在一起，并保持彼此的接口正常运作。当组件接口正确时，系统就会正常工作。在实际测试组件接口之前，项目经理很难完全知道接口是否有效。对于软件开发来说，"有效运作"涵盖了许多方面。显而易见的定义是程序能够按要求正确执行并符合规范。除此之外，"有效运作"还与应用程序的性能有关。即使应用程序可能能够正确计算输出，但其计算效率可能并不高。应用程序的性能问题通常在组件接口测试阶段首次显现。幸运的是，在应用程序投入生产之前还有机会对其进行微调。不幸的是，许多面向接口的性能问题通常在生产系统中才会出现，因为测试环境无法真正模拟实时系统的实际情况。因此，对于项目经理而言，确保测试系统与实际环境匹配是非常重要的。实际上，许多性能问题是由于系统上未预料到的负载压力引起的。当发现应用程序性能问题时，主要的挑战就是解决这些问题。有时，性能接口问题可能非常严重，特别是当解决方案需要重新设计应用程序架构或对网络基础设施进行重大更改时。任何严重问题都可能导致项目进度和成本的严重延误。对于项目团队来说，在设计应用程序、选择合适的编程语言以及确定使用的网络平台等方面做出计划和决策非常重要。项目经理需要努力将自己的知识库最大化。有时，组织内部可能没有足够的专业知识，因此项目经理可能需要向第三方顾问寻求指导，他们可以在这些关键决策时提供专业建议。

12.16　确定技术开发要求

系统的正确实现在很大程度上取决于详细的技术需求准备工作。技术项目团队需要定义实现系统逻辑的技术需求。需要注意的是，逻辑规范并不一定指定要使用的硬件或软件。因此，技术团队必须评估逻辑规范，并提出关于如何构建实际技术规范的建议。对于项目经理来说，如果能提出一些关键问题，可以提高他们的工作效率。

❑ 我们应该谨慎考虑使用之前未曾用过的技术。采用未知技术可能存在一定的风险。未知技术不仅仅是指一种新产品，而是指开发团队从未接触过的技术。由于这种技术的新颖性，需要处理未知的硬件和软件，并由项目经理对潜在风险进行评估。

❑ 采用新技术会带来哪些好处？仅仅为了引入新技术而采用新技术并不是一个合理的理由。这个观点涉及一个常见的问题："如果没有问题，为什么要修复它？"

❑ 我们正在进行哪种类型的编码？这取决于是从头开始开发程序代码还是通过修改现有的套装软件进行开发。每种方法都有其优点和缺点。从头开始编写代码需要更长的时间，但可以提供最适合设计的架构。基于现有的套装软件进行开发速度更快，但可能不能很好地适应公司的整体需求。根据经验法则，对套装软件进行的修改不应超过总代码的 20%。超过这个百分比时，从套装软件获得的好处可能很小，此时开发人员可能更倾向于从头开始编写代码。

❑ 会有类似生产环境的测试环境吗？前面已经提到过这一点。项目经理必须确保有适当的测试环境来模拟生产环境。

12.17　维护

在没有考虑保持可维护性的情况下，永远不应该实施套装软件项目。可维护性是一个通用的概念，它与定义高质量产品有关。产品能正常工作是一回事，能够工作并且可维护是另一回事。在套装软件系统中，无法轻易维护的产品是有问题的。之前我们已经讨论过内容管理系统和 CASE 软件作为支持套装软件系统维护工具的威力。在规划阶段，还需要执行其他最佳实践。

首先，需要就制定规范的方式和应遵守的标准达成一致，并以书面形式记录下来。技术经理还应该定义他们打算如何实施这些标准。代码注释标准也应该在文档中体现出来。其次，在数据库设计方面也需要达成一致。这涉及让数据库管理员就去范式化的限制、命名标准以及编写存储过程和数据库触发器的方法达成一致。

维护质量的另一个重要方面是对增长的规划。增长问题更多地涉及网络基础设施而不是软件开发。首先，项目经理需要解决硬件可伸缩性的问题。这与网络容量有关，需要在更改硬件架构以适应新应用程序之前进行考虑。其次，数据库服务器应配置为具有实时备份的架构（消除单点故障概念），并且数据仓库应设计为可以满足在高峰时间执行。

12.18　项目管理与沟通

成功的项目经理不仅要与员工沟通良好，还要与供应商、管理层和用户进行良好的沟通。事实上，有时沟通技巧比技术技能更加重要。一个优秀的项目经理应该同时具备这两方面的能力。然而，套装软件系统的出现更加强调了项目团队内部沟通的重要性。在项目生命周期中，糟糕的沟通可能有很多原因。根据 Burdman（1999）的研究，导致项目团队沟通问题的主要原因有 11 个。

（1）来自不同学科的人：每天一起工作的人之间的交流本来就很困难。而在一个套装软件项目中，不同学科的人的参与增加了更多的挑战，因为工作人员彼此并不熟悉。然而，我们必须记住，人际关系对于团队互动非常重要。许多团队需要花时间来适应彼此的业务风格。

（2）缺乏对技术的相互理解：项目成员对技术的理解不一致。举例来说，有些成员可能用术语"表"来定义逻辑数据库实体，而其他成员则称其为"文件"。解决这个问题的最佳方法是向所有项目参与者提供一个共享的技术定义列表。

（3）个性：这在所有项目中都会发生。有些人性格矛盾，天生相处不来。

（4）隐藏议程：团队成员经常会有一些政治议程。这些议程有时很难评估，但它们肯定会导致项目成员之间的沟通问题。这些团队成员可能会优先考虑个人意图，而不是项目的成功，他们对项目的奉献精神让人怀疑。

（5）无效的会议：为了开会而开会是没有理由的。有时候过多的会议反而会妨碍工作的进展。这有时是对项目团队中存在的其他问题的错误解决方案。一些会议确实是有必要的，但会议时间过长，与会者开始失去对议程的关注。项目经理需要意识到在会议中分配的时间，并尊重会议的时间框架。

（6）邻近性：项目团队成员的居住地显然是团队成员之间沟通的一个障碍。虽然这是一个缺点，但电话会议和视频会议是管理远程通信项目的有效解决方案。由于员工之间的距离遥远，尤其是在存在时区差异的情况下，沟通可能会进一步受到影响。在这种情况下，传统的面对面会议可能无法实现。通常，使用电子邮件和在线协作工具是最好的沟通方式。

（7）假设：团队成员经常会对可能导致沟通中断的事情做出假设。然而，假设往往会导致问题，因为那些被认为是真实的事情并没有被记录下来。

（8）薄弱的基础设施和支持：这个问题的严重性经常被忽视。这些问题包括计算机故障、电子邮件不兼容以及其他硬件故障导致的沟通挫折。为了避免这些挫折，项目经理应该采取积极的措施来及时、正确地修复它。

（9）专家：在每个项目中都有一两个被称为"万事通"的人，他们试图主导会议并将自己的观点强加给其他团队成员。这些人花费太多时间告诉别人该怎么做，以至于忘记了他们自己要做什么才能让项目成功。项目经理应该非常积极地对待这些类型的参与者，明确每个人的角色，包括项目经理的职责。

（10）恐惧：恐惧对于某些员工来说是一个巨大的障碍。这些员工可能会感到不安，无力应对套装软件项目的规模、复杂性和持续时间，导致他们丧失了自己观点和创造力。项目经理需要积极介入并向那些与套装软件系统斗争的成员提供支持和帮助。

（11）缺乏良好的沟通结构：良好的沟通结构应该与组织的文化相适应，并且能够在组织的要求范围内实现。许多通信问题的存在仅仅是因为基础设施与员工需求不匹配。

12.19　总结

本章旨在为项目经理提供一个突出问题的视角，以帮助他们取得成功。本章不打算提供一种完整的逐步管理复杂项目的方法。我选择加入这一章是因为我相信许多分析师也有潜力成为优秀的项目经理。实际上，本章中讨论的许多重要问题与分析师作为软件工程师所必备的技能密切相关。这些技能包括：

沟通技巧：分析师在与用户合作获取输入方面有丰富的经验，这样他们就可以正确地开发系统需求。

会议管理：联合应用开发会议相比典型项目会议更加复杂。作为联合应用开发会议的主持人，分析师接受了非常良好的会议控制培训。

政治敏感度：分析师在与具有隐藏议程和受政治驱动的人合作方面拥有丰富的经验。

技术熟练：分析师在逻辑建模方面受过教育，并且熟悉项目生命周期中出现的许多技术问题。

项目计划：分析师习惯于制定项目计划和管理可交付成果，每个分析和设计任务都可以看作一个小项目。

文档管理：分析师是良好文档管理的支持者，并理解其拥有可维护过程的价值。

与高级管理用户合作：分析师与高级管理用户一起合作，并了解如何有效地与他们进行互动。

质量保证：分析师熟悉质量保证和测试计划，并经常参与测试计划的开发。

12.20　问题和练习

1.描述套装软件项目的五个独特方面。

2. 比较套装软件产品和传统的产品。

3. 一个项目的使命宣言是什么意思？项目经理应该如何定义项目任务？

4. 解释项目的范围是如何确定和如何控制的。

5. 项目预算的主要类别有哪些？

6. 项目团队的角色和职责是什么？谁来决定成员？

7. 解释项目状态报告的组成部分。报告应多久发出一次，发给谁？

8. 什么是创意概要？创意概要的关键的组成部分是什么？

9. 项目管理沟通的有哪些重要方面？

10. 为什么套装软件决策对物联网和区块链应用如此重要？

Chapter 13 | 第 13 章

结论以及未来的道路

　　本书的目的是向读者提供构建新的计算机架构，以支持新兴消费市场的过程和注意事项的路线图。我们相信，5G 技术的出现将是一项重大的发展，这将大大加快企业和个人对数字技术的使用和依赖。本书整合了设计和开发这些新系统所面临的两个关键挑战：构建物理机器和设备的技术组件，并探索迁移世界各地运行日常组织的大量遗留系统的各种方法。

　　迁移遗留系统的挑战似乎不可避免，我相信很多组织难以理解需要迅速转向数字化的紧迫性。它们可能无法及时接受 5G 技术和物联网，因此我认为未来可能有更多的业务会失败。实际上，几乎每隔几个月就有一家商业巨头宣布业绩不佳。在第 6 章中，我提到了 GE-Digital 的失败。这一失败结果使通用电气（GE）的市值大幅下降，并且首次被从道琼斯 500 指数中剔除，这是进入该指数的原始公司中的最后一家！当然，还有其他一些公司，比如最近的玩具反斗城，尽管该公司似乎有一个不错的私募股权合作伙伴，但仍无法让其组织足够快地拥抱数字文化。尽管预期是积极的，但它们不可避免地被迫关闭。我预计，许多其他企业也会考虑合并，特别是在高等教育市场我们已经看到有 20 所大学倒闭，因为在线教育开始对这个曾经被认为是不可触及的行业产生影响。另一个重要的难题是难以承担数字化转型所需的投资的现实。我预计成本非常大，许多公司可能需要从私募股权合作伙伴那里筹集资金，以适应数字化时代。

　　也许最重要的结论是需要发展一个组织的文化。拥有技术基础设施是一回事，拥有合适的人才则是另一回事。我们看到很多公司都在努力寻找适合的技术人才，但有更多的公司无法让其现有的员工接纳数字技术。早在十多年前，Prahalad 和 Krishnan（2008）就预见到了这种发展趋势，并创造了"创新之家"（New House of Innovation），如图 13.1 所示。

图 13.1　Prahalad 和 Krishnan 的 "创新之家"

这个模型说明，技术消费化要求组织具有 "灵活而有弹性的业务流程和重点分析"。根据作者的观点，这个需求的核心是两个被定义为 "$N=1$" 和 "$R=G$" 的 "支柱"。这意味着每个企业都必须将每个消费者视为独特的个体（$N=1$）。"$R=G$" 表示资源必须具备全球化的特征，以实现 $N=1$。因此，"创新之家" 基于企业满足客户需求并提供全球服务的能力来定义信息技术的消费化。要在数字化世界中具有竞争力，企业必须向消费者提供全天候的敏捷服务！如果消费者需要在非高峰时间获得服务，企业很可能需要利用全球资源提供支持以生存下去。例如，一个在纽约午夜需要支持的消费者可能由印度人提供服务——这是一种 "按需" 模式，这有点像汉堡王的口号 "随你所欲"。关键是消费者希望按需提供服务。因此，汉堡王需要在午夜提供汉堡，并提供无限选择。这并不容易，但这就是技术消费化的实际意义。我认为我们需要将每个消费者视为独特的个体，并无缝地提供服务。为了实现这个目标，分析师需要提供支持敏捷性的软件，而 5G 速度、物联网设备和区块链架构的出现使得这种敏捷性成为可能。本书还主张强化分析师的角色，帮助管理实现所需的文化变革，使公司转变为一家数字化公司。事实上，数字化实体需要将新型员工与传统员工融合起来，让他们相互协作。Snow 等人（2017）认为，数字化组织对于支持新技术至关重要，而且这些组织需要设计成自我授权的形式，而不是传统的项目控制和协调的分层方法。他们得出的结论是，成功的组织需要适应数字化的不确定性环境，并且建议采用 "高度参与和高效生产" 的组织架构。

为了实现这种敏捷和数字化文化，分析师需要确保应用程序符合以下四个基本原则：

（1）速度比成本更重要。

（2）企业必须有能力响应消费者和市场需求（$N=1$）。

（3）应用程序必须在所有设备上工作，同时符合标准化或内部控制。

（4）数字架构必须被设计成最大限度地满足消费者的选择，并且对用户按需提供响应。

此外，本书讨论的新的数字范式必须处理以下现实情况：

☐ 智能手机、社交网络和其他消费技术的快速发展需要人们改变文化、态度和工作实践。

☐ 具有处理易受攻击的技术和信息的特性，特别是安全性和可靠性。

☐ 在保持低成本的同时，面临着提高质量和效率的日益增加的压力。

☐ 崛起的关键系统数据驱动决策。

☐ 创新新途径——重新思考如何提供和控制新产品和服务。

☐ 考虑人为灾难和战争造成的破坏性灾难。

13.1　感知与响应以及计划的终结

现实生活具有不确定性，尽管它发生在现在而非未来。如何构建能够适应和处理这种不确定性的应用程序和网络呢？埃森哲（Accenture）在 2012 年首次发布了 "Reimagining Enterprise IT for an Uncertain Future" 的报告，强调了由于关键系统设计所产生的数据驱动决策的兴起，无法进行传统规划。该报告还呼吁采用新的创新方法，重新思考如何设计新的产品和服务，以更低的成本将其交付给消费者。Bradley 和 Nolan 在 1998 年出版了 *Sense and Respond* 一书，预言了消费者行为的变化，而 20 年后这种变化已经成为现实。他们提出，企业需要敏锐地感知机会，并用战略来应对，而不是试图通过预算来预测未来。

今天，我们看到量子物理学的理论被映射到了计算系统中。我们希望新的架构能够在每个实例中以不同的方式利用资源，而不是像二进制系统那样进行顺序计算。这意味着应用程序可能可以以惊人的速度完成复杂的计算。这将为人类行为的全新转变提供骨干系统，改变了我们在数字驱动的世界中的运作方式。那么，我们该如何看待预算的概念，对未来能做多远的预算？我强调所有预算都需要以一年为期进行调整，多年预算似乎是一种虚假的希望。更大的挑战是如何将人类行为与系统架构结合起来。我在参考书籍 *The Inversion Factor*（2017）中讨论了这个思想，该书强调了从产品向功能转变的重要性。Cusumano 等人（2019）提出了业务即平台（business as a platform）的概念。他们将平台定义为"将个人和企业聚集在一起，使其以其他不可能的方式进行创新或互动，效用和价值具有非线性增长的潜力"。简而言之，更好的平台将超越最佳产品。

13.2　人工智能和机器学习的作用

正如 *The AI Advantage*（Davenport，2018）一书所指出的："从短期来看，人工智能将提供进化性的优势；而从长远来看，它可能具有革命性作用。"我相信，最终应用程序将变得更易于使用，并且能够支持更好的决策制定。另外，机器学习（ML）在未来十年将产生更大的影响。根据 Deloitte 在 2017 年对 250 名认知能力较强的经理的调查，58% 的人已经在业务实践中使用了 ML。正如我在本书中提倡的，我毫不怀疑物联网将加速提高全球范围内机器学习使用的比例。原因很简单，人类的大脑已经无法处理从各种设备收集到的庞大数据集。人类将不得不更多地依赖智能机器来为他们提供结果。

从历史上看，早期市场的技术供应商往往是对新技术积极采纳的先行者。传统企业往往处于劣势，因为它们需要更长的时间来克服风险因素——表现出观望和观察的倾向，然后才开始思考如何转型。数字颠覆也不例外，我们看到大多数组织对人工智能和机器学习的应用速度缓慢。与历史上的革命不同的是，我对此感到担忧，因为新技术带来的变化不断在加速。在这个每天都被新创企业淹没的全球经济环境中，落后者注定要失败。读者应该还记得"收缩 S 曲线"的概念，如果企业希望参与竞争，就需要更快地采取行动。

然而，如果大型公司采用人工智能和机器学习，它们将拥有真正的优势。这是因为它们拥有大量的历史数据，并且可能拥有支持公司内部整合的财务储备。正如 Davenport（2018）指出的那样，人工智能被普遍认为会对三个基本的商业活动产生影响：

（1）通过自动化实现重复性工作过程的自动化。

（2）通过使用机器学习对结构化数据进行分析，可以获得更好的视角和理解。

（3）通过聊天机器人和机器学习更好地了解客户和员工的行为。

最终，整个人工智能和人工智能现象将要求企业变得更加"容易感知"，并接受"反转因素"必须是其生存的关键，或如 Gupta（2018）所说的"围绕你的客户，而不是你的产品或竞争对手定义你的业务"。分析师在这项工作中必须成为关键操作者。毫无疑问，高级管理人员必须为之积极努力并制定策略，但对于整个过程而言，管理和实施更加关键。如果没有对计算机架构和项目管理有核心理解的人，将无法获得成功。

13.3　区块链

正如我在书中所解释的，区块链是实现下一代技术的核心。从物理角度来看，5G 技术是促进者，物联网是整合者。然而，如果没有更注重安全性的处理器，我们无法真正实现安全运行。虽然区块链仍处于起步阶段，但它仍然是我们最好的选择。所有的批评都是真实正确的，特别是提到延迟的时候。我预测市场上会涌现大量新的区块链产品，这些产品可能都是在特定行业内非常专业的。毫无疑问，我们将看到第三方供应商提供的新的区块链产品，这些产品将与现有的遗留系统进行集成，类似于我们将对象和关系数据库进行结合的方式。此外，供应商还将开发应用程序，将他们的云产品与现有的遗留应用程序连接起来，并提供软件迁移产品。我预计，在未来的 15 年里，这种集成和迁移将成为首席信息官的首要任务。最令人担忧的是大型机的未来，它似乎永远无法达到 S 曲线的终点。好消息是，它仍然是最安全的系统之一，但坏消息是可用人员的数量正在减少。大型机的操作成本也非常高，需要大型设施。因此，那些依赖大型机进行处理的公司，如果要保持竞争力，就需要考虑另一种硬件平台。

13.4　云

尽管区块链似乎是一种新的处理引擎，而云则是未来的数据存储库，但这两者必须以一种非常复杂的方式相互作用。实际上，区块链架构希望复制并存储数据，而云则仍然希望以某种方式保持中央控制。然而，云也代表了这两者的某种结合，因为除了数据存储外，我们还可以在云上执行应用程序。因此，云计算的真正作用是提供一种更为经济高效的方式来扩展互联网上的应用程序。我已经介绍了许多云模型和云选择，它们都有各自的优点和缺点。然而，不可避免地，云将发展成为一个主要的托管基础设施，允许全球企业在世界各地繁荣发展，前提是安全性得到保证。

13.5　量子计算

我非常希望量子计算成为这本书的一部分，因为我相信它有成功的潜力。我们行业中的许多人认识到，如果我们要利用现有的但实现速度太慢的复杂应用，就需要取代硅。也就是说，软件的发展速度超过了硬件的发展速度。这意味着如果我们不能提高处理速度，进一步的发展将受到限制。遗憾的是，量子计算目前还不可行。因此，我们必须关注下一代硬件架构，并看看它能为我们提供什么，以支持更多的区块链产品和复杂的哈希算法，确保能够处理物联网产生的大量数据，并应用于人工智能和机器学习。

13.6　下一代数字化组织的人的因素

我已经发表并演讲过有关企业在数字化时代如何运作的内容。我们对这个挑战有很多称呼——如何变得敏捷，你是一家数字原生公司还是西海岸文化公司。在未来的五年里，许多公司将面临一个困境，即如何将婴儿潮一代[一]的高管与负责日常运营的 X 世代[二]管理人员以及千禧一代或 Y 世代[三]的业务操作人员整合起来。

目前的预测是，7600 万婴儿潮一代和 X 世代将在未来 10 年内退休。许多企业人才管理人员面临的问题是，如何应对这种转变。

婴儿潮一代目前仍然占据着世界上大多数的管理职位。CEO 的平均年龄为 56 岁，65% 的企业领导人属于婴儿潮一代。然而，未来 5 年内，企业需要制定对千禧一代有吸引力的职业发展路径。因此，婴儿潮一代和 X 世代需要考虑以下几点：

❏ 承认他们对当前职业道德的一些先入为主的看法，这些看法在当今复杂的环境中根本不适用。

[一] 婴儿潮一代是指美国出生于 1946—1964 年的一代人。——译者注
[二] X 世代是指美国出生于 1964—1976 年的一代人。——译者注
[三] Y 世代是指美国出生于 1980—1995 年的一代人。——译者注

- 允许千禧一代得到晋升，以满足他们的雄心壮志，并磨炼他们的权利意识。
- 在工作时间的灵活性方面持更加开放的态度，提供远程办公的选择，并更加关注社会责任。
- 支持在工作中使用更高级的数字功能，包括千禧一代个人世界中常用的功能。
- 培训更多的高级员工，以帮助千禧一代更好地理解企业约束在工作中的存在意义。
- 提供更专业的评测和反馈。
- 实施一些项目来提升千禧一代口头沟通技巧，因为他们似乎更习惯于基于文本的非语言沟通方式。
- 实施更多的持续学习和轮岗计划，为年轻员工提供垂直成长路径。
- 解释遗留系统，让千禧一代有机会参与转型战略。

总的来说，婴儿潮一代和 X 世代的领导者需要改进他们的管理风格，以吸引传统企业中的千禧一代。在过去五年中，这些公司难以吸引到新的人才已成为一个重大挑战。考虑到这三代人在思考、计划、冒险和学习方式上存在巨大差异，实现这一目标将面临不小的挑战。

13.7 向数字化企业转型

Zogby 进行了一项互动调查，有 4811 人参与其中，调查了不同年龄段人群的观点。调查结果显示，42% 的受访者表示，婴儿潮一代将因为他们对消费主义和自我放纵的关注而被铭记。据报道，Y 世代更自私和自恋，他们喜欢把大部分时间都花在社交媒体平台上发布自拍照。表 13.1 中的其他事实也提供了对这两代人的另一种看法。

表 13.1 婴儿潮一代与 Y 世代（Langer，2018）

婴儿潮一代	Y 世代
晚婚少子	与政党不一致
花钱大手大脚	更文明地参与
更加积极无私	社交活跃
反对社会不公，支持公民权利，反抗越南战争	积极乐观
有更多的高等教育机会	更关心生活质量而不是物质利益

安永会计师事务所（Ernst and Young）（2014）完成的研究提供了以下三代人之间的额外比较：

（1）由于退休、缺乏公司继任规划以及他们在工作中使用前沿技术的天然能力，Y 世代的人进入管理职位的速度更快。表 13.2 显示了 2008—2013 年的管理角色对比。表 13.3 通过比较 2003—2007 年的五年间的数据，可以进一步说明 Y 世代中管理职位的加速增长。

表 13.2 2008—2013 年管理角色

人群	管理角色比例
婴儿潮一代（49～67岁）	19%
X 世代（33～48岁）	38%
Y 世代（18～32岁）	87%

表 13.3 2003—2007 年管理角色

人群	管理角色比例
婴儿潮一代（49～67岁）	23%
X 世代（33～48岁）	30%
Y 世代（18～32岁）	12%

（2）尽管调查的受访者认为 X 世代比 Y 世代更有能力进行管理，但由于持续退休的影响，预计到 2020 年，Y 世代的管理人员数量将增加一倍。这项研究还揭示了千禧一代成为经理后对雇主的期望。具体而言，千禧一代管理者期望：①有机会获得导师指导；②获得赞助支持；③拥有更多与职业相关的经验；④接受培训以提升专业技能。

（3）自称管理者的受访者中，有 75% 认为管理多代人是一项重大挑战。这归因于不同的工作期望，以及年轻员工管理年长员工可能让人感到不适。

表 13.4 展示了三代之间的其他差异。

表 13.4 婴儿潮一代、X 世代和 Y 世代的比较（Langer，2018）

婴儿潮一代	X 世代	Y 世代（或千禧一代）
在提供可靠就业机会的大型老牌公司求职	老牌公司不再是终身就业的保证。许多工作开始向海外转移	寻求多重实践，注重社会公益和全球化体验。重新评估外包战略
晋升的过程是明确的、有层次的和结构化的，最终会导致晋升和更高的收入——按资排辈	晋升过程仍然是分级的。但更多的是基于技能和个人成就。硕士学位现在是许多晋升的首选	对分级晋升政策缺乏耐心。更多地依赖预测分析作为决策基础
本科学历，但非强制性	大多数专业工作机会都需要本科学位	更多地关注特定技能。就如何解决人才短缺问题制定了多种战略。高等教育成本高昂，人们越来越关注毕业生知识和能力的价值
最好在一家公司规划职业生涯，然后退休。接受缓慢变化的渐进增长过程。成功的员工通过遵守规则融入现有的组织结构	考虑到科技行业的增长以及通过跳槽来提高薪酬和加速晋升的机会，员工开始更频繁地更换工作岗位	"零工"经济的出现和多种就业关系的兴起
企业家精神被视为那些渴望财富和独立，并愿意冒险的人的一种外部选择	企业高管薪酬大幅增加，不再需要创业作为财富的基础	鉴于美国失业，高等教育中提倡的创业精神是经济增长的基础

本节中的信息强调了从 5G 技术到区块链和云的架构转型的重要性，然而，它并非万事俱备，如果没有对新文化的同化，这些技术的应用将会受到限制。因此，我们不应低估将新文化融入企业数字战略中的关键问题。

13.8　安全是一个核心问题

虽然有一些举措加强了对安全潜在威胁的监测，但还需要做出更多努力，对如何重新设计或大幅改进系统进行综合质量评估。就像传统的分析师参与验收测试计划的设计一样。本质上，必须平衡设计期望、性能需求以及安全风险。本书已经强调了在互联网迅速发展的过程中，并未充分考虑安全风险的历史错误。回顾过去，我们所需要的策略似乎是如此显而易见的。现在，我们必须退后一步，重新思考如何在物联网和大数据的新功能与消费者保护之间实现平衡。我不认为《通用数据保护条例》是最终解决方案。以下是分析师需要考虑的一些不断变化的挑战：

（1）学会如何向高级经理和运营经理清晰地传达在设计过程中加入安全性的必要性。最终，业务领导者需要认识到，安全性可能会对所期望的特性和功能产生限制。

（2）如何与内部用户协作，推出新的、灵活的安全思想文化。

（3）协助开发处理受损的应用程序，并用替代过程进行替换。

让我们进一步研究这三个挑战。在与高级管理人员交谈时，分析师需要将重点放在业务目标上，避免使用过多的技术术语。分析师还需要解释如何有效管理第三方供应商，以确保对安全风险有适当的控制。另外，分析师应该使用竞争对手正在采取的标准作为参考，以说服经理们坚持最佳的安全设计实践。同行的压力通常是推动变革的有效方式。

在培养安全文化方面，重要的是解释与不良内部员工实践相关的风险。实际上，许多安全妥协都源于员工疏忽的工作行为。分析师应该考虑讨论系统开发生命周期中的其他安全步骤。这些步骤应该包括在分析和设计阶段如何处理安全注意事项的文档化。然而，分析师需要确保对安全影响的权衡，同时考虑其对业务操作和竞争优势的影响。

13.9　分析师的角色

本书介绍了数字颠覆如何推动新一代计算机架构需求的多个方面。这些章节整合了构建新架构以及转换现有遗留系统的方法的技术设计分支。我强调，数字化时代将要求组织进行重大的设计变革，包括新的角色和责任。特别重要的是，我为那些从事这些新系统实际分析、设计和管理工作的专业人员定义了扩展的角色。图 13.2 提供了管理人员和分析师需要执行的复杂功能的概览。

图 13.2 显示，一个人无法同时承担所有这些职责。我认为，这些新责任的出现将导致成立一个新的组织，专注于处理所有这些方面的事务。我在整本书中将这些人员称为"分析师"，尽管这个称谓可能并不是不可或缺的，但我相信现有的业务和系统分析师有能力承担这些角色并建立起支持这些新移动系统的组织。终究，这个职位的名称并不重要，重要的是要有合适的人才来满足所需并建立支持这些新移动系统的团队。我认为，为了成功地使企业转型以满足未来消费者的需求，企业高度重视这些功能是至关重要的。

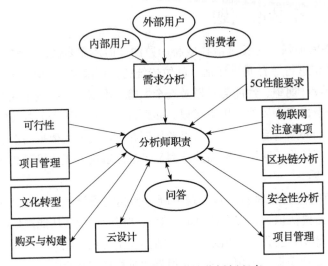

图 13.2　基于移动系统的分析师职责

13.10　问题和练习

1. 解释创新之家及其在支持基于消费者的移动系统方面的相关性。

2. 企业的"社会结构"及其与组织文化的关系是什么意思？

3. $N=1$ 和 $R=G$ 是什么意思？

4. "感知和响应"如何挑战计划和预测的概念？

5. 数字化企业的概念是什么？这些企业的行为有哪些？

6. 比较婴儿潮一代、X 世代和 Y 世代员工，讨论他们协同作用的重要性。

7. 在未来，分析师的新角色和职责是什么？请解释。

参考文献

Adapting to the data explosion: Ensuring justice for all. In *Proceedings of the 2009 IEEE International Conference on Systems, Man, and Cybernetics*, 2009.

Aldrich, H. (2001). *Organizations evolving*. London: Sage.

Allen, F., & Percival, J. (2000). Financial strategies and venture capital. In G. S. Day & P. J. Schoemaker (Eds.), *Wharton on managing emerging technologies* (pp. 289–306). New York: Wiley.

Allen, F., & Percival, J. (2003). Financial strategies and venture capital. In L. M. Applegate, R. D. Austin, & F. W. McFarlan (Eds.), *Corporate information strategy and management* (2nd ed.). New York: McGraw-Hill.

Allen, T. J., & Morton, M. S. (1994). *Information technology and the corporation*. New York: Oxford University Press.

Applegate, L. M., Austin, R. D., & McFarlan, F. W. (2003). *Corporate information strategy and management* (2nd ed.). New York: McGraw-Hill.

Applegate, L. M., McFarlan, F. W., & McKenney, J. L. (1999). *Corporate information systems management: The challenges of managing in an information age*. New York: McGraw-Hill.

Argyris, C. (1993). *Knowledge for action: A guide to overcoming barriers to organizational change*. San Francisco: Jossey-Bass.

Argyris, C., & Schön, D. A. (1996). *Organizational learning II*. Reading, MA: Addison-Wesley.

Argyris, C., Putnam, R., & Smith, D. (1985). *Action science*. San Francisco: Jossey-Bass.

Arnett, R. C. (1992). *Dialogue education: Conversation about ideas and between persons*. Carbondale, IL: Southern Illinois University Press.

Bal, S. N. (2013). Mobile web–enterprise application advantages. *International Journal of Computer Science and Mobile Computing, 2*(2), 36–40.

Batten, J. D. (2002). *Tough-minded management* (3rd ed.). Eugene, OR: Resource Publications.

Bazarova, N. N., & Walther, J. B. (2009a). Virtual groups: (Mis)attribution of blame in distributed work. In P. Lutgen-Sandvik & B. Davenport Sypher (Eds.), *Destructive organizational communication: Processes, consequences, and constructive ways of organizing* (pp. 252–266). New York: Routledge.

Bazarova, N. N., & Walther, J. B. (2009b). Attribution of blame in virtual groups. In P. Lutgen-Sandvik & B. Davenport-Sypher (Eds.), *The destructive side of organizational communication: Processes, consequences, and constructive ways of organizing* (pp. 252–266). Mahwah, NJ: Routledge/LEA.

Beinhocker, E. D., & Kaplan, S. (2002). Tired of strategic planning? *McKinsey Quarterly, 2*, 48–57.

Bensaou, M., & Earl, M. J. (1998). The right mind-set for managing information technology. In J. E. Garten (Ed.), *World view: Global strategies for the new economy* (pp. 109–125). Cambridge, MA: Harvard University Press.

Benson, J. K. (1975). The interorganizational network as a political economy. *Administrative Science Quarterly, 20*, 229–249.

Berman, K., & Knight, J. (2008). *Finance intelligence for IT professionals*. Boston: Harvard Business Press.

Bertels, T., & Savage, C. M. (1998). Tough questions on knowledge management. In G. V. Krogh, J. Roos, & D. Kleine (Eds.), *Knowing in firms: Understanding managing and measuring knowledge* (pp. 7–25). London: Sage.

Blackstaff, M. (1999). *Finance for technology decision makers: A practical handbook for buyers, sellers and managers*. New York: Springer.

Boland, R. J., Tenkasi, R. V., & Te'eni, D. (1994). Designing information technology to support distributed cognition. *Organization Science, 5*, 456–475.

Bolman, L. G., & Deal, T. E. (1997). *Reframing organizations: Artistry, choice, and leadership* (2nd ed.). San Francisco: Jossey-Bass.

Bolman, L., & Deal, T. (2003). *Reframing organizations: Artistry, choice, and leadership* (3rd ed.). San Francisco: Jossey-Bass.

Brown, J. S., & Duguid, P. (1991). Organizational learning and communities of practice. *Organization Science, 2*, 40–57.

Brynjolfsson, E., & McAfee, A. (2011). *Race against the machine*. Lexington: Digital Frontier Press.

Brynjolfsson, E., & McAfee, A. (2012). Big data: The management revolution. *Harvard Business Review, 90*(10), 60–68.

Burke, W. W. (2002). *Organization change: Theory and practice*. London: Sage Publications.

Burke, W. W. (1982). *Organization development: Principles and practices*. Boston: Little Brown.

Burns, C. (2009) Automated talent management. *Information Management*. http://www.information-management.com/news/technology_development_talent_management-10016009-1.html.

Bysinger, B., & Knight, K. (1997). *Investing in information technology: A decision-making guide for business and technical managers*. New York: Wiley.

Carr, N. (2003). IT doesn't matter. *Harvard Business Review, 81*(5), 41–49.

Carr, N. G. (2005). *Does it matter? Information technology and the corrosion of competitive advantage*. Cambridge: Harvard Business School.

Cash, J. I., & Pearlson, K. E. (2004, October 18). The future CIO. *Information Week*. http://www.informationweek.com/story/showArticle.jhtml?articleID=49901186.

Cassidy, A. (1998). *A practical guide to information strategic planning*. Boca Raton, FL: St. Lucie Press.

Charan, R. (2006). *Sharpening your business acumen strategy & business*. New York: Booz & Co.

Chesbrough, H. (2003). *Open innovation: The new imperative for creating and profiting from technology*. Cambridge: Harvard Business School.

Chesbrough, H. (2006). *Open business models: How to thrive in the new innovation landscape*. Cambridge: Harvard Business School.

Chesbrough, H. (2011). San Francisco: Jossey-Bass.

Cillers, P. (2005). Knowing complex systems. In K. A. Richardson (Ed.), *Managing organizational complexity: Philosophy, theory, and application* (pp. 7–19). Greenwich, CT: Information Age.

Cohen, A. R., & Bradford, D. L. (2005). *Influence without authority* (2nd ed.). Hoboken, NJ: Wiley.

Cole, R. E. (1985). The macropolitics of organizational change. *Administrative Science Quarterly, 30*, 560–585.

Collis, D. J. (1994). Research note—How valuable are organizational capabilities? *Strategic Management Journal, 15*, 143–152.

Conger, J. (2003). Exerting influence without authority. In L. Keller Johnson (Eds.), *Harvard business update*. Boston: Harvard Business Press.

Cortada, J. W. (1997). *Best practices in information technology: How corporations get the most value from exploiting their digital investments*. Paramus: Prentice Hall.

Croon Fors, A. & Stolterman, E. (2004). Information technology and the good life. In Kaplan, T. et al. (Eds.), *Information systems research. Relevant theory and informed practice*.

Cross, T., & Thomas, R. J. (2009). *Driving results through social networks. How top organizations leverage networks for performance and growth*. San Francisco: Jossey-Bass.

Cyert, R. M., & March, J. G. (1963). *The behavioral theory of the firm*. Englewood Cliffs, NJ: Prentice-Hall.

Deluca, J. (1999). *Political savvy: Systematic approaches to leadership behind-the-scenes*. Berwyn, PA: EBG.

Dewey, J. (1933). *How we think*. Boston: Health.

Dodgson, M. (1993). Organizational learning: A review of some literatures. *Organizational Studies, 14*(3), 375–394.

Dragoon, A. (2002). This changes everything. Retrieved December 15, 2003, from http://www.darwinmag.com.

Earl, M. J. (1996a). *Information management: The organizational dimension*. New York: Oxford University Press.

Earl, M. J. (1996b). Business process engineering: A phenomenon of organizational dimension. In M. J. Earl (Ed.), *Information management: The organizational dimension* (pp. 53–76). New York: Oxford University Press.

Earl, M. J., Sampler, J. L., & Short, J. E. (1995). Strategies for business process reengineering: Evidence from field studies. *Journal of Management Information Systems, 12*, 31–56.

Easterby-Smith, M., Araujo, L., & Burgoyne, J. (1999). *Organizational learning and the learning organization: Developments in theory and practice*. London: Sage.

Edwards, C., Ward, J., & Bytheway, A. (1996). *The essence of information systems* (2nd ed.). Upper Saddle River: Prentice Hall.

Eichinger, R. W., & Lombardo M. M. Education competencies: Dealing with ambiguity. Microsoft in Education|Training. Microsoft. Web.

Eisenhardt, K. M., & Bourgeois, L. J. (1988). Politics of strategic decision making in high-velocity environments: Toward a midrange theory. *Academy of Management Journal, 31*(4), 737–770.

Fahey, L., & Randall R. M. (1998a). Integrating strategy and scenarios. In L. Fahey & R. M. Randall (Eds.), *Learning from the future*, ch. 2. New York: Wiley.

Fahey, L., & Randall R. M. (1998b). What is scenario learning? In L. Fahey & R. M. Randall (Eds.), *Learning from the future*, ch. 1. New York: Wiley.

Ferrell, O. C., & Gardiner, G. (1991). In *Pursuit of ethics*. USA: Smith Collins.

Fineman, S. (1996). Emotion and subtexts in corporate greening. *Organization Studies, 17*, 479–500.

Fisher, D., Rooke, D., & Torbert, B. (1993). *Personal and organizational transformations through action inquiry*. Boston: Edge/Work Press.

Fleming, C., & von Halle, B. (1989). *Handbook of relational database design*. Menlo Park, CA: Addison-Wesley.

Foster, R. N., & Kaplan, S. (2001). *Creative destruction: Why companies that are built to last underperform the market—And how to successfully transform them*. New York: Currency.

Friedman, T. L. (2007). *The world is flat*. New York: Picador/Farrar, Straus and Giroux.

Friedman, T. L., & Mandelbaum, M. (2012). *That used to be us*. London: Picador.

Gardner, C. (2000). *The valuation of information technology*. New York: Wiley.

Garvin, D. A. (1993). Building a learning organization. *Harvard Business Review, 71*(4), 78–84.

Garvin, D. A. (2000). *Learning in action: A guide to putting the learning organization to work*. Boston: Harvard Business School Press.

Gavitte, G., & Rivikin J. W. (2005, April). How strategists really think: Tapping the power of analogy. *Harvard Business Review*, 54–63.

Gephardt, M. A., & Marsick, V. J. (2003). Introduction to special issue on action research: Building the capacity for learning and change. *Human Resource Planning, 26, 2*.

Glasmeier, A. (1997). *The Japanese small business sector* (Final report to the Tissot Economic Foundation, Le Locle, Switzerland, Working Paper 16). Austin: Graduate Program of Community and Regional Planning, University of Texas at Austin.

Goonatilake, S., & Teleaven, P. (1995). *Intelligent systems for finance and business*. New York: Wiley.

Govindarajan, V., & Trimble, C. (2004). Strategic innovation and the science of learning. *MIT Sloan Management Review, 45*(2), 67–75.

Grant, D., Keenoy, T., & Oswick, C. (1996). *Discourse and organization*. London: Sage Publications.

Grant, D., Keenoy, T., & Oswick, C. (Eds.). (1998). *Discourse and organization*. London: Sage.

Grant, R. M. (1996). Prospering in a dynamically-competitive environment—Organizational capability as knowledge integration. *Organization Science, 7*(4), 375–387.

Gregoire, J. (2002, March 1). The state of the CIO 2002: The CIO title, What's it really mean? *CIO*. http://www.cio.com/article/30904/The_State_of_the_CIO_2002_The_CIO_Title_What_s_It_Really_Mean_.

Habermas, J. (1998). *The inclusion of the other: Studies in political theory*. Cambridge, MA: MIT Press.

Halifax, J. (1999). Learning as initiation: Not-knowing, bearing witness, and healing. In S. Glazier (Ed.), *The heart of learning: Spirituality in education* (pp. 173–181). New York: Penguin Putnam.

Hardy, C., Lawrence, T. B., & Philips, N. (1998). Talk and action: Conversations and narrative in interorganizational collaboration. In D. Grant, T. Keenoy, & C. Oswick (Eds.), *Discourse and organization* (pp. 65–83). London: Sage.

Heath, D. H. (1968). *Growing up in college: Liberal education and maturity*. San Francisco: Jossey-Bass.

Hoffman, A. (2008, May 19). The social media gender gap. *Business Week*. http://www.businessweek.com/technology/content/may2008/tc20080516_580743.htm.

Hogbin, G., & Thomas, D. (1994). *Investing in information technology: Managing the decision-making process*. New York: McGraw-Hill.

Huber, G. P. (1991). Organizational learning: The contributing processes and the literature. *Organization Science, 2*, 99–115.

Hullfish, H. G., & Smith, P. G. (1978). *Reflective thinking: The method of education*. Westport, CT: Greenwood Press.

Huysman, M. (1999). Balancing biases: A critical review of the literature on organizational learning. In M. Easterby-Smith, J. Burgoyne, & L. Araujo (Eds.), *Organizational learning and the learning organization* (pp. 59–74). London: Sage.

IBM & Said School of Business, Oxford University. (2012). Analytics: The real-world use of big data in financial services. Retrieved 30 September 2015, http://www-935.ibm.com/services/multimedia/Analytics_The_real_world_use_of_big_data_in_Financial_services_Mai_2013.pdf.

IEEE Access Journal. (2019). https://ieeeaccess.ieee.org/special-sections-closed/modelling-analysis-design-5g-ultra-dense-networks/.

Illbury, C., & Sunter C. (2001). *The mind of a fox* (pp. 36–43). Human & Rousseau/Tafelberg: Cape Town, SA.

Johansen, R., Saveri, A., & Schmid, G. (1995). Forces for organizational change: 21st century organizations: Reconciling control and empowerment. *Institute for the Future, 6*(1), 1–9.

Jones, M. (1975). Organizational learning: Collective mind and cognitivist metaphor? *Accounting Management and Information Technology, 5*(1), 61–77.

Kanevsky, V., & Housel, T. (1998). The learning-knowledge-value cycle. In G. V. Krogh, J. Roos, & D. Kleine (Eds.), *Knowing in firms: Understanding, managing and measuring knowledge* (pp. 240–252). London: Sage.

Kaplan, R. S., & Norton, D. P. (2001). *The strategy-focused organization*. Cambridge, MA: Harvard University Press.

Kegan, R. (1994). *In over our heads: The mental demands of modern life.* Cambridge, MA: Harvard University Press.

Kegan, R. (1998, October). *Adult development and transformative learning.* Lecture presented at the Workplace Learning Institute, Teachers College, New York.

Knefelkamp, L. L. (1999). Introduction. In W. G. Perry (Ed.), *Forms of ethical and intellectual development in the college years: A scheme.* San Francisco: Jossey-Bass. Koch, C. (1999, February 15). Staying alive. *CIO Magazine,* 38–45.

Kolb, A. Y., & Kolb, D. A. (2005). Learning styles and learning spaces: Enhancing experiential learning in higher education. *Academy of Management Learning and Education, 4*(2), 193–212.

Kolb, D. (1984). *Experiential learning: Experience as the source of learning and development.* Englewood Cliffs, NJ: Prentice-Hall.

Kolb, D. (1999). *The Kolb learning style inventory.* Boston: HayResources Direct.

Kulkki, S., & Kosonen, M. (2001). How tacit knowledge explains organizational renewal and growth: The case at Nokia. In I. Nonaka & D. Teece (Eds.), *Managing industrial knowledge: Creation, transfer and utilization* (pp. 244–269). London: Sage.

Laney, D. (2012). The importance of Big Data: A definition. Gartner. Retrieved 21 June 2012.

Langer, A. M. (2001a). Fixing bad habits: Integrating technology personnel in the workplace using reflective practice. *Reflective Practice, 2*(1), 100–111.

Langer, A. M. (2001b). *Analysis and design of information systems.* New York: Springer.

Langer, A. M. (2002a). *Applied ecommerce: Analysis and engineering of ecommerce systems.* New York, Wiley.

Langer, A. M. (2002b) Reflecting on practice: Using learning journals in higher and continuing education. *Teaching in Higher Education, 7,* 337–351.

Langer, A. M. (2003). Forms of workplace literacy using reflection-with action methods: A scheme for inner-city adults. *Reflective Practice, 4,* 317–336.

Langer, A. M. (2004). *IT and organizational learning: Managing change through technology and education.* New York: Routledge.

Langer, A. M. (2005a). Responsive organizational dynamism: Managing technology life cycles using reflective practice. *Current Issues in Technology Management, 9*(2), 1–8.

Langer, A. M. (2005b). *Information technology and organizational learning: Managing behavioral change through technology and education* (1st ed.). Boca Raton, FL: Taylor & Francis.

Langer, A. M. (2007). *Analysis and design of information systems* (3rd ed.). New York: Springer.

Langer, A. M. (2008). *Analysis and design of information systems* (3rd ed.). New York: Springer.

Laudon, K. C., & Laudon, J. P. (1998). *Management information systems: New approaches to organization and technology.* Upper Saddle River: Prentice Hall.

Leavy, B. (1998). The concept of learning in the strategy field. *Management Learning, 29,* 447–466.

Levine, R., Locke, C., Searls, D., & Weinberger, D. (2000). *The cluetrain manifesto.* Cambridge, MA: Perseus Books.

Liebowitz, J., & Khosrowpour, M. (1997). *Cases on information technology management in modern organizations.* New York: Idea Group Publishing.

Lientz, B. P., & Larssen, L. (2004). *Manage IT as a business: How to achieve alignment and add value to the company.* Burlington, MA: Elsevier Butterworth-Heinemann.

Lientz, B. P., & Rea, K. P. (2004). *Breakthrough IT change management: How to get enduring change results.* Burlington, MA: Elsevier Butterworth-Heinemann.

Lipman-Blumen, J. (1996). *The connective edge: Leading in an independent world.* San Francisco: Jossey-Bass.

Lipnack, J., & Stamps, J. (2000). *Virtual teams* (2nd ed.). New York: Wiley.

Lounamaa, P. H., & March, J. G. (1987). Adaptive coordination of a learning team. *Management Science, 33,* 107–123.

Lovallo, D. P., & Mendonca, L. T. (2007). Strategy's strategist: An interview with Richard Rumelt. *The McKinsey Quarterly*, www.mckinseyquarterly.com/Strategys_strategist_An_interview_with_Richard_Rumelt_2039.

Lucas, H. C. (1999). *Information technology and the productivity paradox*. New York: Oxford University Press.

Lucas, H. C. (2005). *Information technology: Strategic decision making for managers*. New York: Wiley.

Mackenzie, K. D. (1994). The science of an organization. Part I: A new model of organizational learning. *Human Systems Management, 13*, 249–258.

MacMillan, I. C. (1978). *Strategy formulation: Political concepts*. New York: West.

March, J. G. (1991). Exploration and exploitation in organizational learning. *Organization Science, 2*, 71–87.

Marchand, D. A. (2000). *Competing with information: A manager's guide to creating business value with information content*. Wiley.

Marshak, R. J. (1998). A discourse on discourse: Redeeming the meaning of talk. In D. Grant, T. Keenoy, & C. Oswick (Eds.), *Discourse and organization* (pp. 65–83). London: Sage.

Marsick, V. J. (1998, October). *Individual strategies for organizational learning*. Lecture presented at the Workplace Learning Institute, Teachers College, New York.

Marsick, V. J., & Watkins, K. E. (1990). *Informal and incidental learning in the workplace*. London: Routledge.

McCarthy, B. (1999). *Learning type measure*. Wauconda, IL: Excel.

McCarthy, E. (1997). *The financial advisor's analytical toolbox*. New York: McGraw-Hill.

McDowell, R., & Simon, W. L. (2004). *In search of business value: Ensuring a return of your technology investment*. New York: SelectBooks Inc.

McGraw, K. (2009). Improving project success rates with better leadership: Project smart. www.projectsmart.co.uk/improving-project-success-rateswith-better-leadership.html.

Mezirow, J. (1990). *Fostering critical reflection in adulthood: A guide to transformative and emancipatory learning*. San Francisco: Jossey-Bass.

Miles, R. E., & Snow, C. C. (1978). *Organizational strategy, structure, and process*. New York: McGraw-Hill.

Milliken, C. (2002). A CRM success story. *Computerworld*. www.computerworld.com/s/article/75730?A_CRM_success-story.

Miner, A. S., & Haunschild, P. R. (1995). Population and learning. In B. Staw & L. L. Cummings (Eds.), *Research in organizational behavior* (pp. 115–166). Greenwich, CT: JAI Press.

Mintzberg, H. (1987). Crafting strategy. *Harvard Business Review, 65*(4), 72.

Moon, J. A. (1999). *Reflection in learning and professional development: Theory and practice*. London: Kogan Page.

Mossman, A., & Stewart, R. (1988). Self-managed learning in organizations. In M. Pedler, J. Burgoyne, & T. Boydell (Eds.), *Applying self-development in organizations* (pp. 38–57). Englewood Cliffs, NJ: Prentice-Hall.

Mumford, A. (1988). Learning to learn and management self-development. In M. Pedler, J. Burgoyne, & T. Boydell (Eds.), *Applying self-development in organizations* (pp. 23–37). Englewood Cliffs, NJ: Prentice-Hall.

Murphy, T. (2002). *Achieving business value from technology: A practical guide for today's executive*. Hoboken, NJ: Wiley.

Nahapiet, J., & Ghoshal, S. (1998). Social capital, intellectual capital, and the organizational advantage. *Academy of Management Review, 23*, 242–266.

Nicolaides, A., & Yorks, L. (2008). An Epistemology of Learning Through. 10, no. 1, 50–61.

Nielsen Norman Group. (2015). User Experience for Mobile Applications and Websites. Retrieved 30 September 2015, from http://www.nngroup.com/reports/mobile-website-and-application-usability/.

Nonaka, I. (1994). A dynamic theory of knowledge creation. *Organization Science, 5*(1), 14–37.

Nonaka, I., & Takeuchi, H. (1995). *The knowledge-creating company: How Japanese companies create the dynamics of innovation.* New York: Oxford University Press.

O'Sullivan, E. (2001). *Transformative learning: Educational vision for the 21st century.* Toronto: Zed Books.

Olson, G. M., & Olson, J. S. (2000). Distance matters. *Human—Computer Interactions, 15*(1), 139–178.

Olve, N., Petri, C., Roy, J., & Roy, S. (2003). *Making scorecards actionable: Balancing strategy and control.* New York: Wiley.

Palmer, I., & Hardy, C. (2000). *Thinking about management: Implications of organizational debates for practice.* London: Sage.

Peddibhotla, N. B., & Subramani, M. R. (2008). Managing knowledge in virtual communities within organizations. In I. Becerra-Fernandez & D. Leidner (Eds.), *Knowledge management: An evolutionary view.* Armonk, NY: Sharp.

Pedler, M., Burgoyne, J., & Boydell, T. (Eds.). (1988). *Applying self-development in organizations.* Englewood Cliffs, NJ: Prentice-Hall.

Penton, H. Material from conversation and presentation at a Saudi business school, 2011.

Peters, T. J., & Waterman, R. H. (1982). *In search of excellence: Lessons from America's best-run companies.* New York: Warner Books.

Pettigrew, A. M. (1973). *The politics of organizational decision-making.* London: Tavistock.

Pettigrew, A. M. (1985). *The awaking giant: Continuity and change in ICI.* Oxford, UK: Basil Blackwell.

Pfeffer, J. (1994). *Managing with power: Politics and influence in organizations.* Boston: Harvard Business School Press.

Pietersen, W. (2002). *Reinventing strategy: Using strategic learning to create and sustain breakthrough performance.* New York: Wiley.

Pietersen, W. (2010). *Strategic learning.* Hoboken, NJ: Wiley.

Poe, V. (1996). *Building a data warehouse for decision support.* Upper Saddle River, NJ: Prentice-Hall.

Porter, M. (1996). What is strategy? *Harvard Business Review, 74*(6), 61–78.

Prange, C. (1999). Organizational learning—Desperately seeking theory. In M. Easterby-Smith, J. Burgoyne, & L. Araujo (Eds.), *Organizational learning and the learning organization* (pp. 23–43). London: Sage.

Prince, G. M. (1970). *The practice of creativity.* New York: Collier Books.

Probst, G., & Büchel, B. (1996). *Organizational learning: The competitive advantage of the future.* London: Prentice-Hall.

Probst, G., Büchel, B., & Raub, S. (1998). Knowledge as a strategic resource. In G. V. Krogh, J. Roos, & D. Kleine (Eds.), *Knowing in firms: Understanding, managing and measuring knowledge* (pp. 240–252). London: Sage.

Rapp, W. V. (2002). *Information technology strategies: How leading firms use IT to gain an advantage.* New York: Oxford University Press.

Remenyi, D., Sherwood-Smith, L., & White, T. (1997). *Achieving maximum value from information systems: A process approach.* New York: Wiley.

Reynolds, G. (2007). *Ethics in information technology* (2nd ed.). New York: Thomson.

Richardson, K. A., & Tait A. (2010). The death of the expert? In A. Tait & K. A. Richardson (Eds.), *Complexity and knowledge management: Understanding the role of knowledge in the management of social networks* (pp. 23–39). Charlotte, NC: Information Age.

Rooke, D., & Torbert, W. R. (2005). The seven transformations of leadership. *Harvard Business Review, 83*(4), 66–77.

Ryan, R., & Raducha-Grace, T. (2010). *The business of IT: How to improve service and lower cost.* Boston, MA: IBM Press.

Sabherwal, R., & Becerra-Fernandez, I. (2005). Integrating specific knowledge: Insights from the Kennedy Space Center. *IEEE Transactions on Engineering Management, 52*(3), 301–315.

Sampler, J. L. (1996). Exploring the relationship between information technology and organizational structure. In M. J. Earl (Ed.), *Information management: The organizational dimension* (pp. 5–22). New York: Oxford University Press.

Sanders, N. R. (2014). *Big data driven supply chain management: A framework for implementing analytics and turning information into intelligence*. Upper-Saddle River, NJ: Pearson Education, Inc.

Schectman, J. (2012, June 7). New EU privacy rules put CIOs in compliance roles. *Wall Street CIO Journal*.

Schein, E. H. (1992). *Organizational culture and leadership* (2nd ed.). San Francisco: Jossey-Bass.

Schein, E. H. (1994). The role of the CEO in the management of change: The case of information technology. In T. J. Allen & M. S. Morton (Eds.), *Information technology and the corporation* (pp. 325–345). New York: Oxford University Press.

Schlossberg, N. R. (1989). Marginality and mattering: Key issues in building community. *New Directions for Student Services, 48*, 5–15.

Schön, D. (1983). *The reflective practitioner: How professionals think in action*. New York: Basic Books.

Senge, P. M. (1990). *The fifth discipline: The art and practice of the learning organization*. New York: Currency Doubleday.

Shaw, P. (2002). *Changing the conversation in organizations: A complexity approach to change*. London: Routledge.

Siebel, T. M. (1999). *Cyber rules: Strategies for excelling at e-business*. New York: Doubleday.

Speser, P. L. (2006). *The art and science of technology transfer*. Hoboken, NJ: Wiley.

Stenzel, J. (2007). *CIO best practices: Enabling strategic value with information*.

Stern, L. W., & Reve, T. (1980). Distribution channels as political economies: A framework for analysis. *Journal of Marketing, 44*, 52–64.

Stolterman, E., & Fors, A. C. (2004). Information technology and the good life. *Information Systems Research: Relevant Theory and Informed Practice, 143*, 687–692.

Storey, J. (1985). Management control as a bridging concept. *Journal of Management Studies, 22*, 269–291.

Swieringa, J., & Wierdsma, A. (1992). *Becoming a learning organization, beyond the learning curve*. New York: Addison-Wesley.

Szulanski, G., & Amin, K. (2000). Disciplined imagination: Strategy making in uncertain environments. In G. S. Day & P. J. Schoemaker (Eds.), *Wharton on managing emerging technologies* (pp. 187–205). New York: Wiley.

Tayntor, C. B. (2006). *Successful packaged software implementation*. New York: Auerbach Publications.

Teece, D. J. (2001). Strategies for managing knowledge assets: The role of firm structure and industrial context. In I. Nonaka & D. Teece (Eds.), *Managing industrial knowledge: Creation, transfer and utilization* (pp. 125–144). London: Sage.

Teece, D.J. (2001). Nonaka, I. & Teece. D. (Eds.) (2001). Strategies for managing knowledge assets: The role of firm structure and industrial context. Sage publications, Thousand Oaks, CA. *Knowledge and Process Management, 10*(4), 125.

Teigland, R. (2000). Communities of practice at an Internet firm: Netovation vs. in-time performance. In E. L. Lesser, M. A. Fontaine, & J. A. Slusher (Eds.), *Knowledge and communities* (pp. 151–178). Woburn, MA: Butterworth-Heinemann.

Tichy, N. M., Tushman, M. L., & Fombrum, C. (1979). Social network analysis for organizations. *Academy of Management Review, 4*, 507–519.

Torbert, B. (2004). *Action inquiry: The secrets of timely and transforming leadership*. San Francisco: Berrett-Koehler.

Tufte, E. R., & Graves-Morris, P. R. (1983). *The visual display of quantitative information* (Vol. 2, No. 9). Cheshire, CT: Graphics Press.

Tushman, M. L., & Anderson, P. (1986). Technological discontinuities and organizational environments. *Administrative Science Quarterly, 31,* 439–465.

Tushman, M. L., & Anderson, P. (1997). *Managing strategic innovation and change.* New York: Oxford University Press.

Van Houten, D. R. (1987). The political economy and technical control of work humanization in Sweden during the 1970s and 1980s. *Work and Occupations, 14,* 483–513.

Vince, R. (2002). Organizing reflection. *Management Learning, 33*(1), 63–78.

Von Stamm, B. (2003). *Managing innovation, design & creativity.* New York: Wiley.

Wallemacq, A., & Sims, D. (1998). The struggle with sense. In D. Grant, T. Keenoy, & C. Oswick (Eds.), *Discourse and organization* (pp. 65–83). London: Sage.

Walsh, J. P. (1995). Managerial and organizational cognition: Notes from a trip down memory lane. *Organizational Science, 6,* 280–321.

Wamsley, G. L., & Zald, M. N. (1976). *The political economy of public organization.* Bloomington: Indiana University Press.

Watkins, K. E., & Marsick, V. J. (1993). *Sculpting the learning organization: Lessons in the art and science of systemic change.* San Francisco: Jossey-Bass.

Watson, T. J. (1995). Rhetoric, discourse and argument in organizational sense making: A reflexive tale. *Organization Studies, 16,* 805–821.

Weill, P., & Ross, J. W. (2004). *IT governance.* Cambridge: Harvard Business School.

Wenger, E. (2000). Communities of practice: The key to knowledge strategy. In E. L. Lesser, M. A. Fontaine, & J. A. Slusher (Eds.), *Knowledge and communities* (pp. 3–20). Woburn, MA: Butterworth-Heinemann.

West, G. W. (1996). Group learning in the workplace. In S. Imel (Ed.), *Learning in groups: Exploring fundamental principles, new uses, and emerging opportunities. New directions for adult and continuing education* (pp. 51–60). San Francisco: Jossey-Bass.

Wideman Comparative Glossary of Common Project Management Terms, v2.1. Copyright R. Max Wideman, May 2001.

Willcocks, L. P., & Lacity, M. C. (1998). *Strategic sourcing of information systems: Perspectives and practices.* New York: Wiley.

Yorks, L. (2004). Toward a political economy model for comparative analysis of the role of strategic human resource development leadership. *Human Resource Development Review, 3,* 189–208.

Yorks, L., & Marsick, V. J. (2000). Organizational learning and transformation. In J. Mezirow (Ed.), *Learning as transformation: Critical perspectives on a theory in progress.* San Francisco: Jossey-Bass.

Yorks, L., & Nicolaides, A. (2012). A conceptual model for developing mindsets for strategic insight under conditions of complexity and high uncertainty. *Human Resource Development Review, 11,* 182–202.

Yorks, L., & Whitsett, D. A. (1989). *Scenarios of change: Advocacy and the diffusion of job redesign in organizations.* New York: Praeger.

Yourdon, E. (1989). *Modern Structured Analysis.* Englewood Cliffs, New Jersey: Prentice Hall.

Yourdon, E. (1998). *Rise and resurrection of the American programmer* (pp. 253–284). Upper Saddle River, NJ: Prentice Hall.

Zald, M. N. (1970a). Political economy: A framework for comparative analysis. In M. N. Zald (Ed.), *Power in organizations* (pp. 221–261). Nashville: Vanderbilt University Press.

Zald, M. N. (1970b). *Organizational change: The political economy of the YMCA.* Chicago: University of Chicago Press.

推荐阅读